爬虫不止蜘蛛，还有其他虫和程序员…

本书配套资源
助您轻松学编程

智能阅读向导为您找到适合您的专属学习方案，
在它的引导下，您可以获得：

▎本书配套视频资源▎————————————

★视频形式讲解书本内容，易懂易记忆

▎编程直播课▎————————————

★从基础开始详细讲解，Python编程轻松入门

▎编程老师答疑解惑▎————————————

★解答您学习编程过程中难以理解的问题

扫码听课
获得智能阅读向导为您服务

网络爬虫进化论
——从Excel爬虫到Python爬虫

曹鉴华 著

中国水利水电出版社
www.waterpub.com.cn
·北京·

内 容 提 要

本书主要通过对 Excel 爬虫和 Python 爬虫的对比,介绍使用 Excel 和 Python 实现网络数据爬取的相关内容和方法。书中按照学习的递进层次分为基础篇、Excel 爬虫篇和 Python 爬虫篇三部分内容,基础篇包括网络爬虫基础、网页和网站基础、网页开发者工具和 Python 编程基础等内容,Excel 爬虫篇包括使用 Excel 的 PowerQuery 模块实现网络表格数据采集和相关案例实践等内容,Python 爬虫篇包括网络爬虫初体验、各种第三方库的使用详解、Python 爬虫案例、Scrapy 框架和对比爬取福布斯榜单案例等内容。

本书结构紧凑、内容翔实、图文并茂、案例丰富,适合对网络数据爬取感兴趣的读者,对从事数据科学、大数据相关工程的技术人员也具有一定的参考价值。

图书在版编目(CIP)数据

网络爬虫进化论:从 Excel 爬虫到 Python 爬虫 / 曹鉴华著 . — 北京:中国水利水电出版社,2021.1

ISBN 978-7-5170-9046-5

Ⅰ . ①网… Ⅱ . ①曹… Ⅲ . ①软件工具—程序设计

Ⅳ . ① TP311.561

中国版本图书馆 CIP 数据核字 (2020) 第 211472 号

书 名	网络爬虫进化论——从Excel爬虫到Python爬虫 WANGLUO PACHONG JINHUA LUN——CONG Excel PACHONG DAO Python PACHONG
作 者	曹鉴华 著
出版发行	中国水利水电出版社 (北京市海淀区玉渊潭南路1号D座 100038) 网址: www.waterpub.com.cn E-mail: zhiboshangshu@163.com 电话: (010) 63202266(营销中心)
经 售	北京科水图书销售中心(零售) 电话: (010) 88383994、63202643、68545874 全国各地新华书店和相关出版物销售网点
排 版	北京智博尚书文化传媒有限公司
印 刷	河北华商印刷有限公司
规 格	190mm×235mm 16开本 22印张 570千字
版 次	2021年1月第1版 2021年1月第1次印刷
印 数	0001—5000册
定 价	79.00元

前　言

为什么写此书

互联网是一张看不见但又巨大无边、无限深度的网，让人感觉真是可爱又可恨。它已经深深地影响了你我的生活，影响了整个社会和经济的发展。正如流行歌词里唱的那般爱它爱得死去活来，恨它又离不开它。网上购物、看微信、发微博、刷抖音、上知乎、玩网游，这几乎是许多人每天的必备选项。我们已经深深地陷入在互联网的世界里了。

互联网为什么让人如此痴迷？这当然有很多解释，或者有很多理由来说明。其中一个很抽象的解释比较符合本书的出发点，那就是互联网里有数据。因为数据，互联网成了万千世界；因为数据，互联网变得如此有活力。目前社会各行各业都在深度拥抱互联网，数据正在源源不断地产生并汇聚到网络上。

网络爬虫在互联网诞生初期就已经出现了，正是因为爬虫搜索技术才成就了雅虎、谷歌、百度等互联网信息技术巨头公司；而随着Python的日益流行，网络爬虫技术也开始逐渐变得为大众所知。如今以爬虫为关键词搜索时，几乎90%的搜索结果与Python有关，可见Python网络爬虫技术受欢迎和被关注的程度。

Excel一直都是表格数据分析的王者，拥有众多忠实粉丝。Excel在数据获取、数据整理、数据分析和数据可视化等方面都可以以界面可视化菜单方式操作，满足了许多办公人员对表格数据处理的需求。近些年Excel也在不断升级，融入了PowerQuery、PowerMap和PowerBI等许多高级模块，Excel在数据处理和可视化性能方面更为出色。在数据采集方面，Excel通过集成PowerQuery模块提供可视化操作方式来获取网络上的表格型数据，Excel也在某种程度上实现了网络爬虫。只不过这个"虫"的类型相对受限，Excel更多聚焦于采集网络上的表格型数据。Excel爬虫对于不习惯编程开发的读者来说是一个极好的选择，可以一键获取网页表格数据为己所用，然后开展数学透视、建模、趋势关联分析研究，可以挖掘数据价值。虽然Excel爬虫获取数据的类型有限，但其操作简单、易上手，为用户分析网络表格数据提供了非常强大的工具，其爬取画风简洁、明了，如图1所示。

在如今的大数据、人工智能大环境下，学Python已经成为这个时代的潮流。因为Python社区存在众多的第三方库，

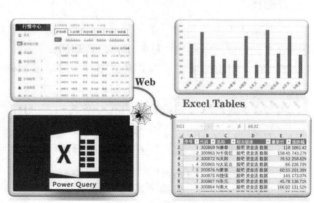

图1　Excel爬虫展示

Python在完成数据采集、数据整理、数据分析和数据可视化任务方面变得轻而易举，而且由于编程开发的可扩展性、自动化特性，使得Python在数据科学研究方面的性能无比优异。网络爬虫技术选型方面，Python一直是近年来的最佳选择。只要程序代码配置得当，网站上的数据几乎都可以使用Python爬取下来。其爬取数据过程稍显坎坷，因为要不断地开发代码、测试程序，如图2所示。但当通过自己的努力获取到所有数据，并实现自动化爬虫时，成功的喜悦感会溢满全身。人生苦短，学Python快乐！

图2　Python爬虫展示

本书主要内容包括Excel爬虫和Python爬虫，前者为有代码恐惧症的读者介绍一种方式和工具，但明显会偏重于后者，介绍更多Python爬虫知识和技术，这也符合大数据时代对数据分析人员的定义和技术配置需求。同时本书也是Excel数据分析爱好者学习使用Python进行网络数据采集的参考书，可以迅速提升数据分析人员的自身实力。

阅读指南

本书主要介绍网络爬虫基础知识、Excel爬虫和Python爬虫等相关内容。全书共12章，根据内容分为基础篇、Excel爬虫篇和Python爬虫篇三大部分。

基础篇

本篇从认识网络爬虫、学习网页代码和网站基础知识、网页开发者工具以及Python语言基础等四个方面介绍网络爬虫基础知识，做到知己知彼。

第1章　初识爬虫　从定义网络爬虫开篇，就如何学习网络爬虫、如何规范爬虫以及爬虫工具展开介绍。

第2章　网站基础知识　包括网页基础知识、HTML标记、动手写网页代码、读懂网页源代码、网站基础入门、网站访问HTTP请求。

第3章　网页开发者工具基础　包括启用网页开发者工具、Elements面板元素解读、Network面板加载资源列表、武侠小说网目标分析实践以及全球疫情数据目标锁定实践。

第4章　Python语言编程基础　从Python开发环境安装开始，介绍Python基础数据类型、程序流程控制、函数、面向对象编程、模块、文件以及异常等内容，提供许多实践内容。

Excel 爬虫篇

本篇从体验Excel爬虫、Excel爬虫详解以及Excel爬虫案例展开介绍。

第5章　Excel爬虫初体验　包括Excel 2016和Excel 2019不同版本爬取网络数据的基本步骤、Excel爬虫体验案例（包括爬取东方财富网案例、爬取微博热搜榜单案例）。

第6章　Excel爬虫详解　介绍更多Excel爬虫细节，包括高级选项参数、解析导航器、PowerQuery编辑器、爬虫设置刷新、爬虫数据可视化等内容。

第7章　Excel爬虫案例实践　以Excel爬取高考网分数线、爬取腾讯疫情数据两个案例介绍完整的Excel爬虫的工作过程，实现Excel爬虫分页表格数据以及将JSON格式数据存储到本地表。

Python 爬虫篇

本篇从体验Python爬虫、详解Python爬虫、Python爬虫案例、Scrapy爬虫框架以及对比爬虫实践等展开介绍。

第8章　Python爬虫初体验　介绍基本的Python爬虫第三方库、解析武侠小说网实例、爬取邑石网插画、爬取中国体彩网七星彩数据、Python联合Excel完成爬虫任务。

第9章　详解Python爬虫　介绍更为详细的爬虫第三方库，自建easySpider模块、爬虫更多设置、爬虫数据存储、爬虫数据可视化。

第10章　Python爬虫案例　用Python爬取金庸小说全集、链家二手房源信息两个案例介绍完整的Python爬虫工作流程，实现Python数据采集、存储、分析和可视化完整流程。

第11章　Scrapy爬虫框架　包括Scrapy框架简介与安装、基本爬虫步骤实施、爬取抖音视频榜案例、爬取知乎专栏文章、爬取知乎中国招标网数据案例。

第12章　Excel和Python对比爬取福布斯榜单数据　包括福布斯中国网站简介、分析榜单链接URL特征、Python爬取所有URL链接、Excel爬取榜单数据、Python爬取榜单数据，以及榜单数据可视化分析。

阅读准备

本书提供许多示例代码供读者参考，所依赖的环境如下：

- 操作系统：Windows 10；
- Excel版本：Excel 2016、Excel 2019；
- Python环境：Python 3.8；
- Python代码开发平台：PyCharm Community Edition 2020.2 x64；
- Python第三方库：requests、beautifulsoup、selenium、scrapy、pandas、matplotlib，均直接采用pip工具安装。

源代码

本书所有章节示例源代码均托管到gitee码云代码仓库，链接地址为https://gitee.com/caoln2003/

python_excel_webscrawler_book。

与作者联系

　　网络爬虫是数据采集的一种重要手段，一方面网络爬虫要遵守规范协议，合理、合规、合法地爬取数据，另一方面网站本身也有许多反爬虫技术。本书介绍了一些较为常规或基础的网络爬虫技术，同时限于主题与时间、篇幅，对更多的Excel VBA爬虫技术、Python分布式爬虫以及一些爬虫代理策略未作探讨。同时书中许多网络爬虫案例由于网站内容实时更新，读者在实践过程中会发现案例网页内容与书中描述有差别，但本书目标是授人以渔，更关键在于教授爬虫的方法。笔者自认才疏学浅，对于网络爬虫的认识和见解难免有不足和疏漏之处。若读者在阅读本书的过程中发现问题，希望能及时与我联系，我将及时修正错误并感激不尽。

　　邮件地址：caojh@tust.edu.cn。

　　本书QQ交流群：692267354

致谢

　　在本书编写过程中，中国水利水电出版社宋扬老师在选题策划方面做了大量的工作，感谢宋老师及其同事提供的帮助与支持。同时成书时阅读了大量的网络博文资料，在此对诸多网络作者表示致谢。感谢我的妻子李娜和两位宝贝，永远爱你们！

曹鉴华

2020年12月

本书资源请扫下方二维码获取：

目　录

Excel 爬虫篇

▣ 视频讲解：99分钟

第5章　Excel 爬虫初体验 127

Python 爬虫篇
视频讲解：663分钟

基础篇

本篇从认识网络爬虫、学习网页代码和网站基础知识、网页开发者工具以及Python语言基础等4个方面介绍网络爬虫基础知识，做到知己知彼。

第1章　初识爬虫，从定义网络爬虫开篇，就如何学习爬虫、如何规范爬虫以及爬虫工具展开介绍。

第2章　网站基础知识，包括网页基础知识、HTML标记、动手写网页代码、读懂网页源代码、网站基础、网站访问HTTP请求。

第3章　网页开发者工具基础，包括启用网页开发者工具、Elements面板元素解读、Network面板加载资源列表、武侠小说网目标分析实践以及全球疫情数据目标锁定实践。

第4章　Python语言编程基础，从Python开发环境安装开始，介绍Python基础数据类型、程序流程控制、函数、面向对象编程、模块、文件以及异常等内容，提供了许多实践内容。

第1章 初识爬虫

互联网是一张世界大网，是一个云上的万千世界。当你在互联网的世界里畅游时，能想象数据如虫儿一般在网里到处飞来飞去吗？而拿着鼠标的你或者盯着手机的你，正如那蜘蛛一样四处搜寻，寻找着能够果腹的"虫儿"。"虫儿"长什么样、什么类型，藏在哪个网格，如何追踪并捕获它，这就是网络爬虫的任务和目标。

作为本书开篇，有必要先了解什么是网络爬虫、如何学习网络爬虫。同时有必要知道爬虫技术虽然无界，但爬虫者自身应该具有道义和法律意识，培养合理合规的爬虫素养。在爬虫技术方面，本书聚焦于两个爬虫工具——Excel和Python，前者简单易操作，但自由度和可扩展能力有限；后者被更多人推荐，但需要编程实现。

本章的学习思维导图如下：

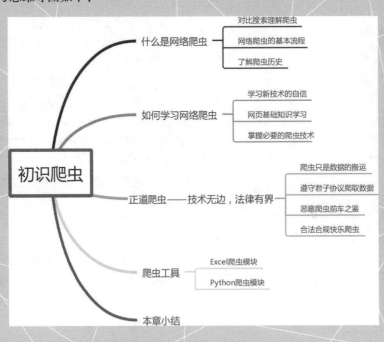

1.1 什么是网络爬虫

1.1.1 对比搜索理解网络爬虫

大家每天都在用各种搜索，包括使用百度搜索（见图1-1）、在微信里搜索小程序、在QQ里搜索好友、在淘宝APP里搜索美食美妆（见图1-2）、在微博里搜索财经新闻，甚至看到本书中的某一段话时也会去百度里搜索一下，看看到底如何理解。因为有专业搜索引擎或者APP应用自身提供的搜索服务，在搜索时只需要输入关键词，就可以很快获得结果。

图 1-1 百度搜索	图 1-2 淘宝网搜索模块

网络爬虫是什么呢？

如果把搜索引擎实现过程简单拆分，网络爬虫就是这些搜索服务实现的关键一步——采集网络数据。

一项完整的专业网络搜索实现的过程如图1-3所示。

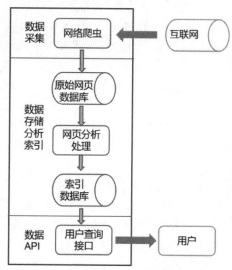

图 1-3 专业网络搜索实现的过程概要

1.1.2 网络爬虫的基本流程

学习网络爬虫，就是利用一些软件或者通过写程序，从互联网上获得数据。如果把自己比作蜘蛛，就需要动手通过编织陷阱、搜索路径来获取猎物。通过自己编写代码从无限的互联网上爬取有限的数据也是非常有乐趣的。强如百度、360、搜狗，巨如谷歌、雅虎等专门提供搜索服务的公司，每天仍然在使用大量的机器代码从全网搜索内容，然后爬取下来重新组织后提供给网民。这些公司把网络爬虫做成了产业，做成了赚钱的生意。

如图1-4所示为网络爬虫的基本流程，主要包括：①通过软件或编程发送HTTP请求；②获取响应内容；③解析内容；④提取目标数据以及保存数据几个步骤。

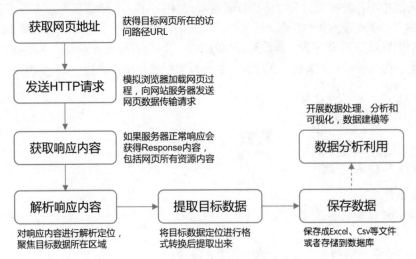

图 1-4　网络爬虫的基本流程

网络爬虫就是使用程序代码获取互联网数据的一种技术手段。其中的"爬"就是一种编码动作，"虫"用来比喻互联网上的数据或内容目标。爬虫的类型包括聚焦型或目标型爬虫、全网爬虫、增量式爬虫以及深层网络爬虫。以蜘蛛先生为例，说明如下：

（1）聚焦型或目标型爬虫：蜘蛛先生仅对某些类的昆虫感兴趣，进而专门想办法去捕捉它们为食。

（2）全网爬虫：蜘蛛先生在现有的网里不管什么虫儿都不放过，全部抓住放进粮仓。

（3）增量式爬虫：蜘蛛先生对某一个区域或网格内只关心新出现的目标，之前存在的因为已经抓取过就忽略掉。

（4）深层网络爬虫：蜘蛛先生非常贪婪，不光需要抓捕住眼前的虫儿，还想顺藤摸瓜，借助和虫儿相关的大人物，寻求更多更大的收获。

这4种类型的网络爬虫的动作每天都在互联网上演，各取所需，好不热闹。从技术上来说，这几种类型的爬虫实现的需求可谓从普通到高精尖。尤其是深层网络爬虫，需要避开各种障碍，掌握多种技巧，凝聚精气神儿，方能直捣黄龙。

1.1.3　了解爬虫历史

搜索与爬虫是相互依存的，爬虫的过程也是搜索的过程，两者的区别不过是爬虫采用了机器代码来帮助执行搜索任务；而爬虫结束任务后，再将数据提供给普通用户进行各方位的检索。爬虫爬取互联网上的网页信息，因此爬虫发展的历史也可以部分看成互联网的网页或网站技术的变迁过程，如图1-5所示。

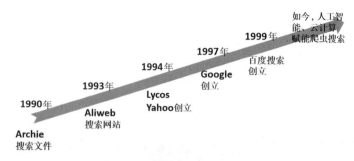

图1-5 网络爬虫历史概述图

在互联网发展初期，网站相对较少，信息查找比较容易。然而伴随着互联网爆炸性的发展，普通网络用户想找到所需的资料简直如同大海捞针，这时，为满足大众信息检索需求的专业搜索网站便应运而生。

现代意义上的搜索引擎的祖先，是1990年由蒙特利尔大学的学生Alan Emtage发明的Archie。虽然当时World Wide Web还未出现，但网络中文件传输还是相当频繁的，而且由于大量的文件分散在各个FTP主机中，查询起来非常不便，Archie依靠脚本程序自动搜索网上的文件，然后对有关信息进行索引，供使用者以一定的表达式查询。

当时，"机器人"一词在编程者中十分流行。"电脑机器人"（Computer Robot）是指某个能以人类无法达到的速度不间断地执行某项任务的软件程序。由于专门用于检索信息的"机器人"程序像蜘蛛一样在网络间爬来爬去，因此，搜索引擎的"机器人"程序就被称为"蜘蛛"程序。世界上第一个用于监测互联网发展规模的"机器人"程序是1990年Matthew Gray开发的World Wide Web Wanderer。刚开始它只用来统计互联网上的服务器数量，后来发展为能够检索网站域名。与Wanderer相对应，Martin Koster于1993年10月创建了Aliweb，它是Archie的HTTP版本。Aliweb不使用"机器人"程序，而是靠网站主动提交信息来建立自己的链接索引。

随着互联网的迅速发展，检索所有新出现的网页变得越来越困难，因此，在Matthew Gray的Wanderer基础上，一些编程者将传统的"蜘蛛"程序工作原理作了些改进。其设想是，既然所有网页都可能有连向其他网站的链接，那么从跟踪一个网站的链接开始，就有可能检索整个互联网。到1993年年底，一些基于此原理的搜索引擎开始纷纷涌现，其中以JumpStation、The World Wide Web（现名为Overture）、Repository-Based Software Engineering（RBSE）spider最负盛名。

RBSE是第一个在搜索结果排列中引入关键字串匹配程度概念的引擎。最早现代意义上的搜索引擎出现于1994年7月。当时Michael Mauldin将John Leavitt的蜘蛛程序接入其索引程序中，创建了大家现在熟知的Lycos。同年4月，斯坦福（Stanford）大学的两名博士生，David Filo和美籍华人杨致远（Gerry Yang）共同创办了超级目录索引Yahoo，并成功地使搜索引擎的概念深入人心。从此搜索引擎进入了高速发展时期。1997年Google成立，开始专注于网页搜索，如今Google公司变成了互联网信息技术的巨头。在国内，1999年创立的百度搜索是最为知名的搜索服务公司。

正是信息检索服务的不断需求，搜索引擎、爬虫"机器人"程序得到了高速发展，同时促进了针对爬取的海量网页数据文件的存储、分析、挖掘等技术的进步。

1.2 如何学习网络爬虫

通过前文对网络爬虫概念、发展历史的介绍，相信读者已经对网络爬虫有了初步了解，对于学习网络爬虫也许有了些许的冲动。不过隔行如隔山，对于非专业学习计算机的人员而言，看到网络爬虫仍然觉得前面路障众多，不知从何迈出第一步。正因如此，本书并不是本专业深入研究爬虫技术的书籍，而是想带领读者一步步轻松入门网络爬虫的学习手册。

1.2.1 学习新技术的自信

天下无难事，只怕有心人。网络爬虫相关技术发展到今天，慢慢也变成了一种开源且普及的技术。尤其是如今Python语言的大行其道，使得爬虫入门难度大大降低。看到本书的题目，也许你会惊讶原来Excel也可以爬虫。本书会通过对比Excel爬虫来学习编码实现Python爬虫。学完本书，不仅能够使用Excel来爬数据，还会提高技术，直接使用Python编程。所以先给自己卸下负担，开始轻松进入爬虫世界吧。

1.2.2 网页基础知识学习

学习爬虫，具体需要了解哪些基础呢？

所谓知己知彼，百战不殆。网络爬虫是从网页上爬取目标数据，因此学习爬虫，就得抓住几个关键词，第一个是网页，第二个是网页上的目标数据，第三个是爬取工具。

网页是知己知彼的第一关。首先需要具有基础的网页知识，了解网页有哪些基本元素、如何工作、如何访问；同时了解网站是如何构成的、基本框架技术有哪些。本书会在第2章为读者准备详细内容，带领读者从最基础的网页标记开始认识网页、了解网页、熟悉网页，最后可以自己动手来制作网页和简单的网站，一起来冲破第一关。网站案例如图1-6所示。

图 1-6 网站案例：Python 网站首页及各子版本页面

目标定位是知己知彼的第二关。在知晓了网页基础知识后，再来看互联网上的网页就有底气了，但因为爬虫是定向爬取目标，如何精确定位网页上的目标数据成了闯关的第二步。从满篇的

HTML标记里筛出那些目标，就需要学习使用网页开发者工具，巧妙而准确地给予定位，同时学习一些基本的互联网传输协议和请求方式。本书会在第3章详细讲解网页开发者工具的使用，利用更多的动手实践带领读者学会如何精确定位"虫儿"。

1.2.3　掌握必要的爬虫技术

　　工具使用是知己知彼的第三关。工欲善其事，必先利其器。当冲破知己知彼第二关后，已经知道"虫儿"就在那里，如何捕捉成了第三关的基础知识。

　　一提到编程世界，许多读者可能会感觉晕乎，尤其是想到需要写代码，先后退了三尺。其实大可不必，本书会在第4章介绍使用爬取数据的两把利器，一把为Excel，另一把为Python，如图1-7所示。微软Office系列里的Excel是专门用于数据处理的办公软件，可以进行数据统计分析、可视化绘图，相信读者都非常熟悉它。动动鼠标，单击按钮就可以得到结果，非常方便和人性化。但也许读者还不知道，对于从网络中获取数据，Excel也是个中好手，界面亲民、操作简单、轻松上手。

图 1-7　本书使用的两种爬虫工具

　　除了学习Excel爬虫，本书还提供了另一把利器Python。在如今的大数据、人工智能时代，不学Python都好像缺少了点儿什么。Python在如今的爬虫方面高居流行和受欢迎指数第一名，不仅因为Python语言的简练直白，还因为有许多第三方库大大降低了爬虫编程开发的难度。对比Excel学爬虫，Python爬虫需要自己来编写代码，这需要读者具有一定的Python语言基础知识。本书会设置许多实践环节，对涉及的Python代码提供注释，补足相关Python基础知识。

1.3　正道爬虫——技术无边，法律有界

　　爬虫搜索技术与数据需求、网页技术的发展有关。随着大数据越来越热门，数据成为越来越有价值的商品，有人买，也有人卖，有许多交易需求。这些数据从何而来？除了一些公司靠自身业务采集得到外，更多的是从互联网上爬取的。

　　网站拥有者一般是个人、企业、政府机构，因为自身业务需求开发了网站并将其放在互联网上，供自身或其他用户浏览使用。一方面这些公司在主动地往互联网上投放、提供数据，希望拓展自身业务、公布相关新闻信息、提供相关在线服务；另一方面这些数据的所有权属于网站拥有者，他们有时并不希望这些数据可以被别人拿来另作他用。而网络爬虫是在互联网上爬取信息，信息的源头正是这些网站。在进行网络爬虫的时候，机器人程序并不会去主动征求网站拥有者的意见，而是直接"攻击"获取目标数据。程序不会考虑数据敏感性问题，也不会考虑侵权问题，更不会考虑持续不间断爬取网站会给网站带来访问压力的问题。可以说，爬虫在一定程度上

是在对网站进行"攻击"，或者良性，或者恶性。

1.3.1 爬虫只是数据的搬运工

爬虫不生产数据，它们只是数据的搬运工。要研究爬虫，就要先研究数据的来源。对于公司，尤其是对小型公司来说，往往需要更多外部数据辅助商业决策。如何在广袤的互联网中获取对自己有价值的数据，是许多公司一直考虑的问题。

通常来说，数据来源于以下几方面：

（1）企业产生的用户数据。如 BAT 等公司，拥有大量用户，每天用户都会产生海量的原始数据。另外包括 PGC（专业生产内容）和 UGC（用户生产内容）数据，如新闻、自媒体、微博、短视频等。典型社交产品如图 1-8 所示。

图 1-8　典型社交产品

（2）政府、机构的公开数据。如国家统计局（见图 1-9）、工商行政、知识产权、银行证券等的公开信息和数据。

图 1-9　国家统计局网站

（3）第三方数据库购买。市场上有很多产品化的数据库，包括商业类和学术类（如 Bloomberg、CSMAR、Wind、知网等），一般以公司的名义购买数据查询权限，比如咨询公司、高等院校、研究机构都会购买。图 1-10 所示为进行产品化数据库经营的 Bloomberg。

图 1-10　Bloomberg 商业数据库

（4）爬虫获取网络数据。使用爬虫技术，进行网页爬取，或通过公开和非公开的接口调用，获得数据。

（5）公司间进行数据交换。不同公司间进行数据交换，彼此进行数据补全。例如腾讯公司这些年在资本市场收购了许多公司，将其业务拓展到各个板块，从社交起家，涉及金融、娱乐、体育、新闻、游戏、出行等多方面的业务，形成了较为完整的生态圈。此时各个子公司的数据就可以实现共享。图1-11为腾讯公司生态版图。

图1-11　腾讯公司生态版图（源自网络）

（6）商业间谍或黑客窃取数据。通过商业间谍获取其他公司的用户数据，或者利用黑客等非常规手段，通过定制入侵获取数据或地下黑市购买其他公司的数据。此处商业间谍泄漏远多于黑客窃取。

1.3.2　遵守君子协议爬取数据

爬虫客观上是一种攻击行为，因此需要爬虫程序开发者在主观上采取一定技术措施来尽量避免恶性爬虫。同时由于互联网本身也是开放的，网站拥有者会主动采取一些方案来提示或防御爬虫行为。

搜索引擎是善意的爬虫，它爬取网站的所有页面，提供给其他用户进行快速搜索和访问，给网站带来流量。

网站拥有者可以制定一些机器人（robots）协议放在网站目录里。robots协议是网站规定的机器人程序采集协议，里面会写入本网站哪些模块可以爬取、哪些模块禁止爬取，相当于告诉了爬虫方当爬取本网站时需要遵守的一些规则，即所谓的"君子"协议。如果爬虫方遵守"君子"协议，就属于合法、依规、安全爬虫；如果爬虫方不顾这个君子协议，恶意爬取网站所有数据，就属于"小人"行为了。

君子协议内容通常形成文件robots.txt，并放在网站的根目录下。随便打开一个网站，在其网址的根目录下输入robots.txt，如果有显示内容，就表明有这个协议存在；如果没有，就表明没有制定爬虫协议。图1-12形象地展示了这个询问可否爬虫的过程。

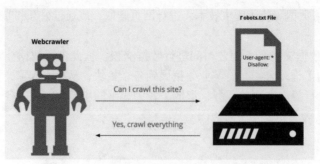

图 1-12　robots.txt 协议作用示范（源自网络）

【案例 1.1】解读京东官网 robots.txt 协议。

在浏览器地址栏里输入 www.jd.com/robots.txt，看看京东网站是否存在 robots 协议，在按回车键后的返回信息如下：

```
User-agent: *
Disallow: /?*
Disallow: /pop/*.html
Disallow: /pinpai/*.html?*
User-agent: EtaoSpider
Disallow: /
User-agent: HuihuiSpider
Disallow: /
User-agent: GwdangSpider
Disallow: /
User-agent: WochachaSpider
Disallow: /
```

返回信息中 User-agent 为用户代理，可以理解为模拟访问的浏览器类型，*号代表所有的用户代理；Disallow 规定不允许爬取路径，冒号后就是相关的网页路径。

从 robots.txt 协议内容来看，对于所有用户代理都不允许爬取的路径为：/?*、/pop/*.html、/pinpai/*.html?*。对于 EtaoSpider、HuihuiSpider、GwdangSpider、WochachaSpider 四个爬虫代理，不允许爬取网站的任何内容。

【案例 1.2】解读国家统计局官网 robots.txt 协议。

查看国家统计局官网，在地址栏输入 www.stats.gov.cn/robots.txt，看是否有 robots 协议，按回车键后的返回信息为：

```
Not Found
The requested URL /robots.txt was not found on this server.
```

该网站没有 robots.txt 协议，因此所有爬虫行为都可以操作，其所有页面都可以被爬取。

【案例 1.3】解读"什么值得买"网站 robots.txt 协议。

查看"什么值得买"网站，在浏览器地址栏输入：https://www.smzdm.com/robots.txt，按回车键后浏览器的显示信息如下：

```
User-agent: *
Disallow: /fenlei/3cjiadian
Disallow: /fenlei/jujiashenghuo
Disallow: /fenlei/shishangyundong
Disallow: /tag/%E4%BB%80%E4%B9%88%E5%80%BC%E5%BE%97%E4%B9%B0
Disallow: /contact-us
Disallow: /baoliao/
Disallow: /*?*
Disallow: /*=*
Disallow: /jingxuan/xuan*/
Disallow: /p/*/p*/
```

解读该robots.txt协议，对于所有用户代理，不允许爬取的路径比较多，如分类页面 /fenlei/3cjiadian、/fenlei/jujiashenghuo等。如果要对该网站进行爬取，就需要先知道这些路径是否被允许爬取。

如果网站制定了robots.txt协议，在进行爬虫时就需要先阅读一下该文件，明确规则，然后在编码开发爬虫程序或者选择其子页面数据时就可以避开规则范围外的页面，实施合理合规爬虫。如果网站没有robots.txt协议，爬取的数据也需要合法合规使用，不能涉及侵权，同时有些网站本身还会制定反爬措施；另外爬虫一般是机器自动执行，开发者需要设定一定的爬取时间间隔，不能去干扰对方网站的正常业务行为。

因此本书中的所有案例都会选择那些允许被爬取的页面，希望读者也能遵守这样的君子约定，尤其是在自身爬虫技术不断增长的情况下更应该如此。

🖥 1.3.3 恶意爬虫前车之鉴

有许多恶意爬虫行为因为可以获得不菲的利益而无法被禁止。国内腾讯公司云鼎实验室在2018年发布了互联网恶意爬虫分析报告。云鼎实验室通过部署的威胁感知系统，捕获到大量爬虫请求流量以及真实来源IP，且基于2018年上半年捕获的数亿次爬虫请求，对互联网爬虫行为进行了分析，如图1-13所示。

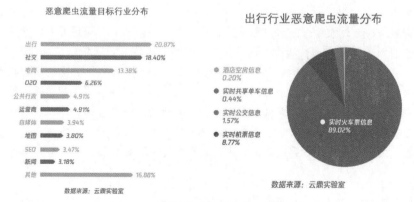

图 1-13　云鼎实验室发布的恶意爬虫报告

报告指出，出行类恶意爬虫流量占比高于电商与社交行业，居首位；其次是点评、运营商、公共行政等。其中出行类里对火车购票平台的恶意爬虫访问占据了出行行业近90%的流量，浅析可知其实比较合理，几百个城市，几千趟列车构成了国内铁路网，火车站与车次排列组合后是一个非常大的数据集，随着人工购票快速向互联网购票过渡，第三方代购和抢票服务商便越来越多，而任意一家公司要做到数据实时刷新，都需要不小的爬虫集群，因此导致火车票购买站点成为爬虫光顾最频繁的业务。尤其到我国的国庆长假、春节期间经常一票难求，虽然12306网站采取了许多防御机器自动抢票行为，可"道高一尺，魔高一丈"，每年还是有很多恶意爬虫在抢票，获取中间利益。

爬虫光有君子协议还不够，我国也专门出台了相关的法律文件，制裁恶意爬虫带来的侵权问题、影响正常业务、不正当商业行为等。近些年因为恶意爬虫行为受到法律制裁的案例也比比皆是。

案例1:2015年，南京同享公司人员因通过技术手段非法获取掌门公司服务器存储的大量WIFI热点密码数据，被判非法获取计算机信息系统数据罪[①]。

该案中，南京同享网络科技有限公司(以下简称"同享公司")人员为提高公司产品WIFI上网软件的市场占有率、扩大用户数量，安排员工利用所开发的程序，通过生成模拟上海掌门科技有限公司(以下简称"掌门公司")软件正常用户的HTTP数据包，模拟掌门公司软件的正常用户，大量非法获取掌门公司服务器存储的WIFI热点密码，移至同享公司服务器并进行解密保存，达500多万组。

案例2:2016年，百度因使用技术手段抓取并使用大众点评的用户点评内容而被法院认定为构成不正当竞争。本案在2016年被列为"影响中国互联网法治进程十大案例"之一[①]。

该案中，上海汉涛信息咨询有限公司(以下简称"汉涛公司")向网络用户提供以商户基本信息及点评信息为主要内容的生活服务APP——大众点评。北京百度网讯科技有限公司(以下简称"百度公司")使用技术手段在大众点评等APP上抓取了商户的基本信息及点评信息，用户使用其运营的百度地图APP查询位置时，无须跳转至大众点评界面，就可直接在百度地图界面获取商户的基本信息和点评信息。汉涛公司以百度公司等相关主体构成不正当竞争向法院起诉。

案例3:2018年，彭某将从知数公司服务器数据库窃取的数据与从网页上爬取的数据结合，运用算法推算出个人信息，并出售获利，最终被判侵犯公民个人信息罪[①]。

该案中，知数公司主要通过大数据信息为客户提供数据分析并收取费用，如给信贷系统的审批人员提供查询服务，通过大数据分析对用户进行征信调查。知数公司通过开发的爬虫程序，在互联网各大网站上自动采集信息，采集的数据类型包括微博、新闻、招聘信息、电商数据(含店铺信息、商品信息、商品评价)、最高法执行信息，以及在第三方提供用户登录授权后采集淘宝平台信息，采集后的数据交由知数公司研发中心对数据进行整理、加工、存储。彭某在知数公司从事技术工作，负责数据处理、清洗、入库、算法。本案中，彭某通过工作账号远程登录公司的服务器数据库，从服务器上窃取数据到电脑并发送至手机，并结合在网页上公开爬取的数据，将两者加工、组合，运用算法推算出个人信息，然后彭某将非法获取的个人信息用于出售，获利50万余元。

---

① 参考搜狐网网络爬虫行为典型法律风险及案例全解析，https://www.sohu.com/a/333186618_658。

1.3.4　合法合规快乐爬虫

如今数据变得越来越有价值，许多数据需要使用爬虫方式来收集。因此在学习爬虫和使用爬虫技术的时候首先应该明确爬虫的边界，然后合理合规地控制爬虫以及使用爬虫获得的数据。

对于爬虫技术可能涉及的法律风险主要包括：①不遵守君子协议，强行突破其反爬措施；②干扰了网站的正常业务；③爬取的数据涉及侵权，包括后续的使用侵权。

因此建议爬虫的时候：①严格遵守网站设置的robots协议；②在规避反爬虫措施的同时，需要优化自己的代码，避免干扰被访问网站的正常运行；③在设置抓取策略时，应注意编码抓取视频、音乐等可能构成侵权作品的数据，或者针对某些特定网站批量抓取其中的用户生成内容；④在使用、传播抓取到的信息时，应审查所抓取的内容，如发现属于用户的个人信息、隐私或者他人的商业秘密的，应及时停止并删除。

当然，现实中的"爬"与"反爬"行为情况要复杂得多，难以通过简单的原则全面覆盖。还需要针对不同的情况进行具体分析。但是，认识到网络社会仍如同现实社会，需要遵从一定的行为规范，这一点是非常必要和重要的。

总而言之，"爬"亦有道，请遵守协议，合法合规地使用爬虫技术！

1.4　爬虫工具——Excel 和 Python

前面激起了读者学习爬虫的无限动力，同时不适时宜地告诫了要正道爬虫，这是一种正确而科学的教学态度。

下面介绍两种学习爬虫的软件，同时是学习爬虫的两种方式，后文会进行详细的对比，现在就来管中窥豹，先见一斑。

1.4.1　Excel 软件

Excel软件是微软公司办公系列产品，是数据制表分析的王牌产品。几乎每台电脑使用Windows操作系统时，都要安装Excel软件。Excel软件在数据分析方面的强大功能相信各位读者都深有体会。

Excel软件也可以爬虫。Excel在数据面板集成了PowerQuery功能，提供了从网站获取数据的菜单，如图1-14所示。从网站获取数据就是一种爬虫的手段，Excel将该模块全部菜单可视化，只需要在输入栏里填入一些有关数据来源网站的地址参数，就可以完成数据的获取，非常简单、快捷。而且获取到网站数据后自动存入Excel表格，就可以开始对数据进行统计分析、制图以及可视化展示，完成数据采集到数据分析、可视化全流程处理业务（见图1-15），对用户来说非常高效实用。

图 1-14　Excel 开启爬虫所在模块

图 1-15　Excel 爬虫进行数据分析的全流程

13

不过Excel可爬取的数据类型有限，而且当爬取的数据量很大时，受限于本身的容量限制和存储技术需求，Excel就不再适用了。这时就需要新的工具来解决这类爬虫需求，Python就是最佳选择之一。

1.4.2 Python 软件

对比Excel，学习Python实现爬虫的学习曲线可能会稍微陡峭一些，因为需要学习编写代码。如今处于人工智能时代，不学习Python软件会被认为跟不上时代。不过Python语义简单明了，很容易入门，例如使用Python编写如下的hello入门程序：

```
print("hello, 我们开始学习网络爬虫 ")
```

Python几乎无所不能，在各个领域都能找到其应用，其得到广泛应用的关键也在于Python在各个领域都有开源的库可以直接导入使用。目前Python社区里大概有几千个第三方库，各个研究领域主流的算法和案例几乎都有Python库被开源分享出来，由此大大促进了Python生态的发展。

具体到网络爬虫领域的应用，使用的爬虫库包括requests、beautifulsoup、scrapy、selenium、re等多种第三方库。这些爬虫库也具有很详细的说明文档和操作步骤说明，在使用的时候先导入库，然后调用相关函数和方法就可以获得爬虫数据。

在爬虫获取了数据后，对于数据的后续存储与分析、可视化，还需要继续引入第三方库完成这些数据流程的任务，如图1-16所示。例如，数据的存储可以选用自带的sqlite库，或者使用pymsql来操作远程的MySQL数据库，或者存入Excel；数据的处理和分析可以选用数据科学专用库numpy、pandas；数据的可视化可以选择matplotlib或者pyecharts第三方库，如果想实现可视化菜单操作，还可以选择Tkinter或者pyQT第三方库来制作爬虫可视化界面。如果数据量非常大，可以通过使用进程管理将数据爬取下来，然后使用HDFS分布式文件系统实现存储。

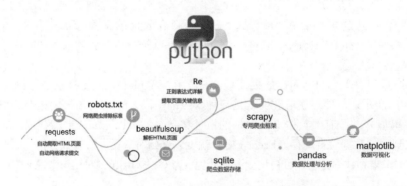

图 1-16　Python 爬虫数据处理分析全流程

读到这里，也许你看到的都是第三方库，感觉还要学好多东西，事实上也是如此。因为各种第三方库都有一些代码需要认识，还需要去熟悉库里内置的函数和方法。如果读者有一定的Python基础，那对这些第三方库应该不会陌生，而且会勇敢接受这些挑战，因为通过自己的编程能获得足够的成就感。

如果读者对Python较为陌生，就请先学习第4章的内容。第4章会介绍一些基本的Python编程基础知识，这些基础知识已经足够完成本书中的所有Python爬虫案例。

正如前面介绍的，Python几乎无所不能，如果你对Python熟悉，而对Excel相对陌生，还可以直接在Python中编程来操作Excel，因为第三方库xlsxwriter已经将许多Excel操作内置成了方法和对象，估计不到10分钟你就可以学会使用Python来创建Excel表、读取Excel表内容以及其他操作了。

1.5 本章小结

本章带领读者先认识了爬虫的定义、作用，清楚知晓学习爬虫需要准备的基础知识，同时明白爬虫可能存在的法律风险；最后对本书介绍的两个爬虫利器Excel和Python各自的特点进行了对比，两者各有所长。本书的目的不仅在于对比Excel和Python爬虫的实现，还想更多地介绍有关爬虫背后的知识以及带领读者掌握更多的Python编程技能，同时增强数据处理分析的能力。

第 2 章　网站基础知识

　　知己知彼，百战不殆。既然爬虫的目标是网页上的内容，那就非常有必要去了解和熟悉对手。本章将从网页元素、网络数据传输HTTP协议、网站构成基础等方面介绍网站入门的内容，同时安排了多个实践案例。读者在阅读完相关理论部分的内容后，可以仿照案例代码直接实践，亲自动手编写网页、制作网站，从而对网页有更为清晰的认知。如果读者已经对网页有所了解，可以直接跳过本章进入第3章相关章节内容的学习。

　　本章学习思维导图如下：

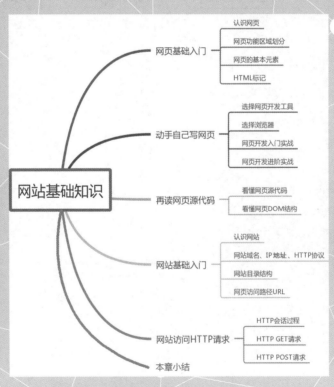

2.1　网页基础入门

2.1.1　认识网页

网页是构成网站的基本元素，是承载各种网站应用的平台。通俗地说，网站就是由网页组成的。

（1）网页是一种文本文件，其扩展名主要为.html或.htm。网页也可以使用服务器相关语言编写而成，此时扩展名将与编程语言名有关，如.jsp或.php等。

如访问中华网聚焦新闻《2021全球吉庆生肖设计大赛成果展暨北京市海外文化交流中心开幕仪式成功举办》页面时，浏览器地址栏里呈现为：https://news.china.com/specialnews/11150740/20201219/39089792.html，很明显该网页后缀名就是html。

图 2-1　中华网相关新闻网页

随着网页开发技术的不断发展，许多网页并没有固定的后缀名，但依然可以使用浏览器打开显示。

（2）网页由HTML 标签和相关内容构成。HTML是一种超文本标记语言，其全名为Hyper Text Markup Language。

当使用浏览器打开某个网页时，可以直接在页面任意位置右击，选择"查看网页源代码"命令，就可以查看网页的HTML代码。如来查看一下图2-1的新闻页面，部分代码截图如图2-2所示。

图 2-2　中华网新闻所示网页的源代码

图中源代码<html>、<head>、<title>、<link>这种带尖括号"<>"标记符号的就是HTML标记，网页上呈现的内容就放置在这些标记中间。

（3）网页需要使用网页浏览器来显示内容。也就是说，需要浏览器来打开网页，目前常用的浏览器包括IE、Chrome、Firefox、Opera、Safari、360等，如图2-3所示。

图 2-3　常用浏览器图标（从左到右为 IE、Chrome、Firefox、Opera、Safari、360）

2.1.2　网页功能区域划分

网页是一个页面，纵向上按区域可以划分为头部、中部和底部三大块。通常情况下，头部区域和底部区域都相对较扁，或者说高度较为固定，中部区域则是网页的主体部分，其高度根据内容而定。

在内容设置及其功能方面，头部区域一般放置网站的导航、搜索以及广告位，中部区域为网站的业务内容，底部区域一般为网页制作团队、版权信息、相关链接等。

在内容呈现及显示方面，头部区域和中部区域上半部分的内容会优先呈现在用户面前，便于用户一眼知晓网页功能和信息，而网页的中部区域下半部分内容和底部区域受限于屏幕分辨率，一般需要滑动才能看到鼠标。

图2-4所示为百度网站的首页，其功能区域划分非常明显，头部区域主要放置导航菜单栏、用户信息等；底部区域放置网站相关链接、网站信息等；中部主体区域是百度搜索入口，推荐内容以及一些热点信息。

图 2-4　百度网站首页的区域划分

2.1.3 网页的基本元素

打开任何一个网站，都可以看到文字、图片、图标、按钮、视频、直线、超链接等，这些基本元素构成了网页的内容。

如访问Python官网首页，在浏览器地址栏输入域名:https://www.python.org，呈现的页面如图2-5所示。其中文本运用最多，同时搭配了图片、按钮、符号等元素。

图 2-5 Python 官网首页

正是这些基于元素的优雅组合，使得网页页面呈现得如此美观大方。在组合的时候，如文字、图片、符号、按钮、超链接等元素都有相应的包装容器，容器名称就是对应的HTML标记。

2.1.4 HTML 标记

HTML（Hyper Text Markup Language）语言即超文本标记语言，通过标记符号来标记要显示的网页中的各个部分，其中超文本是指页面内可以包含图片、链接、音频、视频、程序等非文本元素。在HTML文件中对文本和非文本元素进行标记包裹，然后通过浏览器渲染解释并显示出来。形象比喻HTML标记就如同包装容器，将文本及非文本元素容纳在内。

1. HTML 标记

基本格式为:<标记>内容</标记>

其中:

● 标记的英文为 tag，上述格式也可以表示为：<tag> 内容 </tag>。

● "< 标记 >"和"</ 标记 >"分别是一个标记元素的开始和结束。

● 标记本身不区分大小写。

2. 常用 HTML 标记

这里提供一个常用HTML标记列表（见表2-1），便于后续参考和查询。

表 2-1　常用 HTML 标记

作用类别	标记名	标记意义
文档结构类	\<html\> ... \</html\>	定义 HTML 文档
	\<head\> … \</head\>	定义网页头信息
	\<body\> … \</body\>	定义网页主体
	\<header\> … \</header\>	定义网页头部区域
	\<footer\> … \</footer\>	定义网页底部区域
	\<section\> … \</section\>	定义文档中的节区域
网页元素容器	\<title\> … \</title\>	定义网页标题
	\<hn\> … \</hn\>	定义 n 级样式标题，n 为 1 ~ 5
	\<p\> … \</p\>	定义段落标记
	\<img src= " … " \>	图片标记，src 指向图片路径
	\<a href= " … " \>	超链接标记，href 指向链接地址
	\<table\> … \</table\>	定义表格区域，与 tr、td 标记同时使用
	\<tr\> … \</tr\>	定义表格行
	\<td\> … \</td\>	定义表格列
	\<form\> … \</form\>	定义表单区域
	\<input type= " … " \> … \</input\>	定义表单区域内的输入框
	\<button\> … \</button\>	定义按钮
	\<span\> … \</span\>	定义行内元素
	\<div\> … \</div\>	定义一个区块，是最灵活的使用方式
	\<ul\> … \</ul\>	定义一个无序列表，与 li 标记一起使用
	\<ol\> … \</ol\>	定义一个有序列表，与 li 标记一起使用
	\<li\> … \</li\>	定义列表容器中的某一项

　　此时可以打开Python官网首页，按快捷键F12进入网页开发者工具，选择Elements栏，此时在内容区显示的即为网页的HTML代码，如图2-6所示，如此来对比理解HTML标记与页面内容呈现，理解HTML标记容器的作用。

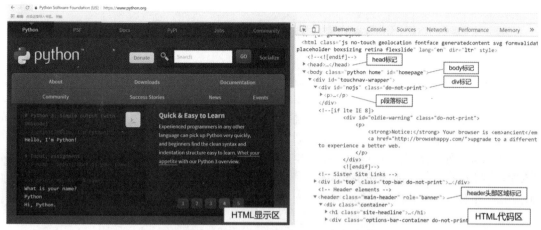

图 2-6　Python 官网首页 HTML 标记文档

🔘 说明

理解这些标记非常重要，网络爬虫时需要通过HTML标记定位到目标区域，进而爬取标记容器里的内容。浏览器的开发者工具是一个通用、高效了解网页结构及相关标记的工具，第3章还会详细讲解。

2.2　开始动手写网页

既然对网页的基本元素和HTML标记有了初步认识，为何不趁热打铁，直接自己动手来写网页呢？下面给出几个实践案例供参考，读者可以在此基础上自由发挥，写出更优雅的网页。不过在此之前，还需要选择开发工具和浏览器。

2.2.1　选择网页开发工具

网页是文本文件。对于初学者而言，可以直接使用记事本来编写HTML代码；如果为了追求效率，可以选择专门的网页编辑器工具，如Notepad++ 、Visual Studio Code、SublimeText等，如图2-7所示。这些工具可以实现HTML标记智能自动补全、优雅排版、亮色标记及错误提醒，读者有兴趣可以从网络上搜索下载自行尝试。

记事本　　　Notepad++　　　Visual Studio Code　　　SublimeText

图 2-7　常用的网页编辑器

许多大型软件集成开发平台如Webstorm、Eclipse、Visual Studio等也提供网页开发模块，供用户完成Web项目开发。

本节几个案例都将采用记事本来编写代码，建议读者也如此效仿，以便加深对HTML标记和文档结构的理解。

2.2.2 选择浏览器

前面介绍过网页HTML代码是通过浏览器来渲染和显示的，可以把浏览器看成一个网页编译器，即编写完HTML代码后，在浏览器中查看编译效果。

鉴于浏览器种类众多，可以根据自己的习惯进行选择。本书案例选用谷歌公司开发的Chrome浏览器（见图2-8）。一方面Chrome浏览器的界面相对纯净，响应速度快，没有其他浏览器携带加载的导航、链接、广告弹窗等问题；另一方面插件工具多，非常适合做开发测试。

图 2-8　Chrome 浏览器首页

如果你还没有安装Chrome浏览器，请从百度上搜索，或者直接从现有浏览器地址栏输入Chrome浏览器的官网链接地址https://www.google.cn/chrome/，选择下载Chrome并安装在本地计算机上。

2.2.3 网页开发入门实战

1. 新建网页文件

在本地磁盘上新建一个文件夹，命名为demo-html。然后打开记事本，输入相关的HTML代码。

编写完成后将文件保存为.html文件。记事本默认后缀名为.txt，所以在"保存类型"处选择"所有文件"，然后在文件名输入框里输入ex01.html，"编码"方式选择UTF-8，然后单击"保存"按钮（见图2-9）。

图 2-9 保存记事本为网页文件的过程示例

2. 浏览器显示

将该网页文件直接用鼠标拖入浏览器，即可显示网页内容；或者在浏览器的地址栏输入网页文件的绝对路径，也可以实现内容的显示。

3. 动手做一做

【**案例**2.1】编写一个显示文本内容的网页。

在记事本里输入如下代码：

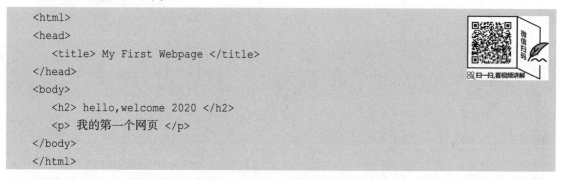

```
<html>
<head>
    <title> My First Webpage </title>
</head>
<body>
    <h2> hello,welcome 2020 </h2>
    <p> 我的第一个网页 </p>
</body>
</html>
```

💬说明

（1）<html>…</html>为整个HTML文档起始标记和结束标记。

（2）<head>…</head>中间包含的是文档头信息说明，如标题、资源类型等。

（3）<title>…</title>中间的文字，显示在浏览器标题栏中。

（4）<body>…</body>中间包含文档的主体内容，如文字、表格、图片、超链接等。

（5）<h2>…</h2>中间文字，以2号标题格式显示。

（6）<p>…</p>为段落标记，中间内容为段落文本。

保存代码并命名为ex2-1.html，直接将文件拖入浏览器区域内，显示效果如图2-10所示。

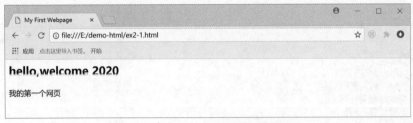

图 2-10　第一个网页文件的显示效果

通过代码文件与浏览器显示内容对比来看，代码中文本标记如<h2></h2>、<p></p>对在浏览器中都没有显示，浏览器里显示的内容是标记中所包裹的文本，因此本例中网页都是通过文本代码标记来定义文本位置以及含义的；反过来，如果要确定文本位置，就需要知道包裹文本的HTML标记。

【**案例2.2**】编写一个显示表格内容的网页。

在记事本里输入如下代码：

```html
<html>
<head>
   <title> My Second Webpage </title>
</head>
<body>
   <h2> 我的第二个网页 </h2>
   <p> 表格示例 </p>
   <table border="1" width="600px" >
     <tr>
       <td>Name</td>
         <td>Age</td>
         <td>Hobbies</td>
     </tr>
     <tr>
       <td>Topher</td>
         <td>7</td>
         <td>Piano</td>
     </tr>
   </table>
</body>
</html>
```

● 说明

（1）<table>···</table>为表格的开始标记和结束标记。

（2）<tr>···</tr>为表格的一行标记。

（3）<td>···</td>为表格一行中的单元格标记，表格内容就放置在该单元格区域内。

（4）\<table border="1" width="600px"\>，在表格开始标记中加入了样式设定，其中border="1"设定表格边框宽度为1px，width="600px"设定这个表格宽度为600px。

保存代码并命名为ex2-2.html，然后直接将文件拖入浏览器区域内，显示效果如图2-11所示。

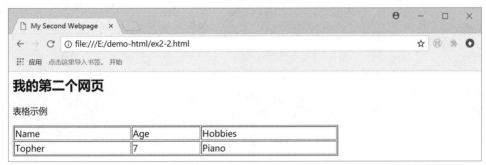

图 2-11　第二个网页文件的显示效果

本案例以显示表格内容为主，表格标记\<table\>\</table\>定义了表格区域，\<tr\>\</tr\>定义表格中的一行，\<td\>\</td\>定义一行中的单元格。案例中一共有两行内容，每行有三个单元格，因此整体结构上有一组\<table\>\</table\>标记定义表格区域，两组\<tr\>\</tr\>定义表格中的两行，每行里三组\<td\>\</td\>标记定义单元格。这些表格标记在浏览器里并不会显示，但定义了以表格样式来显示内容。因此如果要定位到单元格里的内容，就需要知道包裹单元格的td、tr和table标记。

很显然，浏览器中显示的表格并不如你所看到的一些网站上的表格那样美观，因为还没有对表格显示样式进行精细设置。

【案例2.3】编写一个显示图片和超链接的网页。

在记事本里输入如下代码：

```
<html>
<head>
    <title> My Third Webpage </title>
</head>
<body>
    <h2> 我的第三个网页 </h2>
    <p> 图片和超链接使用示例 </p>
    <div>
        <img src="pic.png">
        <p>
            <a href="https://www.baidu.com">访问百度 </a>
        </p>
    </div>
</body>
</html>
```

> **说明**
>
> （1）< div >…</ div>为自定义区块的开始标记和结束标记。
> （2）< img src="pic.png">为图片的标记，src属性用于指定图片的具体路径。
> （3）< a href="…">…</a>为超链接标记，标记内的文本或图片等内容都具有点击跳转的功能，跳转的网页路径通过href属性来指定。如案例中超链接标记内的文本为"访问百度"，指定其href属性为百度的首页地址。

要实现图片的显示效果，需要先准备好图片资源。可以从电脑上准备一张图片，将其复制到网页文档目录中。如本例中就是将图片放在与ex2-3.html文件同一目录下，图片名为pic，后缀为.png格式。保存代码并命名为ex2-3.html，然后拖入浏览器显示，效果如图2-12所示。

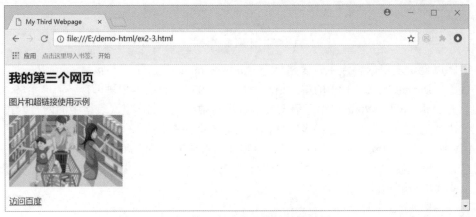

图 2-12　第三个网页文件的显示效果

案例中使用了div标记容器来放置图片和超链接，在div标记内图片容器标记为<img>，超链接标记为<a></a>。由于图片属于非文本内容，需要在使用img标记时，增加src属性来指定图片所在的路径。超链接就是当点击时，可以通过链接跳转至另一个网页，因此使用<a>标记时，需要增加href属性指定跳转的网页文件路径。

【案例2.4】编写一个无序列表显示内容的网页。

在记事本里输入如下代码：

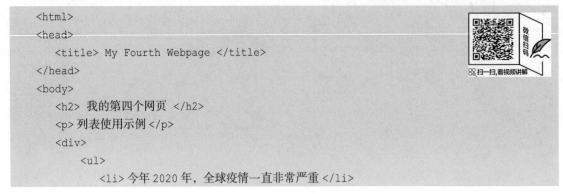

```
<html>
<head>
    <title> My Fourth Webpage </title>
</head>
<body>
    <h2> 我的第四个网页 </h2>
    <p> 列表使用示例 </p>
    <div>
        <ul>
            <li> 今年 2020 年，全球疫情一直非常严重 </li>
```

```
        <li> 我的朋友很多，有许多人来自国外，他们目前都还很健康 </li>
        <li><img src="3.png"></li>
    </ul>
  </div>
</body>
</html>
```

说明

(1) <ul>…</ul>为无序列表的开始标记和结束标记。

(2) <li>…</li>为每个列表内容的一组标记，内容就放在标记对内。

(3) 默认每个列表使用一个小圆点标记符号标识。

(4) 案例中使用了3.png图片资源，与网页文件存放在同一目录下。

保存代码并命名为ex2-4.html，然后在浏览器中显示，如图2-13所示。

图 2-13　第四个网页文件的显示效果

案例中使用<div>标记包裹列表所在区域，<ul>标记指示无序列表，一组<li></li>标记定义为一个列表，多个列表就用多组<li></li>来表示。实际文本或图片内容就放在该组<li></li>标记内。如果要获得列表中的内容，必须先定位到其所在的<li></li>标记的位置。

【案例2.5】编写一个用户登录表单的网页。

在记事本里输入如下代码：

```
<html>
<head>
    <title> My Fifth Webpage </title>
</head>
<body>
    <h2> 我的第五个网页 </h2>
    <p> 表单使用示例 </p>
```

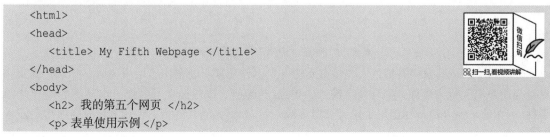

```
        <form action=" ">
            <div>
                用户名：<input type="text" name="username" >
            </div>
            <div>
                密码：<input type="password" name="userpwd" >
            </div>
            <div>
                <input type="submit" value=" 登录 " >
                <input type="reset" value=" 重填 " >
            </div>
        </form>
    </body>
</html>
```

说明

（1）< form >…</ form>为表单的开始标记和结束标记，其action属性指定将表单输入内容交由哪个网页文件进行处理。

（2）<input type="text" name="username" >为输入文本框的标记，type属性用于指定输入框类型，name为输入框名称。

（3）<input type="password" name="userpwd" >为输入密码区的标记，type属性为password，则输入时会使用"*"号隐藏实际内容。

（4）<input type="submit" value="登录" >为提交表单的按钮标记，当type属性为submit表示提交，为reset时表示清除表单已有输入，value用于显示行为事件的内容。

保存代码并命名为ex2-5.html。然后使用浏览器显示，效果如图2-14所示。

图 2-14　第五个网页文件的显示效果

表单属于网页开发中有特色、非常重要的一个组件元素。通常用于用户注册、登录、提交意见等与用户交互行为事件，实现文本输入、单选/多选项、按钮提交等操作。本案例为用户登录事件，<form>…</form>标记用于定义表单区域，<input>为输入标记，使用其type属性指定输入类型，name属性为该类型特定名称。

因为表单是一个用户交互事件，读者可以尝试在浏览器的输入框里输入相应内容，然后单击"提交"或"重填"按钮测试一下。

div标记为块级元素，也就是在显示时会占用一行区域，案例中使用<div></div>标记对将几种表单输入包裹住，使得表单输入按行分开排列。如果不使用这类块级标记，几个输入框会在同一行排列，显得比较凌乱。

2.2.4 网页开发进阶实战

通过前面几个简单网页的实践，读者对HTML标记应该有了一定的认识。这些标记定义了网页元素内容的位置或者呈现方式，后续网页爬虫时定位目标的技术就是寻找目标被包裹的HTML标记。

仔细观察，上述的网页案例中还存在两个典型的问题。

问题一：浏览器显示的内容没有样式设定，显示效果不美观。

问题二：代码中出现多个相同HTML标记时，如何精确定位其中的一个呢？

下面介绍解决这两个问题的技术方案，同时给出几个实践案例供参考，带领大家在网页开发技术方面更进一步。

1. 网页内容显示美观需求解决方案及实践

在网页开发时对包裹内容的HTML标记容器进行样式设置，就可以完成对其内容的显示属性设定。也就是说，该样式设置既包括HTML标记本身的显示属性，也包括标记内部内容的显示属性。显示样式主要包括字体、颜色、边界、区域大小、下划线等。如果把这些样式设置代码放在一起，并与HTML代码分离，就是通常所说的CSS样式。

（1）设定方式一：直接在HTML标记里增加style属性，一般区域级标记都可以使用，如div标记、span标记等。基本格式为：

```
<tag style="keys:attrs "> 内容 </tag>
```

其中，keys为样式名，attrs为对应的属性。

【案例2.6】完成网页文本和图片显示样式的设置。

在记事本中输入如下代码：

```
<html>
<head>
    <title> My Sixth Webpage </title>
</head>
<body>
    <h2> 我的第六个网页 </h2>
    <p style="color:red;font-size:16px"> 内容样式设定示例 </p>
    <div style="width:550px;height:200px;border:1px solid red">
        <img src="6.jpg" >
    <span style="color:blue;font-size:10px"> 璀璨星空 </span>
```

扫一扫，看视频讲解

```
    </div>
  </body>
</html>
```

🔵说明

（1）<p style="color:red;font-size:16px">···</p>：设定段落标记内的文本显示属性，包括颜色color和字体大小font-size，颜色属性包括常用颜色英文简称以及十六进制组合，字体大小直接使用px像素作为单位。如果存在多个keys，中间使用分号分隔。

（2）<div style="width:550px;height:200px;border:1px sold red">···</div>：设定div标记区域的大小及边框属性，width为宽，height为高，属性值均使用px像素为单位，border为边框，使用了三组值（边界线宽度、线型、颜色）来设定。

（3）案例中使用span文本标签容器，同时设定了style属性。

代码保存为ex2-6.html，在浏览器中的显示效果如图2-15所示。

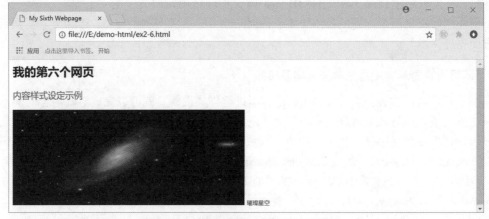

图 2-15   第六个网页文件的显示效果

（2）设定方式二：直接给HTML标记添加样式属性，如表格标记、表单标记等。基本格式为：

```
<tag keys="attrs ">内容 </tag>
```

其中，keys为样式名，attrs为对应的属性。

【案例2.7】完成网页表格及显示内容样式设置。

```
<html>
<head>
   <title> My Seventh Webpage </title>
</head>
<body>
   <h2> 我的第七个网页 </h2>
   <p style="color:red;font-size:18px"> 表格样式设定示例 </p>
   <table border="1" width="500px" height="80px" align="center" cellspacing="0">
```

```
        <tr style="text-align:center">
            <td style="color:red">第一单元</td>
            <td style="color:blue">第二单元</td>
        </tr>
    </table>
</body>
</html>
```

说明

（1）<table border="1" width="500px" height="80px" align="center" cellspacing="0">…</table>：设定表格标记属性，border为边界宽度，width和height为表格的宽和高；align为表格在网页内的布局，值为center时设定表格为居中排列；cellspacing为单元格之间的间距，设置为0时表示直接采用表格边界作为单元格边界。

（2）案例中分别对tr行标记和td列标记进行style属性设置，tr行标记的style设定作用于本行所有单元格，而td列标记的style属性则是对特定单元格属性的设置。

代码保存为ex2-7.html，其在浏览器中显示效果如图2-16所示。

图2-16 第七个网页文件的显示效果

前面两种样式设定方法与HTML标记混杂在一起，如果样式keys过多，很显然会影响代码的可阅读性和纠错定位。最明智的办法就是将HTML标记代码与样式设定分开存放，但分开存放就会有链接和定位的问题，也就是说怎么知道给定的HTML标记其样式代码是哪些，或者怎么知道一组样式代码是给哪个HTML标记定义的？

解决方案是给每个HTML标记增加标识属性，标识方式为设定class类名或者设定id属性。

● class 类名：可以重复赋给多个 HTML 标记，常用于给一个或多个 HTML 标记设定相同的 CSS 样式。

● id 属性：建议一个 HTML 标记定义一个 id 属性，这样整个网页中该 HTML 标记拥有唯一的 id 属性，便于快速定位。

（3）设定方式三：HTML代码与样式设定代码CSS分开，给定HTML标记class名，然后将样式代码放在网页头部文档head信息区域<style>…</style>标记对内。基本格式为：

```
# 样式 CSS 代码存放在头部 <head> 文档 <style> 标记内，用 "." 符号指定类名
# css 代码以 key:value 键值对存放，多个键值对采用 ";" 分号分隔
<head>
    <style>
        .boxName{ keys:attrs }
    </style>
</head>
```

【案例2.8】使用class类名完成HTML代码与CSS样式分离的设置。

在记事本里输入如下代码：

```
<html>
<head>
    <title> My Eighth Webpage </title>
    <style>                          # 存放 CSS 样式代码
        # 注释: 给 class 类名为 title 的 HTML 标记设定样式
        .title{
                color:red;
                font-size:18px;
            }


          # 注释: 给 class 类名为 box 的 HTML 标记设定样式
        .box{
                width:800px;
                height:60px;
                background:#f0f0f0;
                border:1px solid red;
                text-align:center;
            }
    </style>
</head>
<body>
    <h2> 我的第八个网页 </h2>
    <p class="title">CSS 样式设定示例 </p>
    <div class="box">
        <span> 我喜欢网页设计开发，但我更向往爬虫，因为那会获得更多数据。</span>
    </div>
</body>
</html>
```

这样HTML代码与样式设定CSS代码就实现了分离，HTML代码就会显得非常简洁优雅，有利于后续的代码维护。

上述代码保存为ex2-8.html，其显示效果如图2-17所示。

图 2-17　第八个网页文件的显示效果

仔细观察上面的案例代码，会发现网页头部文档区域比较繁重，因为放置了许多CSS代码，如果网页内容很多，这些CSS代码就会占据整个网页文件的半壁江山甚至更多。这显然不是想要的，也不属于合理的代码开发方式。解决方法就是将CSS样式代码单独存为一个文件，在HTML文件中使用链接方式导入，由此来实现HTML代码与CSS代码完全分离。

基本格式为：

```
# 在网页的 <head> 头部文档区域内使用 link 标记引入 css 文件
<link href="cssFile" rel="stylesheet" type="text/css" />
```

【案例2.9】导入CSS文件实现HTML代码与CSS样式分离的设置。

可将上述案例中的CSS代码单独复制并另存为ex2-9.css文件，内容如下：

```
.title{
    color:red;
    font-size:18px;
    }


.box{
    width:800px;
    height:60px;
    background:#f0f0f0;
    border:1px solid red;
    text-align:center;
    }
```

然后将原ex2-8.html代码修改后另存为ex2-9.html，修改后的代码如下：

```
<html>
<head>
    <title> My Nineth Webpage </title>
    <link rel="stylesheet" type="css/text" href="ex2-9.css">
                        # 注释：引入外部 css 文件
</head>
<body>
```

```
    <h2> 我的第九个网页 </h2>
    <p class="title">CSS 样式设定示例 </p>
    <div class="box">
        <span> 我喜欢网页设计开发，但我更向往爬虫，因为那会获得更多数据。</span>
    </div>
</body>
</html>
```

修改后的ex2-9.html在浏览器中的显示效果与ex2-8.html是一致的，但由于采用了CSS代码与HTML代码完全分离的方法，该文档代码维护起来效率要高很多。如果要调整显示样式，直接去CSS文件中修改然后更新即可。

在设置样式代码时，多采用HTML标记的class类名来定位。不过在开发过程中，class类名可以赋予多个HTML标记，也就是可以让多个HTML标记区域具有通用的样式设置，这是一种典型的代码复用思想。甚至可以让设定的CSS代码文件导入多个HTML网页，只要具有类名相同的HTML标记都可以采用相同的样式设置。许多网站的头部区域和底部区域样式保持完全一致，就是使用了相同的样式CSS代码文件。

2. JavaScript 脚本添加网页的交互行为及简单实践

前面介绍过，还可以给HTML标记设定id属性，每个需要设定的HTML标记给定唯一的id名，由此在定位HTML标记时就能直接锁定其在网页中的位置。实际上id属性也可以用来设定该HTML标记的样式属性，不过因为id属性的唯一，不便于CSS代码的复用。而更多的时候id属性用于指定HTML标记，使用JavaScript脚本实现对HTML元素的交互事件，如点击弹窗、操作HTML元素等。

在HTML页面中插入JavaScript，需要使用<script>标记。<script> </script>标记对会告诉JavaScript 在何处开始和结束。JavaScript脚本就包括在<script></script>标记对中，同时这个脚本一般放置在网页代码的尾部区域，也可以放置到body或head标记区域。

【案例2.10】插入JavaScript脚本实现弹窗显示helloworld。

在记事本中输入如下代码：

```
<html>
<head>
    <title> My Tenth Webpage </title>
</head>
<body>
    <h2> 我的第十个网页 </h2>
    <p style="color:red;font-size:16px;">JavaScript 入门示例 </p>
    <div class="box">
        <span> 本案例使用 id 来定位 html 标记，加入 JavaScript 代码 </span>
        <button id="btn"> 点我测试 </button>
    </div>
</body>
</html>
<script>
```

```
    var targetHTML=document.getElementById("btn");
    targetHTML.addEventListener("click",function(){
        alert("helloworld");
    })
</script>
```

说明

（1）<button id="btn">…</button>：按钮标记对，中间文本为按钮名。给该按钮标记设定id属性名为btn，该属性名是唯一的。

（2）案例中将JavaScript代码放在文档末尾，属于非常正确的写法。

（3）在JavaScript代码中使用document.getElementById方法来精确定位目标HTML对象，document.getElementById("btn")就可以定位到id名为btn的HTML按钮对象。

（4）使用addEventListener函数给HTML对象添加单击click事件，同时触发函数function，即单击该对象后触发一个行为，本案例为alert弹窗显示。alert为JavaScript的内置函数，使用双引号包裹消息文本。

保存并命名为ex2-10.html，在浏览器中打开后，单击"点我测试"按钮时，就会弹出一个显示"helloworld"内容的消息框，如图2-18所示。

图2-18　第十个网页文件的显示效果

与CSS代码一样，当JavaScript脚本代码过多时会严重影响HTML文件的阅读和维护，因此也可以将JavaScript脚本单独存为一个文件，命名时后缀名为.js，然后在HTML网页文件中使用导入标记方式，格式如下：

```
# 在网页的 <head> 头部文档区域内使用 script 标记，给定 src 属性引入 js 文件，src 属性值为
# JavaScript 脚本文件所在的路径
<script src="myScript.js"></script>
```

【案例2.11】导入JavaScript脚本文件，实现弹窗显示helloworld。

本案例是直接在案例2.10的基础上稍加修改。首先打开记事本输入JavaScript脚本代码，并保存为myScript.js。

```
var targetHTML=document.getElementById("btn");
    targetHTML.addEventListener("click",function(){
        alert("helloworld");
    })
```

然后将上述案例网页代码修改如下：

```
<html>
<head>
    <title> My Eleventh Webpage </title>
</head>
<body>
    <h2> 我的第十一个网页 </h2>
    <p style="color:red;font-size:16px;">JavaScript 入门示例 </p>
    <div class="box">
        <span> 本案例使用 id 来定位 html 标记，加入 JavaScript 代码文件 </span>
        <button id="btn"> 点我测试 </button>
    </div>
</body>
</html>
<script src="myScript.js"></script>
```

保存代码并命名为ex2-11.html，然后在浏览器中测试效果，如图2-19所示。

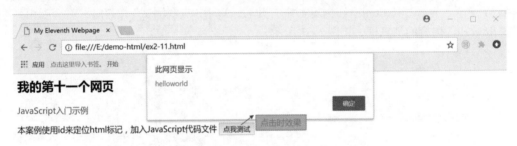

图 2-19　第十一个网页文件的显示效果

本节共使用了11个实践案例，介绍了编写网页代码的过程、网页代码的主要含义和基本用法，如果读者初次接触网页开发，相信通过这些案例的实践，已经可以掌握网页开发的基础技术。不过受限于篇幅和本书的主题，无法介绍更多的网页开发技巧以及一些主流的开发框架。推荐大家多用主题搜索网页相关技术、多实践、多实战，关注最新的前端开发技术和相关框架，很快就可以成为熟练的网页开发高手。

2.3　再读网页源代码

2.3.1　看懂网页源代码

熟悉网页HTML标记和基本用法之后，看懂网页源代码应该没问题了。下面看几个在线网页的例子，一起来分析源代码。不过因为许多在线网页源代码的行数都较多，受限于篇幅只对比其中一部分进行解读。

【**案例2.12**】读百度首页搜索输入框的源代码。

打开百度首页，浏览器中部就是一个百度Logo和搜索框以及"百度一下"按钮。该区域的源代码如图2-20右侧所示。

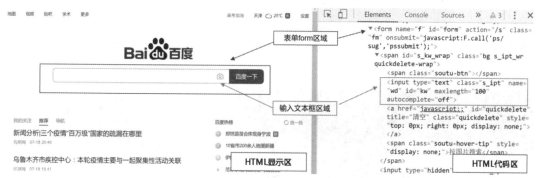

图 2-20　百度首页搜索表单标记的解读

将该区域的部分代码粘贴如下：

```html
<form name="f" id="form" action="/s" class="fm" onsubmit="javascript:F.call('ps/
sug','pssubmit');">
    <span id="s_kw_wrap" class="bg s_ipt_wr quickdelete-wrap">
        <span class="soutu-btn"></span>
        <input type="text" class="s_ipt" name="wd" id="kw" maxlength="100"
        autocomplete="off">
        <a href="javascript:;" id="quickdelete" title="清 空 " class="quickdelete"
        style="top: 0px; right: 0px; display: none;"></a>
        <span class="soutu-hover-tip" style="display: none;">按图片搜索 </span>
    </span>
    ......
    <span class="btn_wr s_btn_wr bg" id="s_btn_wr">
        <input type="submit" value="百度一下 " id="su" class="btn self-btn bg s_btn">
    </span>
</form>
```

对上述代码中关键HTML标记的解读如下：

（1）整个区域以表单form定义，在表单起始标记<form name="f" id="form" action="/s" class="fm" onsubmit="javascript:F.call('ps/sug','pssubmit');">中设定了表单的name属性、id名称、action动作提交路径、class类名、onsubmit提交函数。

（2）表单form标记内以span块级标签来定义内部区域，包括输入文本框区域以及"百度一下"按钮等。

（3）文本搜索输入框的标记为input:<input type="text" class="s_ipt" name="wd" id="kw" maxlength="100" autocomplete="off">，设定了输入框的class类名、name名称、id名称、最大文本长度maxlength、是否自动完成autocomplete等属性。其中class类名用于定义其CSS显示样式，id名称和name名称

都可以用于唯一标识该输入框，不过id名多用于JavaScript脚本判断输入是否合理时定位到该输入框。

（4）提交按钮采用了input标记，类型为submit，显示按钮名为"百度一下"。

【案例2.13】读pypi官网上部项目数和用户数区域的源代码。

Python第三方库pypi的在线地址为https://pypi.org，在浏览器地址栏输入该网址即可进入pypi官网首页。这里重点关注首页偏上部的四个水平列表的内容，如图2-21所示。

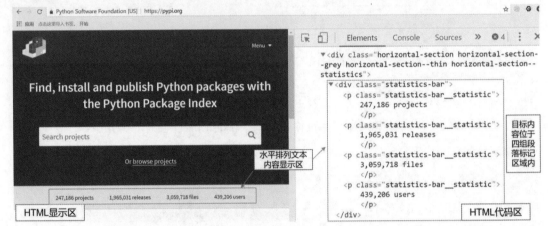

图2-21　解读pypi官网项目数和用户数区域的网页代码

从右侧网页源代码的对比可以看出，水平排列的四组文本内容每组均使用段落\<p> \</p>标签对包裹，四组段落标记外层为一个类名为statistics-bar的div容器。代码复制如下：

```
<div class="statistics-bar">
    <p class="statistics-bar__statistic">
    247,186 projects
    </p>
    <p class="statistics-bar__statistic">
    1,965,031 releases
    </p>
    <p class="statistics-bar__statistic">
    3,059,718 files
    </p>
    <p class="statistics-bar__statistic">
    439,206 users
    </p>
</div>
```

每个段落标记均设定了class类名，该类名既可以用于设定样式，也可以用于后续的HTML标记定位。

【案例2.14】读"什么值得买"官网首页精选列表的源代码。

"什么值得买"是一个商品推荐网站，其首页提供了值得买精选列表，如图2-22所示。

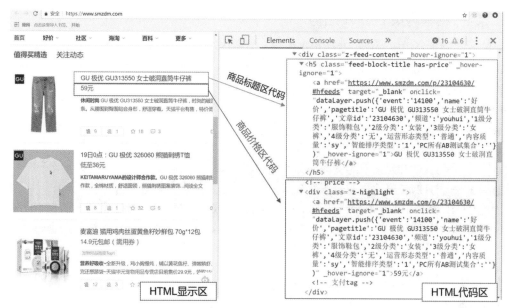

图 2-22 "什么值得买"首页精选列表局部代码的解读

精选列表里每一件商品包括图片、标题、价格、详情、互动、购买按钮等内容，这里看一下其中的标题和价格源代码。

商品标题区使用了一个<h5></h5>5级标题标记，实际的标题内容则使用了超链接<a>标记来包裹，同时给超链接设定了href跳转网页路径地址，增加了onclick点击事件。

```
<h5 class="feed-block-title has-price" _hover-ignore="1">
    <a href="https://www.smzdm.com/p/23104630/#hfeeds" target="_blank"
    onclick="dataLayer.push({'event':'14100','name':好价','pagetitle':'GU 极优 GU313550 女
士破洞直筒牛仔裤','文章 id':'23104630','频道':'youhui','1级分类':'服饰鞋包','2级分类':'女
装','3级分类':'女裤','4级分类':'无','运营形态类型':'普通','内容质量':'sy','智能排序类
型':'1','PC所有AB测试集合':''})" _hover-ignore="1">GU 极优 GU313550 女士破洞直筒牛仔裤
    </a>
</h5>
```

与标题区平级的为价格区。价格区外层为一个div容器，类名为z-highlight。与标题文本相似，价格文本内容也是由超链接<a>标记来包裹。

```
<div class="z-highlight ">
    <a href="https://www.smzdm.com/p/23104630/#hfeeds" target="_blank"
    onclick="dataLayer.push({'event':'14100','name':'好价','pagetitle':'GU 极优 GU313550
女士破洞直筒牛仔裤','文章 id':'23104630','频道':'youhui','1级分类':'服饰鞋包','2级分
类':'女装','3级分类':'女裤','4级分类':'无','运营形态类型':'普通','内容质量':'sy',
'智能排序类型':'1','PC所有AB测试集合':''})" _hover-ignore="1">59元
    </a>
</div>
```

■ 2.3.2　看懂网页 DOM 结构

当写好了网页源代码文件，并使用浏览器打开该文件时，浏览器会创建页面的文档对象模型（Document Object Model），该模型也称为DOM结构。

根据 DOM模型，HTML 文档中的每个成分都是一个节点Node。

DOM 模型这样规定：

● 　整个文档是一个文档节点。

● 　每个 HTML 标签是一个元素节点。

● 　包含在 HTML 元素中的文本是文本节点。

● 　每一个 HTML 属性是一个属性节点。

因此HTML 文档中的所有节点组成了一个文档树（或节点树）。HTML 文档中的每个元素、属性、文本等都代表着树中的一个节点。树起始于文档节点，并由此继续伸出枝条，直到处于这棵树最低级别的所有文本节点为止。

1.　解读 DOM 树结构

网页源代码如下：

```
<html>
<head>
    <title> 文档标题 </title>
</head>
<body>
    <a href="https://www.baidu.com"> 我的链接 </a>
    <h1> 我的标题 </h1>
</body>
</html>
```

浏览器加载该段代码时构建的DOM树状模型如图2-23所示。

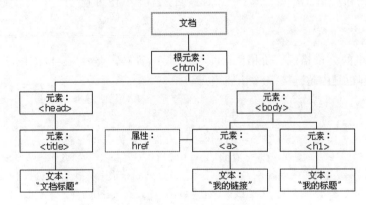

图 2-23　网页文档 DOM 模型树状图

该文档中，根节点为<html>，<head>和<body>为其子节点，也是树结构里平行的两个分支。

在<head>节点中有一个子节点——<title>节点，<title>节点也有一个子节点——文本节点 "文本标题"；在<body>节点内，包括两个子节点——<a>和<h1>，这两个子节点又分别有一个文本子节点，同时<a>节点还有一个href属性节点。

2. 节点 Node 之间的关系：父子、兄弟

每个HTML文档中除了根节点外，其他节点都有父节点，同时大部分节点都有子节点。

当节点分享同一个父节点时，它们就是同辈（兄弟节点）。比如，<h1>和<a>是同辈，因为它们的父节点均是<body>节点。

节点也可以拥有后代，后代指某个节点的所有子节点，或者这些子节点的子节点，以此类推。比如，所有的文本节点都是<html>节点的后代，而第一个文本节点是<head>节点的后代。

节点也可以拥有先辈。先辈是某个节点的父节点，或者父节点的父节点，以此类推。比如，所有的文本节点都可把<html>节点作为先辈节点。

> **说明**
>
> 网页DOM结构中父节点对象用parentNode表示，子节点用childNodes表示，一般可以使用firstChild、lastChild表示第一个、最后一个子节点。兄弟节点为sibling，常用previousSibling、nextSibling表示前后兄弟节点。

2.4 网站基础入门

2.4.1 认识网站

1. 网站提供互联网业务服务

从商业角度来说，网站是一个项目，更是一个系统工程。在互联网信息时代，大多数公司拥有自己的网站，例如百度、淘宝、京东、阿里、腾讯、携程等通过提供在线商业服务发展成了互联网巨头，今日头条、新浪、搜狐等通过网站发布实时新闻，B站、爱奇艺、优酷等通过网站提供文娱方面的资源服务。对一个企业而言，其网站就是在线业务的运营平台，通过提供在线服务增加自己的用户、扩大市场、增加营收。因此现在无论大型集团企业还是中小型科技公司，甚至许多政府、学校机构都非常重视自己的网站系统建设。图2-24为360导航的分类网站。

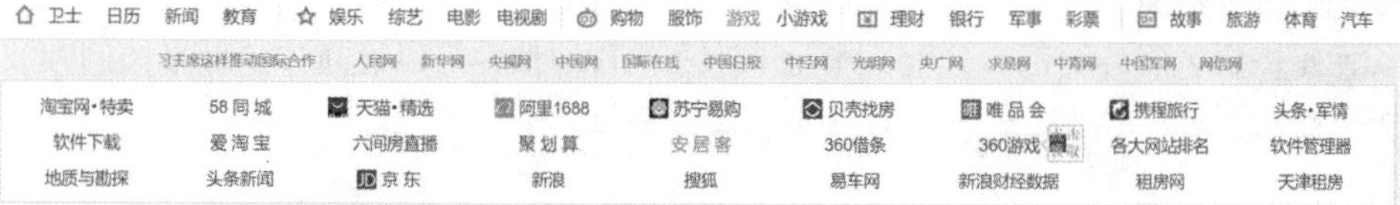

图 2-24 360 导航提供的分类网站

2. 网站需要部署在互联网上

互联网连接全世界，全世界都在网上。如今通过互联网可以找到任何想要的商品或合法服务，还可以搜集到任何想要的合法数据和资源。网站就是这些业务的载体，是承载这些服务的平台。也就是说，网站是构成互联网的最基本粒度单位之一。将网站部署在互联网上，并提供访问方式和连接方式，用户只要能连接到互联网，就可以访问网站、获取网站提供的资源和服务，如图2-25所示。

图 2-25　全球互联、科技互联概念示意图（源自网络）

3. 网站包括前端、后端、数据库、服务器服务

网站是业务的在线运营平台。对于业务而言，提供给用户的页面称为前端（或客户端），提供给网站拥有方进行业务管理的页面称为后端（或管理员端）；这两类业务网页的相关目录和文件都需要存放在连接互联网的服务器上，将该类业务称为服务器服务；而数据则一般会存放在专门的数据库中。通常前端、后端以及数据存储业务都是网站拥有者提供服务，而服务器相关服务则由互联网运营商提供。这四块业务就构成了一个完整的网站系统。

2.4.2　网站域名、IP 地址、HTTP 协议

2.4.1小节提到的服务器相关服务就是互联网运营商提供云服务器、提供网站域名等服务。网站相关目录及文件就存放在云服务器上，如何让其他用户通过互联网访问到网站呢？还需要几个基本要素。

1. 云服务器 IP 地址

可以把云服务器简单理解为连接互联网的电脑。目前已经有许多云厂商专门提供云服务器租赁服务。而每一台云服务器都会分配一个全球唯一的IP地址，可以通过IP地址来访问存放网站资源的云服务器。不过IP地址通常为一个32位的二进制数，不方便记忆。

2. 网站域名

很显然，记住一个名称远比一串数字更容易。因此对于云服务器，可以使用专有域名来进行访问。在这之前，还需要将专有域名与云服务器的IP地址关联，也就是访问域名时可以映射到该

云服务器上。

例如百度的域名为www.baidu.com，可以使用ping命令来看一下该域名对应的IP地址。如图2-26所示其IP地址为39.156.66.18。

```
C:\Users\Administrator>ping www.baidu.com
正在 Ping www.a.shifen.com [39.156.66.18] 具有 32 字节的数据:
来自 39.156.66.18 的回复: 字节=32 时间=47ms TTL=50
来自 39.156.66.18 的回复: 字节=32 时间=40ms TTL=50
来自 39.156.66.18 的回复: 字节=32 时间=42ms TTL=50
来自 39.156.66.18 的回复: 字节=32 时间=76ms TTL=50

39.156.66.18 的 Ping 统计信息:
    数据包: 已发送 = 4, 已接收 = 4, 丢失 = 0 (0% 丢失),
往返行程的估计时间(以毫秒为单位):
    最短 = 40ms, 最长 = 76ms, 平均 = 51ms
```

图 2-26 百度域名对应 IP 地址解析

同样的方式，可以查看一下京东网站域名www.jd.com对应的IP地址，如图2-27所示。

```
C:\Users\Administrator>ping www.jd.com
正在 Ping img2x-v6-sched.jcloudedge.com [117.131.205.3] 具有 32 字节的数据:
来自 117.131.205.3 的回复: 字节=32 时间=48ms TTL=56
来自 117.131.205.3 的回复: 字节=32 时间=31ms TTL=56
来自 117.131.205.3 的回复: 字节=32 时间=33ms TTL=56
来自 117.131.205.3 的回复: 字节=32 时间=27ms TTL=56

117.131.205.3 的 Ping 统计信息:
    数据包: 已发送 = 4, 已接收 = 4, 丢失 = 0 (0% 丢失),
往返行程的估计时间(以毫秒为单位):
    最短 = 27ms, 最长 = 48ms, 平均 = 34ms
```

图 2-27 京东域名对应 IP 地址解析

3. WWW 服务

根据百度百科[①]，WWW（World Wide Web，万维网）是存储在Internet计算机中、数量巨大的文档的集合。网页是WWW的基本文档，可以在WWW上基于HTTP协议实现传输。很多网站的域名开始就有www标识，表明这是一个网站系统。

4. HTTP 协议

HTTP是Hyper Text Transfer Protocol的缩写，即超文本传输协议。顾名思义，HTTP提供了访问超文本信息的功能，是WWW浏览器和WWW服务器之间的应用层通信协议。万维网使用HTTP协议传输各种超文本页面和数据。

许多网站在浏览器地址栏输入的地址开始为http，就是采用的http协议来传输网页数据。如图2-28所示是国家统计局官网首页。

---

① 百度百科，https://baike.baidu.com/item/www/109924。

图 2-28　访问国家统计局网站首页的完整地址

同时，许多网站为了自身系统安全还使用了https协议，其中的s就代表security安全。也就是在http协议层上增加了一层安全协议。如京东、新浪、搜狐、淘宝等一些有较复杂业务或者涉及交易安全，都使用https协议，如图2-29和图2-30所示。

图 2-29　访问京东官网首页的完整地址

图 2-30　访问"什么值得买"网站首页的完整地址

2.4.3　网站目录结构

网站是由众多网页文件组成的，每个网页文件都具有一定的用途。可以把网站看作一个网页及其相关资源文件的集合，在集合内部又有子目录。

可以采用树状层次结构来示意，如图2-31所示。

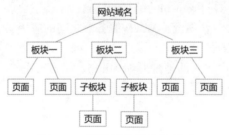

图 2-31　网站目录结构示意图

网站大部分也是按照这种层次结构组织的，网站域名相当于网站根目录，每个子板块有与板块相关的页面，而板块内也有可能还有下一级组织。多个板块及其子板块、页面组成一个网站文件系统。

如图2-29所示的京东官网，首页显示就有大的板块：京东家电、京东超市、京东生鲜、京东国际、京东金融等，这些都属于京东的在线业务，这些业务板块下又会有细分的子板块，这样由众多的目录及页面构成了一个复杂的网站系统。

2.4.4 网页访问路径 URL

根据网站目录结构，网页访问路径的构成方式为：

```
http:// 网站域名 / 版块1 / 页面文件
http:// 网站域名 / 版块2 / 子版块1/ 页面文件
http:// 网站域名 / 版块3 / 页面文件
```

这种网页访问路径称为URL（Uniform Resource Locator），即统一资源路径。各个目录及文件之间采用"/"符号分隔。

例如，访问国家统计局网站"最新发布"子版块里的新闻消息页面，如图2-32所示。

图 2-32 国家统计局"最新发布"中第一个新闻页面

其网页地址URL的解读如图2-33所示。

图 2-33 国家统计局新闻页面访问路径解读

如访问新浪网新型冠状病毒肺炎疫情页面，如图2-34所示。

图 2-34　新浪新型冠状病毒肺炎疫情页面

其网页地址URL的解读如图2-35所示。

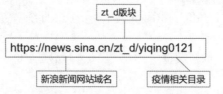

图 2-35　新浪疫情页面访问路径解读

本书涉及的网络爬虫就是从各个公司的网站上爬取数据。从知己知彼角度来说，不用详细了解网站底层是如何架构的、有哪些框架技术，但要知道网站前端（客户端）的主要目录结构，知晓如何精确定位某个网页里的目标内容。

2.5　网站访问 HTTP 请求

本节将介绍使用浏览器访问网站时，中间发生了哪些过程，获得了什么结果。

2.5.1　HTTP 会话过程

使用浏览器访问网站时，HTTP协议具有至关重要的作用。它其实不仅仅是一个协议，更是一个传输会话过程。此时浏览器角色变为HTTP的客户端，网站资源文件所在的服务器为HTTP的服务端，构成了一个Browser/Server架构。客户端发送请求给服务端，服务端根据请求类型将结果返回给客户端，这是一个交互会话过程，如图2-36所示。

整个HTTP会话过程包括如下4个步骤：

（1）建立连接：客户端的浏览器向网站服务端发出建立连接的请求，服务端给出响应就可以建立连接了。

（2）发送请求：客户端按照协议的要求通过连接向网站服务端发送自己的请求。

（3）给出应答：网站服务端按照客户端的要求给出应答，把结果（HTML文件）返回给客户端。

（4）关闭连接：客户端接到应答后关闭连接。

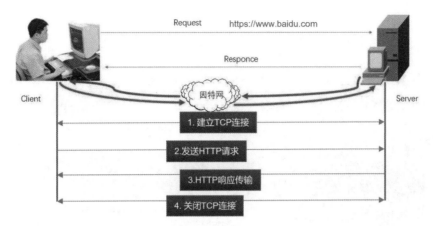

图 2-36　HTTP 会话过程示意图（源自网络）

2.5.2　HTTP GET 请求

下面来仔细看一下HTTP会话过程的第2步：发送请求。客户端会按照规定的协议要求向服务端发送请求。这种请求都是什么类型，包含什么内容呢？

根据HTTP标准，HTTP请求可以使用多种请求方法，目前主要包括9种请求类型，分别是GET、HEAD、POST、PUT、DELETE、CONNECT、OPTIONS、TRACE和PATCH。

首先介绍最常用的GET请求。

GET请求是从服务器获取数据，显示到本地浏览器上。在浏览器地址栏里输入网站的地址后，按下回车键的过程就是在给网站服务器发送HTTP的GET请求。

HTTP请求消息包括请求行（request line）、请求头部（header）、空行和请求数据。发送请求消息报文时有一定的格式要求。

服务器响应消息包括状态行、消息报头、空行和响应正文。

【案例2.15】访问国家统计局官网首页的HTTP GET请求。

在浏览器地址栏输入国家统计局官网首页地址：http://www.stats.gov.cn/，然后按回车键，页面内容很快就显示到浏览器上。虽然加载速度很快，但也有一个响应的时间，原因就在于对于该页面的所有元素都会有请求–响应的过程。

按下快捷键F12，浏览器底部或右侧会显示一个开发者工具窗口，单击Network标签页，该页面用于显示网页所有元素的加载过程。按下F5键刷新状态，此时就能看到网页中的元素一个个地从上到下按列表显示出来了。显然最上面的是最先获得服务器响应并返回的HTML文本内容页面，然后才是页面中的多媒体元素及JavaScript文件。这部分更为详细的介绍请参考第3章。

下面看一下第一个文本页面的GET请求响应，如图2-37所示。

图 2-37　国家统计局首页加载 HTTP 请求示例

在发送HTTP GET请求时，其消息报文的解析如图2-38和图2-39所示。

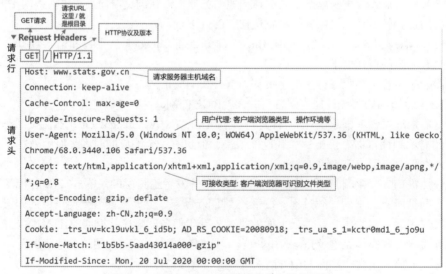

图 2-38　HTTP GET 请求的请求头结构示例

图 2-39 HTTP GET 请求的响应头结构示例

一句话解释就是浏览器给服务器发送请求，想获得首页文本内容HTML页面，服务器通过请求并将相应内容传输到浏览器端，浏览器进行渲染解析后显示出来。请求头和响应头都是对请求内容和响应内容的协议格式说明。

2.5.3 HTTP POST 请求

HTTP POST请求是往服务器端发送数据，与GET请求正好相反，一般用于用户注册登录、表单提交、意见点评等场景。

HTTP POST也属于HTTP请求的一种，因此其请求报文头基本格式与GET类似，不过多了请求内容体。

【案例2.16】二维码扫描登录"什么值得买"网站。

如果是已注册用户，在"什么值得买"网站可以单击"登录"按钮。默认采用手机扫描二维码方式登录，当浏览器弹出二维码窗口时就开始给网站服务器发出了HTTP POST请求，如图2-40所示。

图 2-40 "什么值得买"用户二维码登录 POST 请求示例

登录POST请求消息解析如图2-41所示。

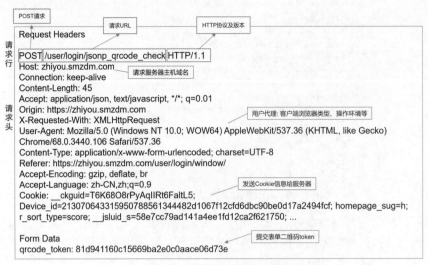

图 2-41　扫描二维码登录 POST 请求头消息

对于响应部分，如果不进行二维码扫描，系统会一直等待60秒然后提示二维码失效。这部分的响应结构与图2-41类似，具体内容会和网站采用的数据流或相关技术有关。

2.6　本章小结

宏观上看，网络爬虫可以把目标分为三个层次：网站、网页和网页的具体内容，当然终极目标是网页里的具体"虫子"。为了在实施爬虫任务时知己知彼，本章分别从这三个层次由整体到具体对相关知识进行了介绍。在网页和网页HTML标记部分，安排了11个网页开发的实践案例，让读者不仅看，而且动手做，再读在线网站源代码，清楚知晓网页的相关知识和设计过程。接下来跳出网页层次后看整个网站。书中介绍了网站的整个组织结构、网站相关域名知识、HTTP请求，以案例解析带动思维。在奠定了整个网站结构和内容基础后，第 3 章就开始聚焦于爬虫的靶点。

第 3 章　网页开发者工具基础

网络爬虫的目标就是网页中的数字、文本、图片以及视频等资源。在第 2 章网站基础知识中已经了解了这些目标是如何显示在网页上的，知道了HTTP请求获取资源的过程，本章介绍浏览器开发者工具这柄利器来对爬虫目标实时精准锁定、对爬虫网页资源强力追踪，然后据为己用。

特别说明一下，本书在网页浏览器的选择方面会持续钟情于Chrome浏览器，读者可根据自己的习惯来选择。

本章学习思维导图如下：

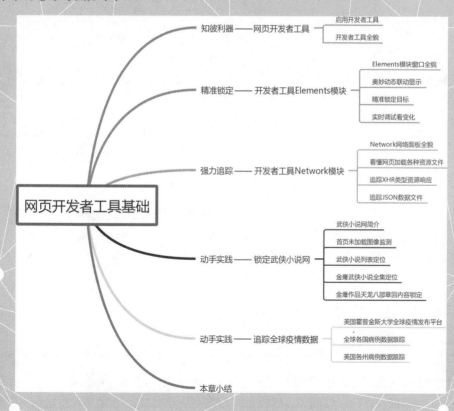

3.1 知彼利器——开发者工具

网页浏览器类型众多，各有各的长处，不过浏览器除了显示网页内容外，还是网页代码调试的工具。该工具就是本章介绍的开发人员工具（或称开发者工具）。

看名称就知道该工具的用途是给网页开发人员使用的工具。虽然网络爬虫不是开发网页，但因为目标都在网页上，所以熟悉该工具还是非常有必要的。

💻 3.1.1 启用开发者工具

使用浏览器打开网页时，开发者工具默认是关闭的，需要手动启用，如图 3-1 所示。

图 3-1　浏览器默认关闭开发者工具的显示

如何启用该工具呢？直接按快捷键 F12，就可以显示开发者工具，如图 3-2 所示。

图 3-2　浏览器开启网页开发者工具的显示

如果选用了 Safari 浏览器，则需要从菜单里设置启用开发者工具。单击 Safari 浏览器右上角的"设置菜单"→"偏好设置"→"高级"，然后在"高级"面板里勾选"在菜单栏中显示'开发'"，就可以启动开发者工具了。

其他常用的浏览器直接按快捷键F12都可以显示开发者工具，其显示区域或在浏览器下半部或者在右半边；还可以使用鼠标来调整其与网页内容区的边界。

3.1.2　开发者工具全貌

网页开发者工具是显示在浏览器窗口里的，原有网页内容显示部分区域会被网页开发者工具窗口占据。为了展示更多开发者工具菜单，将其窗口左侧分界往左拓展。如果需要关闭网页开发者工具窗口，单击最右侧的"×"按钮即可（见图3-3）。

图 3-3　网页开发者工具窗口的主要菜单说明

按照常规的显示器分辨率配置，在开发者工具启用时一般只显示常用的4~5项菜单，包括Elements、Console、Sources和Network等，其余的均可以通过右侧的"＞＞"图标按钮选用。

有关Elements和Network菜单会在本章详细展开介绍，下面对其他常用工具进行说明。

● Console控制台：用于JavaScript脚本代码调试。在网页开发时会常用JavaScript脚本来操作DOM元素，或者使用异步传输JSON数据，为了测试脚本是否正确，可以在程序中加入终端打印监测代码console.log(params)，或者使用alert(params)函数实行弹窗显示。

● Sources源文件：以树形目录列表显示当前网页所有资源文件，包括HTML文件、CSS代码、多媒体图像/视频文件、JS脚本等（见图3-4）。

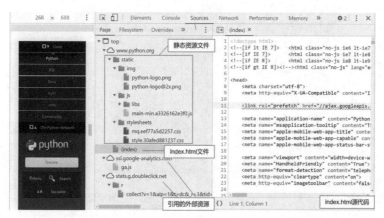

图 3-4　Python.org 官网首页开发者工具 Sources 面板的解读

- Performance性能评测：用于页面性能检测。可以观察在页面加载过程中资源消耗情况、加载时长、调用顺序、网路请求详细情况等。
- Memory内存评测：可以查看网页元素所占用的内存资源，可以使用堆快照打印方式来显示页面的JavaScript对象和相关DOM节点之间的内存分配。
- Application资源应用：记录网站加载的所有资源信息，包括存储数据（Local Storage、Session Storage、IndexedDB、Web SQL、Cookies）、缓存数据、字体、图片、脚本、样式表等。

如今的网页前端开发框架层出不穷，不同技术栈的应用使得网页开发越来越高效。网页开发者工具功能非常丰富，对网页所有文件资源从不同角度、不同维度进行管理和监测，大大提高了开发者的效率。基于本书的主题，本章仅从如何精准获取并研究网页上的目标角度出发，对Elements和Network面板加以详细讲解，其他的模块读者有兴趣可以参考其Help说明或者查阅相关资料做进一步的了解。

3.2 精准锁定——开发者工具 Elements 选项

扫一扫，看视频讲解

在启用网页开发者工具窗口后，第一个选项就是Elements。Elements元素选项窗口主要展示当前页面的组织结构，其功能除了显示当前页面各网页元素及其样式、绑定事件外，还可以实现当前网页的实时调试。

3.2.1 Elements 选项窗口全貌

使用Chrome浏览器打开第2章实践第十个网页案例（参考2.2.4小节），按快捷键F12进入开发者工具窗口。默认选择的为Elements面板，如图3-5所示。

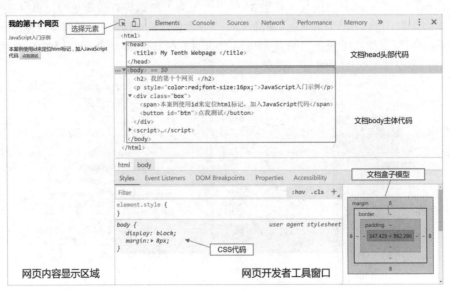

图 3-5　Elements 面板显示全貌

在Elements面板中，上部显示的为当前网页文档的代码，下部左侧为HTML标记CSS代码样式，右侧为标记区域的盒子模型。当文档内容很多时，代码区会自动采用收缩代码方式显示文档骨干结构，直接单击前面三角符号就可以打开。

打开国家统计局官网首页，按快捷键F12进入开发者工具窗口，选择Elements面板，如图3-6所示。

图 3-6　国家统计局官网首页 Elements 面板区域

3.2.2　动态联动显示

1. 鼠标在代码区悬浮移动

其实读者在进入Elements面板时应该已经体会到奥妙之处了。当鼠标在窗口上部代码区某一行悬浮移动时，当前行会呈现透明的灰色圆角条带背景，而左侧的网页显示区则会将当前行所对应的文本内容动态加透明的灰蓝色背景，包含文本的HMTL标记容器增加浅红背景显示所在区域，并将HTML标记及容器大小醒目标注显示。当鼠标挪开后，联动响应效果消失。

以图3-5所示的案例为例，打开开发者工具窗口，进入Elements面板区域，然后使用鼠标在代码区悬浮移动，效果如图3-7所示。

图 3-7　鼠标在 Elements 区域悬浮移动到 <p> 标记及内容关联响应

更为奇妙的是，鼠标悬浮区域的HTML标记类型不一样时，左侧内容区显示的背景颜色也有所差别。同时，如果对HTML标记未定义其宽高尺寸，将使用其默认尺寸；如果在CSS代码中定义了显示的容器区域大小，则依据定义的尺寸大小来呈现。

如当鼠标悬浮移动到button标记区域时，左侧内容区即时在"点我测试"按钮区联动响应，文本增加透明的灰蓝色背景，但按钮为浅绿色背景。同时因为在button标记定义时给定了id名，在网页上呈现了"button #btn | 69.33x23.71"标准（见图3-8）。

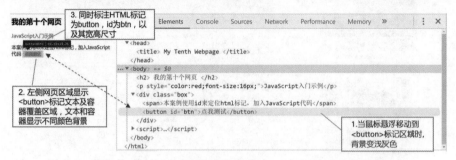

图 3-8　鼠标在 Elements 区域悬浮移动到 <button> 标记及内容关联响应

2. 鼠标在代码区点选操作

上面联动显示都是鼠标悬浮移动的响应效果。当在Elements面板区HTML标记上单击时，除了上述显示的左侧网页区域有联动响应外，下部的Styles样式区域将显示该标记所具有的CSS样式，以及该HTML标记容器的盒子模型，显示其外边界margin、边框border和内边界padding的尺寸。

继续使用该案例代码，在Elements面板代码区把鼠标挪到<h2>标记上单击，效果如图3-9所示。

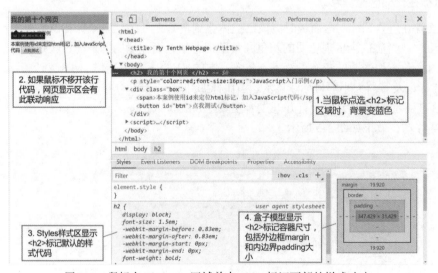

图 3-9　鼠标在 Elements 区域单击 <h2> 标记下部的样式响应

本案例中给button按钮添加了JavaScript脚本实现单击触发事件，因此在代码区单击button所在行时，下部的Event Listeners区域会呈现事件监听代码，如图3-10所示。

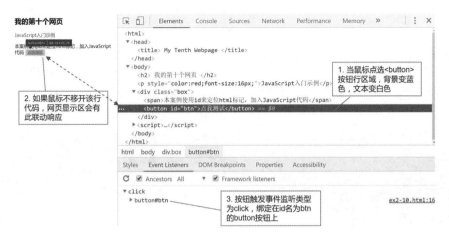

图3-10 鼠标在 Elements 区域单击 <button> 标记下部的事件监听响应

3.2.3 精准锁定目标

动态联动显示是鼠标在Elements区域内进行操作，也就是从代码区来看网页显示区。对于爬虫来说，目标还得先从网页上捕捉。下面轮到元素监测工具上场了。

首先单击网页元素监测器图标 ⬚，激活网页元素监测工具，然后在网页显示区域单击任何网页元素，右侧Elements代码区将显示该元素所在的HTML标记代码，同时定位到目标所在的HTML标记容器。

继续使用图3-10所示的第十个网页案例，先单击监测图标 ⬚，然后在网页内容区选择红色文本内容"JavaScript入门示例"，呈现如图3-11所示的效果。

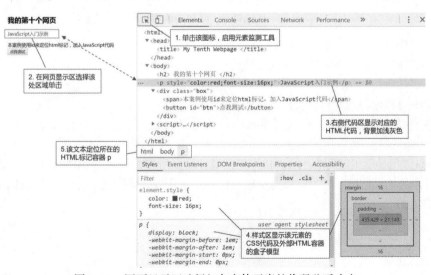

图3-11 网页显示区选择红色字体元素的代码监听响应

如果将红色字体看作爬虫目标，通过这个元素监听工具已经非常精确地定位到目标所在的HTML代码以及HTML标记容器名称，下一步通过解析其HTML代码就能够通过程序来获得文本内容了。

【案例解读】国家统计局官网首页定位通知公告内容。

在统计局官网首页通知公告区选择第一条内容，右侧定位到其所在的HTML代码，直接包裹该内容的为超链接a标记容器，其父容器节点为li列表，具体的DOM层次结构如图3-12中第4点所示。

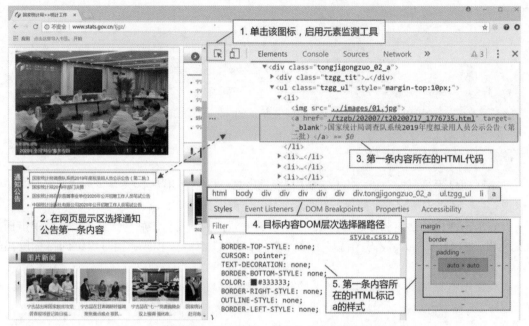

图3-12　网页显示区选择第一条公告内容的代码监听响应

从图3-12中标识的目标内容DOM层次选择器的路径可以看出，如果要获得超链接a所具有的文本属性节点内容，需要锁定包裹超链接的选择器，例如可以使用上一层具有class名为tzgg_ul的ul标记。

【案例解读】新浪财经股票首页定位行业涨幅股票内容。

打开新浪财经股票页面，左侧有当日的行情总结(已经收盘)。现在来定位一个行业涨幅的第一名"次新股"。当启用元素监测工具后，单击该表格区域的"N芯朋微"文本内容，右侧Elements代码区就显示了其所在的HTML标记区域。目标所在的区域为超链接a标记容器，其父容器为表格所在的单元格td标记。如果要精确定位该文本内容，需要借助于外层容器标记以及编程处理(见图3-13)。

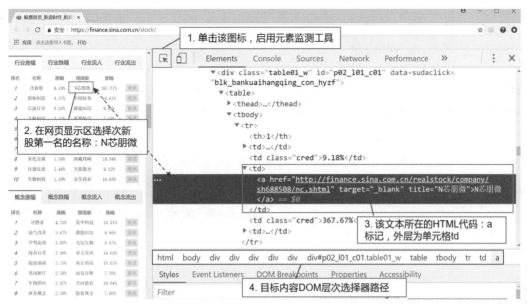

图 3-13　网页显示区选择第一名次新股文本内容的代码监听响应

3.2.4　实时调试看变化

Elements代码区与网页显示区联动响应方式除了鼠标悬浮和单击外，还可以使用右键。右键提供的操作菜单较为丰富，包括对HTML源代码的编辑、删除、拷贝等操作，尤其是对HTML代码的编辑操作，可以完成当前网页的实时调试。而且这种调试都是模拟性的，不会改变原有代码。开发者借此可以对网页的局部区域进行模拟测试，当设计效果满意后，再去更正源代码（见图3-14）。

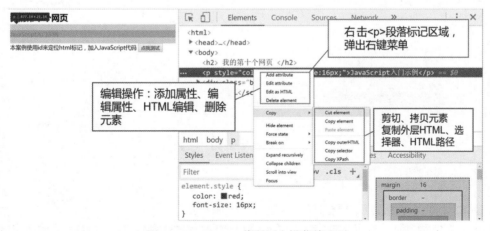

图 3-14　Elements 代码区右键菜单选项

1. 右键编辑 HTML 代码实现模拟测试

【**案例3.1**】"我的第十个网页"案例右键编辑HTML源代码。

如图3-14所示，在Elements代码区右击<p>段落标记区域，在弹出的右键菜单中选择Edit attribute，此时段落标记的style样式属性代码被激活，可以修改属性，如将字体颜色修改为blue，字体大小修改为30px，然后单击鼠标确定，左侧网页显示区可即时响应修改后的效果（见图3-15）。

图 3-15 模拟修改样式属性效果

也可以在右键菜单中选择Edit HTML，此时在段落标记区域自动增加一块编辑区域，可以在里面编辑HTML，例如新增一个3级标题内容。然后单击鼠标确定，左侧网页显示区就可以看到新增的内容显示出来了（见图3-16）。

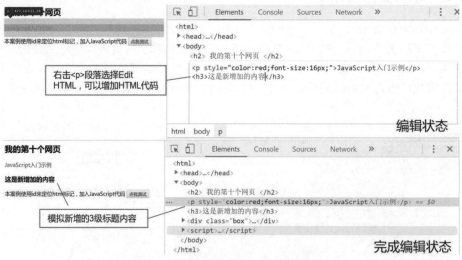

图 3-16 模拟修改 HTML 代码效果

2. 右键复制目标元素 HTML 代码及 DOM 路径

【**案例3.2**】京东官网首页复制目标元素代码及DOM路径。

打开京东官网首页，选择当前京东秒杀商品摄像头的价格作为目标，使用元素监听工具选中价格区，右侧Elements代码区对应的HTML代码处右击，进入Copy菜单，依次选择Copy Element、Copy Selector、Copy Xpath，并打开一个记事本，将每次复制的内容粘贴进去，查看具体的内容

（见图3-17）。

图3-17 选择价格文本为目标开始右键操作

这里演示一下复制后的内容，具体如下：

Copy Element的内容：

```
<span>178.00</span>
```

Copy Selector的内容：

```
# J_seckill > div > div > div.seckill-list > div > div > div > a:nth-child(4) >
div.seckill-item__price > span.price-miaosha > span
```

Copy Xpath的内容：

```
//*[@id="J_seckill"]/div/div/div[1]/div/div/div/a[1]/div[2]/span[1]/span
```

Copy Element为复制HTML元素，内容为价格文本所在的span文本标记。

Copy Selector为复制目标元素的选择器方法，也就是通过HTML标记来精确定位的路径。可以看到，该路径很长，需要通过许多节点才能达到价格文本所在的span标记。在选择器方法上，如果该HTML标记有class类名，则使用"."符号指定标记，如其父容器就是类名为price-miaosha的span文本标记；如果有id属性，则使用"#"符号来指定其标记；如果两者都没有，就直接使用标记名称。">"符号为路径符号，其左侧为父节点，右侧为子节点，依次指向价格文本所在的最终span节点。

Copy Xpath为复制目标元素所在的Xpath路径，可以与selector方法对比理解。价格文本所在的Xpath为一个路径表达式，每段路径用"/"分隔，其左侧为父节点，右侧为子节点，其中的div[2]、span[1]里面的2、1代表了该类容器列表里的索引。

3.3 强力追踪——开发者工具 Network 选项

Elements面板聚焦于某一个网页中的HTML元素代码，可以通过Elements代码区与网页显示区联动响应聚焦到目标区。该网页中所有的元素是如何通过HTTP请求传输加载到浏览器中呢？加载的顺序又是什么样的？

3.3.1 Network 网络面板全貌

以第2章编写的第4个网页文件为例，使用Chrome浏览器打开该文件，同时按快捷键F12启用网页开发者工具，单击Network面板进入该窗口，然后按快捷键F5刷新，重新加载首页，就可以关注整个资源文件加载过程（见图3-18）。

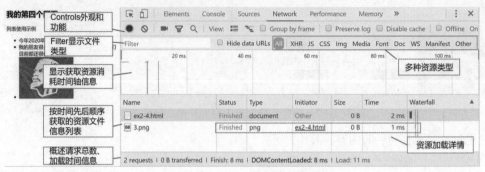

图 3-18　Network 面板功能概览

Network面板主要包括如下5个窗格Panel。

● Controls窗格：控制面板外观和功能。

● Filter窗格：选择哪些资源显示在请求列表窗格内，默认选择ALL，也可以单击某种类型文件显示。

● Overview时间轴：显示通过网络请求资源加载耗时信息。

● RequestTable资源文件列表：基于Filter窗格设定的条件列表显示当前网页哪些资源文件被加载，加载的具体信息，默认按加载的时间先后顺序列表。

● Summary窗格：概述请求总数、数据传输量和加载耗时。

图3-18显示的为本书的第四个网页本地案例，该网页包括两个资源文件，一个为HTML文档，只包括文本内容，一个为png图像文件。这两个资源文件在网页启用HTTP GET请求时加载到浏览器中显示，每个文件的Name文件名、Status加载状态码、Type类型、Initiator源、传输文件大小Size、Time耗时等在资源文件列表窗格里显示，其中文本HTML文档耗时2ms，图像文件耗时1ms。加载过程还会默认显示为瀑布模型。

如果是访问互联网上的网页，主要的Status状态码及含义如下：

● 200：请求执行成功，同时返回数据。

● 404：请求失败，网页不存在。

● 503：请求失败，连接服务器超时。

● 204：请求执行成功，但不返回数据。

● 304：请求成功，客户端有缓存。

3.3.2　看懂网页加载各种资源文件详情

目前在线运营的网站里，大部分网页具有多种资源类型文件，主要包括HTML文本文档、导入的图像文件、CSS样式文档、JavaScript脚本文档、XHR浏览器API、JSON文件、Font字体文档等。这些资源都放在同一个HTML文档中，通过HTTP请求从服务器传输到本地浏览器实现加载显示，传输加载的时候首先加载HTML文本文档，然后其他资源文件根据其在HTML文档所在代码的先后顺序执行。

【案例3.3】今日头条官网首页Network面板加载资源文件列表。

在浏览器地址栏输入今日头条网址，进入网站首页，然后按快捷键F12启用开发者工具，单击Network面板。初次进入时资源列表区为空白，此时按F5快捷键刷新，重新加载一下网页，就可以观察到资源文件按先后顺序加载并列表显示出来（见图3-19）。

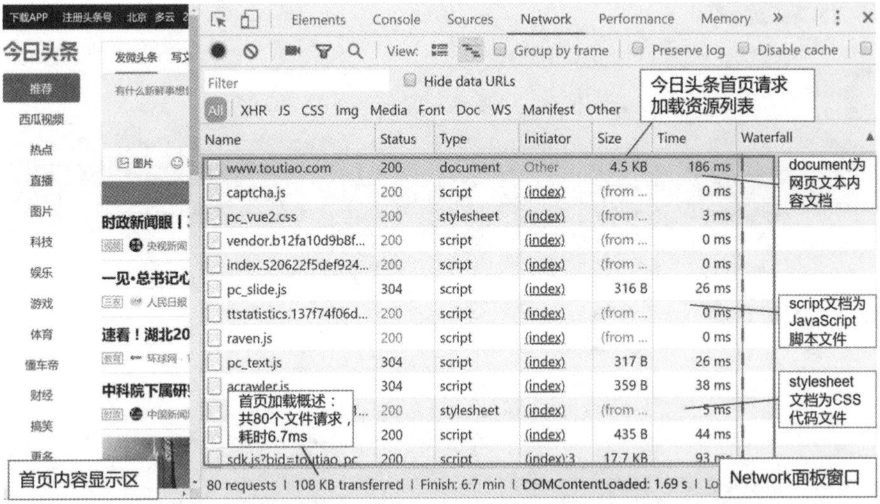

图3-19　今日头条首页文档资源请求加载列表

读者可以观察到在资源文件加载时最右侧还有一个Waterfall瀑布模型，显示按先后次序以及各文件耗时信息，一般到底部最后一个资源文件时累计耗时最长。对于在线网站，如果都顺利加载，请求返回状态码Status为200，某些JavaScript脚本文件状态为304。

选择其中任意一个文件单击，此时右侧会弹出该文件HTTP请求的反馈信息，主要包括Headers请求头信息、Preview预览、Response响应信息、Cookies缓存、Timing耗时（见图3-20）。

图3-20　文本 HTML 文档 HTTP 传输详情

一般情况下只关注HTTP请求头信息、Preview预览和Response响应结果。HTTP请求头部分在第2章中已经有相关讲解（参考"2.5　网站访问HTTP请求"）。这里介绍Response响应结果内容，该窗口显示HTTP请求成功后返回的数据，大部分资源文件返回的都为源代码，如HTML文档、JavaScript脚本文件等，有些通过XHR请求或者JSON文件返回的为实际数据（见图3-21）。

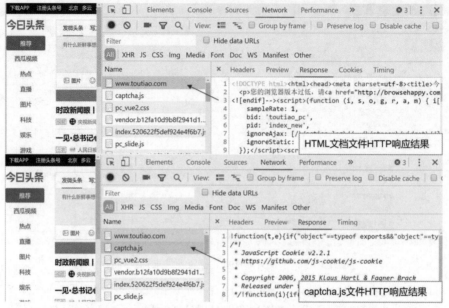

图 3-21　今日头条官网首页 HTML 文本文档和 JSON 文件响应结果

Preview预览窗口对于图形文件和数据文件非常有效，如果是图形文件，可以将图片显示在预览窗口；如果是数据，则以数据对象方式显示出来（见图3-22）。

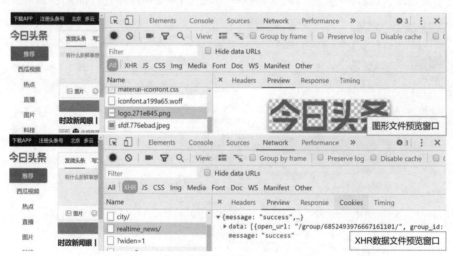

图 3-22　今日头条官网首页图像和 XHR 资源预览效果

3.3.3　追踪 XHR 类型资源响应

XHR（XML Http Request）是一种专门用于与服务器实现AJAX（Asynchronous JavaScript and XML，异步传输）请求资源的方法。XHR请求方式包括POST、GET等类型。AJAX是一种网页内容局部更新的技术，在获得数据后通过JavaScript脚本来控制DOM实现局部内容的更新。XHR就是它的一种用法，这种请求返回的数据一般情况下都是JSON格式，便于JavaScript脚本操作。

如图3-22所示的XHR资源文件HTTP请求返回的为JSON数据对象，有时候就是想要爬虫的目标。接下来就可以返回到Headers请求头窗口，找到该文件所在的URL后，就可以直接爬取到本地了。也可以先将其URL地址复制到浏览器地址栏，打开看一下结果，如图3-23所示。

图 3-23　今日头条官网首页资源文件的显示效果

3.3.4　追踪 JSON 数据文件

JSON（JavaScript Object Notation）是一种与开发语言无关的、轻量级的数据存储格式。起初来源于JavaScript这门语言，后来随着使用的广泛，几乎每门开发语言都有处理JSON的API。

JSON格式的数据目前更是网页开发中实现前后端通信传输的数据主要格式之一，其优点在于采用键值对存储方式，非常容易理解，也便于程序解析和操作。

其基本格式为：

```
{
"name": "caojianhua",
"content": ["爬虫 ","网页开发 "]
}
```

【案例3.4】新浪新冠肺炎疫情实时动态页面JSON文件数据。
使用Chrome浏览器打开新浪新冠肺炎疫情实时动态页面，按快捷键F12启用开发者工具，进入Network网络面板，使用快捷键F5重新绘制页面资源文件加载过程。在HTTP请求传输过来的资源文件列表中定位到JSON文件，单击后在请求头Headers（见图3-24）里可以找到该文件请求时所用的URL路径，在Preview里有JSON格式数据预览显示，在Response里有具体的JSON格式数据（见图3-24和图3-25）。

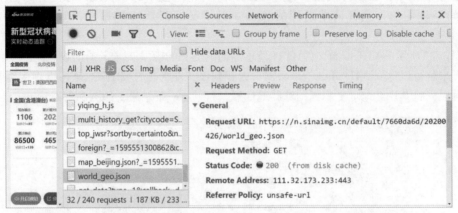

图 3-24　新浪新冠肺炎疫情实时动态页面 world_geo.json 文件请求头信息

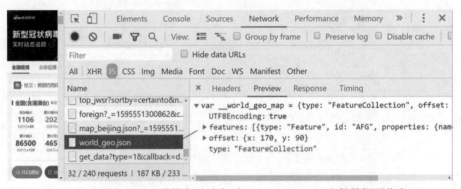

图 3-25　新浪新冠肺炎疫情实时动态页面 world_geo.json 文件数据预览窗口

3.4　动手实践——锁定武侠小说网

【案例3.5】开发者工具在武侠小说网中的目标定位。

在熟悉了网页开发者工具后，是时候使用一下这把利器了。

武侠小说是许多文学爱好者喜欢阅读的书目类型之一，其中以金庸所著的多本武侠小说最为流行。而且金庸的多本武侠小说被改编成了影视剧，实现了经典永流传。

本节以武侠小说网为例，锁定金庸先生多本武侠巨著文本内容。

3.4.1 武侠小说网简介

武侠小说网是一个免费提供武侠小说在线阅读的网站，内容包括当代武侠小说、现代武侠小说、近代武侠小说以及古代武侠小说，非常适合爱好武侠小说的读者驻足在线浏览。其网络地址为http://www.wuxia.net.cn/，在浏览器上输入该网址，进入武侠小说网首页（见图3-26）。

图 3-26 武侠小说网首页

网站首页主体区包括三大块，左侧为武侠作者列表，中部为按年代推荐的武侠小说列表，右侧为武侠名家以及一系列武侠评论文章。如果读者对武侠不甚了解，可以从中部推荐小说中选择一部或者几部来进行在线阅读；如果对如金庸、古龙等作家较为熟悉，可以直接选择武侠作者进入其作品列表页来选择。

也许有读者会想过，每次都需要打开浏览器，进入这个网站找到爱好的武侠小说页面才能开始享受惬意时刻，可不可以把这些小说内容都下载到电脑上，闲暇时再来打开慢慢欣赏呢？有这样的冲动，就有这样的解决方案——网络爬虫。

3.4.2 首页图像未加载监测

首页上部封面推荐区域出现许多空白矩形图片占位区域，没有真正的图片。这是因为这些图片都没有顺利从该网的服务器端请求获得，此时可以按快捷键F12启用开发者工具，进入Network面板，在Filter里只选择Img类型文件显示，然后按快捷键F5刷新实现首页的重加载过程记录，此时在资源列表里就可以看到多个图片资源文件信息为红色，响应状态为404，表明未加载成功（见图3-27）。

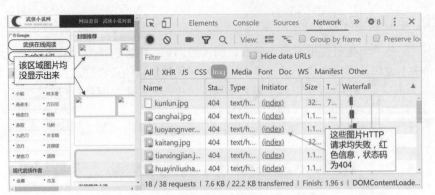

图 3-27　HTTP 请求未找到对应图片文件资源

其实如果更细心一点，小说网首页加载时在开发者工具面板上部菜单栏有一个醒目的 ⊗ 符号，表明HTTP请求过程中有错误出现。此时单击Console面板，就可以清楚地看到具体的错误信息（见图3-28）。

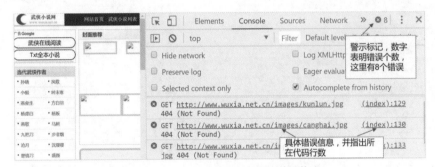

图 3-28　Console 面板显示错误详细信息

3.4.3　武侠小说列表定位

现在来聚焦武侠小说列表。先看一下中部推荐的当代武侠小说，网页内容区包括了小说名称以及作者名。在开发者工具Elements面板区启用元素监测工具，当单击内容区"修罗道（步非烟）"时，其对应的HTML代码区如图3-29所示。

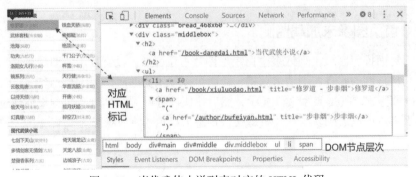

图 3-29　当代武侠小说列表对应的 HTML 代码

根据图中显示的DOM节点层次，目标文本属于超链接a的文本节点，而超链接a则为ul/li无序列表的子节点，其上一级父节点为类名为middlebox的div块级标记。也就是说，如果要获得所有的li列表中的文本内容，可以直接采用选择器路径.middlebox>ul>li>a来进行精确定位。

在页面的右上部武侠名家区域，可以单击"金庸武侠小说全集"进入有关金庸作品页面。用同样的方式通过元素监测工具来定位目标文本"金庸武侠小说全集"所在的HTML代码区（见图3-30）。包裹文本内容的也是一个超链接a标记，其href属性设定了跳转链接的页面，目标文本"金庸武侠小说全集"是超链接a标记的文本节点；而且其所在的父节点li是多个列表标记中的第一个。

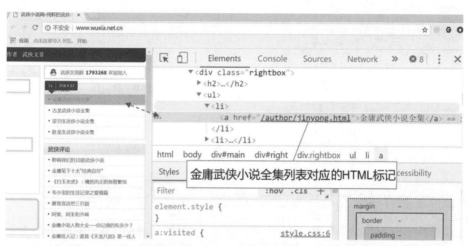

图 3-30　首页武侠名家区域金庸武侠小说列表对应的 HTML 代码

3.4.4　金庸武侠小说全集定位

进入金庸武侠小说全集页面，网页内容显示了作者金庸先生的介绍以及作品列表。如果想获得作品列表里的所有内容，便于后面网络爬虫时将作品存到本地文件，可以继续使用元素监听工具定位该列表所在的HTML代码区，找出路径（见图3-31）。

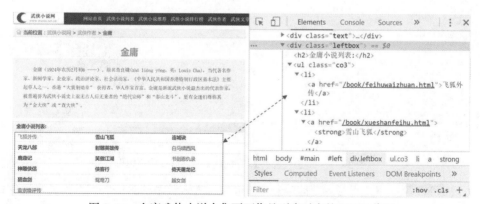

图 3-31　金庸武侠小说全集页面作品列表对应的 HTML 代码

也可以查看当前网页文档的源代码，此时进入开发者工具的Network面板，选择第一个HTML文本文档jinyong.html，查看其Response响应内容（见图3-32）。

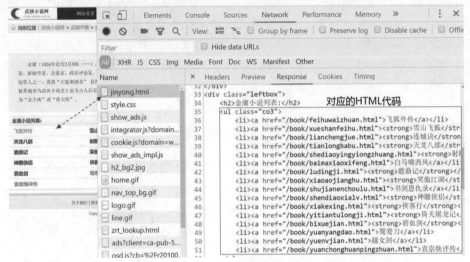

图 3-32　金庸小说列表对应的 HTML 代码

3.4.5　金庸作品天龙八部章回内容锁定

进入选择其中一部作品《天龙八部》页面，其整体结构与3.4.4小节金庸武侠小说全集类似。在各章章序号及章名内容显示时，采用了<dl>...</dl>标记，内部使用<dt>...</dt>标记包裹标题"天龙八部"，使用兄弟节点<dd>...</dd>包裹含超链接a标记的文本节点。注意到超链a的href属性，就是各章的相对url路径，命名方式为/book/tianlongbabu/1.html、/book/tianlongbabu/2.html，对于不同章，主要不同在于最后那个数字序号，1代表第一章，2代表第二章，37代表第三十七章。这样在定位各章时，可以直接构建这个url路径即可（见图3-33）。

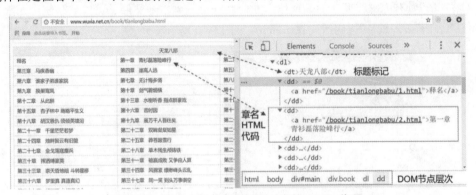

图 3-33　天龙八部各章节标题对应的 HTML 代码

单击该页上"第一章　青衫磊落险峰行"超链接，进入该章的具体内容页面，小说的精彩文字就在此页面里。在开发者工具Elements面板里可以看到小说文本的包裹标记均为<p>段落标记，页面上每个段落都采用<p>...</p>标记，文本内容为该标记的文本节点。如果要定位段落文字，可以采用选择器路径方式（见图3-34）。

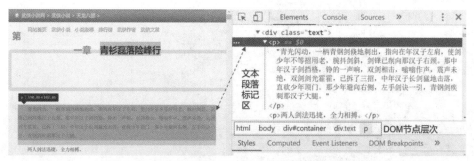

图3-34　天龙八部第一章文本内容对应的 HTML 代码

至此，对武侠小说网主要页面里的HTML代码结构以及目标文本内容识别路径都进行了分析，可以说现在已经做好了直接爬取的基础准备，锁定了以金庸先生小说文集为目标的爬取路径。具体如何爬取将会在后续章节进行详细介绍。

3.5　动手实践——追踪全球疫情数据

【案例3.6】开发者工具在全球疫情数据平台中的目标定位使用。

2020年新冠肺炎疫情成为全世界人民健康的大问题和大事件，至今全球感染肺炎人数已达1500多万人。中国政府科学决策、多管齐下，在疫情防治方面取得了非常显著的成绩，目前除了国外输入型病例外，本土新增病例仅为个位数，绝大部分省市已经在几个月内都没有新增病例。中国的经济已经重新走上了正轨，各行各业也基本复苏。

疫情数据是了解疫情防控防治进展的第一手资料，不少网站提供了疫情动态数据页面，如新浪疫情页面、腾讯疫情大数据、丁香园疫情数据页面。本节将以美国霍普金斯大学制作的全球疫情数据可视化页面为例，开始动手追踪全球疫情的动态数据。不过由于一些原因，网页反应速度较国内网页还是慢一些。

3.5.1　美国霍普金斯大学全球疫情数据发布平台

约翰·霍普金斯大学（Johns Hopkins University）是美国著名的研究型学校，建校于1876年，是美国大学协会的14个创始成员之一。美国国家科学基金会还曾连续31年将该校列为全美科研经费开支最高的大学，这也证明了霍普金斯大学的研究实力非常强大。不过让全世界都知道这所大学大名的，是本次的疫情事件。霍普金斯大学提供了一个非常精准的全球疫情实时数据发布平台，现在在其页面上发布的数据几乎就是官方数据，连我国新闻联播、美国CNN以及许多其他消息媒体发布平台都会参照其页面上提供的数据，其链接网页地址为https://coronavirus.jhu.edu/map.html，如图3-35所示。

图 3-35　美国霍普金斯大学新冠疫情全球数据发布页面

　　霍普金斯大学全球疫情数据发布平台网页布局很清晰，左右两侧为数据醒目显示，中部大屏为全球确诊病例分布。同时每个区域底部都设置了多项数据类型供用户选择切换，如左侧红色字体为确诊病例，默认优先显示各国确诊病例数字，底部三角箭头可以切换成美国各州确诊病例数据，右上部有关死亡病例数据采用白色字体、治愈病例数据采用浅绿色字体，中部数据大屏默认显示全球确诊病例地图分布，底部三角箭头单击可以切换为美国本土确诊病例地图分布。目前该平台一共采集了共188个国家或地区的数据，都是通过较为官方的渠道获取，因此数据非常权威准确。这些疫情数据也发布在Github平台上（见图3-36），链接地址为https://github.com/CSSEGISandData/COVID-19。

图 3-36　全球疫情数据 Github 发布页面

　　霍普金斯大学全球疫情数据动态发布的另外一个网址为https://www.arcgis.com/apps/opsdashboard/index.html，浏览器打开时显示的就是数据大屏。由于疫情为实时动态发布，读者可以看到此次打开时的数据（见图3-37）与图3-36对比已经有较大的变化，全球确诊病例数据已经多了7万多例。

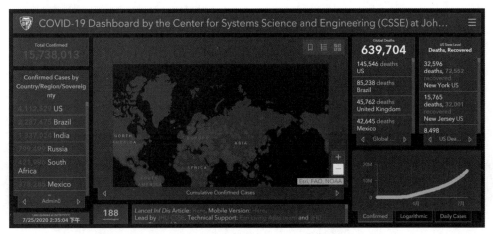

图 3-37　全球疫情数据 Arcgis 发布网址

3.5.2　全球各国病例数据跟踪

github发布的疫情动态数据可以直接下载进行相关使用，不过为了学习爬虫，还是决定从网页上来定位追踪这些数据。

以下分析均使用Arcgis发布网址，首先是全球各国确诊病例数据，其在网页上的区域如图3-38所示。在浏览器打开霍普金斯大学疫情发布页面后，按快捷键F12启用开发者工具，在Elements板块使用元素监听工具来看一下全球病例数据区美国确诊病例所对应的HTML代码。

图 3-38　美国确诊病例数据对应的 HTML 代码区

可以在代码区右击选择Copy菜单的Copy Outer HTML，将数据对应的代码区复制下来，如下：

```
<span style="" id="ember782" class="flex-horizontal feature-list-item ember-view">
    <div class="flex-fluid list-item-content overflow-hidden ">
     <div class="external-html">
      <h5>
         <span style="color:#e60000">
```

```
            <strong>4,106,247</strong>
        </span>
        <span style="color:#ffffff"> </span>
        <span style="color:#d6d6d6">US</span>
    </h5>
  </div>
 </div>
</span>
```

从代码解读可以看到，对于各国疫情数据采用了...文本标记来包裹内容，如果以该span节点为父节点，其DOM节点结构如图3-39所示。

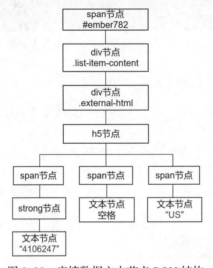

图 3-39　疫情数据文本节点 DOM 结构

如果使用选择器路径方式来确定疫情数据文本节点，可以在代码区右击选择Copy菜单的Copy Selector，结果为#ember782 > div > div > h5 > span:nth-child(1) > strong。

也可以选择采用Xpath方式，即右击选择Copy菜单的Copy Xpath，粘贴结果为://*[@id="ember782"]/div/div/h5/span[1]/strong。

下面看一下整个页面在HTTP请求时资源是如何加载的，或者看有哪些资源文件类型。页面的数据具有实时动态更新特性，所以页面上的疫情数据不可能是固定的文本，而是通过异步刷新请求获取的。从另外一个角度来理解，就是网页源代码里不存在这些实时更新数据，所以上述的各种定位方式只有助于理解网页的布局和相关HTML标记定位，而无法真正定位到数据。解决的思路就是寻找异步传输XHR类请求文件，查看其响应结果，疫情数据应该就在这类XHR请求传输返回的JSON文本信息中。

在开发者工具Network面板里按F5快捷键重新加载页面，请求的资源文件就列表显示出来了。在Filter窗口选择XHR类型显示，此时资源文件列表就只有XHR请求响应信息资源，如图3-40所示，选择query?f=json&where=Recovered...资源，切换到Preview窗口。

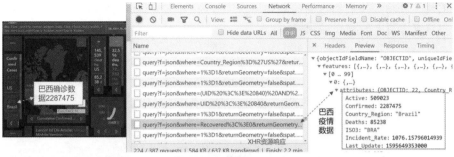

图 3–40　全球各国疫情数据 XHR 资源响应结果

可以看到，该文件请求后的响应结果中就有全球各国疫情的实时数据。切换到Headers窗口，定位到请求的头信息，请求的URL地址信息如图3–41所示。

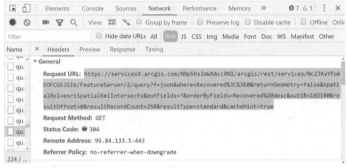

图 3–41　通过请求头定位访问全球病例疫情数据 URL 路径

3.5.3　美国各州病例数据跟踪

美国各州病例数据与全球各国确诊数据在一个网页区域，只需要单击下部三角箭头即可切换显示。与上述全球各国病例数据一样，美国各州确诊病例数据也是通过XHR异步传输请求的方式获得的，所以需要继续启用开发者工具的Network面板，从多个XHR请求响应中找到对应的数据（见图3–42）。

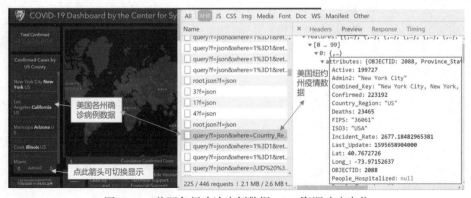

图 3–42　美国各州确诊病例数据 XHR 资源响应定位

可以看到，获得各州病例数据的XHR请求资源为query?f=json&where=Country_Region...，单击该文件可以查看请求头信息（见图3-43）。

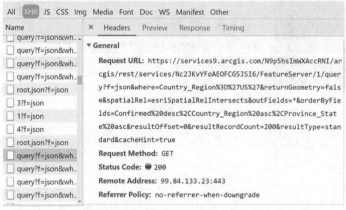

图 3-43　通过请求头定位访问美国各州病例的 URL 路径

3.6　本章小结

本章主要针对网页目标部分进行了技术工具使用方面的介绍。技术利器就是浏览器提供的网页开发者工具，开发者工具中元素Elements模块、Network网络模块在网页开发、网络爬虫应用中非常关键。有的网页中数据内容都是静态的，使用Elements模块在源代码中可以直接定位到；而有些网页数据内容是采用动态异步加载传输的，灵活使用Network模块定位XHR资源响应获得数据，难度也相对大一些。

第 4 章　Python 语言编程基础

    Python目前在编程语言排行榜里雄踞前两位，显示出其强大的适应能力和受欢迎程度。适应能力指的是Python在几乎各个应用场景中都可以使用，如数据科学、人工智能、游戏开发、硬件编程等；受欢迎程度在于其语言简单易用，优雅简洁，以及大量的第三方库可以直接使用。本书讨论Python的应用场景为网络爬虫，也会使用第三方库来开展相关爬虫操作。如果读者对这部分Python基础较为熟悉，可直接跳过本章进入下一章的学习。同时本章属于Python基础编程内容，相关案例代码本书不会提供下载链接，需要读者亲自动手实践，便于尽快上手掌握Python编程。

    本章学习思维导图如下：

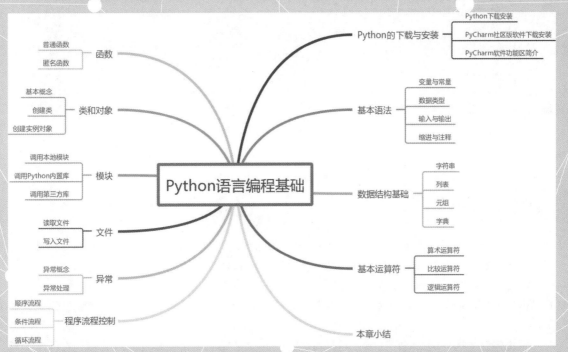

4.1 Python 的下载与安装

扫一扫，看视频讲解

Python软件是开源免费的，可以在多种操作系统环境中安装运行。在Python程序编译器方面，根据不同的任务和使用习惯可以有多种选择。例如初学者可以直接使用Python自带的IDLE编译器工具；如果从事数据科学分析，可以选择Anaconda套装模块；如果从事中大型Python项目开发，建议选择PyCharm专业版。

鉴于本书Python用于网络爬虫相关操作，在开发工具方面将选择可以跨平台且开源免费的PyCharm社区版。Python和PyCharm都可以从两者的官网上直接下载安装到电脑中，下面介绍安装过程。

4.1.1 Python 软件下载安装

第一步，访问Python官网，下载安装文件。

Python官网地址为https://www.Python.org。在浏览器地址栏输入该地址，在Python官网首页上部选择Downloads→Windows菜单，显示Windows操作系统环境下多个版本的下载链接（见图4-1）。

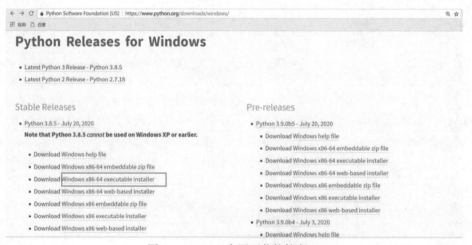

图 4-1　Python 官网下载软件窗口

选择最新稳定版Python 3.8.5安装文件下载，如图中矩形所圈链接。通常直接从Python官网下载速度会比较慢，可以从国内其他软件网站搜索下载到本地。

第二步，在本地电脑上安装Python。

Python下载完毕后，直接单击该文件开始安装。首先选择安装路径及设置环境变量勾选，如图4-2所示。

这里建议选择自定义路径安装，同时勾选窗口下方的Add Python 3.8 to Path，然后在弹出的可选模块窗口里保持默认勾选，然后单击Next按钮（见图4-3）。

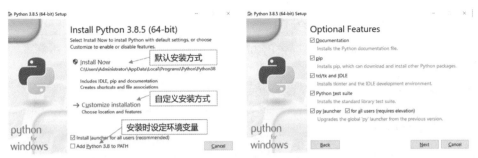

图 4-2 Python 软件安装路径选择   图 4-3 可选安装模块

接下来为一些高级选项，采用默认勾选方式，然后将安装路径修改为自定义路径，如本处修改为安装在D盘的Python目录下），如图4-4所示，然后单击Install按钮开始安装（见图4-5）。

图 4-4 自定义 Python 软件安装路径   图 4-5 Python 软件安装过程

当图4-5中的进度条达到100%后，便完成了Python软件在Windows系统中的安装。需要说明的是，由于本书讨论Excel和Python的爬虫，这两个工具都在同一个操作环境中才具有对比性，因此如果读者使用了Mac操作系统，请在官网选择该版本的文件下载安装。具体过程这里不再叙述。

第三步，测试Python是否安装成功。

此时可以打开Windows系统中的CMD命令提示符窗口，在命令行直接输入Python，如果出现有关Python版本信息以及操作提示符，则表明安装成功（见图4-6）。

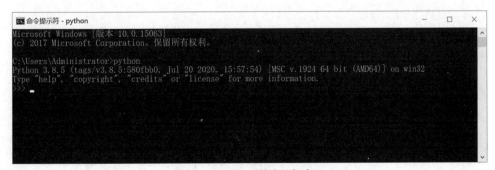

图 4-6 Python 测试运行窗口

4.1.2 PyCharm 社区版软件下载安装

在Python软件安装成功后，就可以去PyCharm官网上下载免费开源的社区版到本地并完成安装。

第一步，进入PyCharm官网，选择PyCharm社区版下载。

PyCharm 的下载地址：http://www.jetbrains.com/pycharm/download/#section=windows。在浏览器里输入该地址，就进入PyCharm下载页面（见图4-7）。

图 4-7　PyCharm 软件下载窗口

选择右侧的Community版本，单击黑色背景Download按钮，将其下载到本地磁盘。整个介质文件大小在295MB左右，从其官网下载速度较快，需2～3分钟即可下载完成。

第二步，在本地电脑安装PyCharm社区版。

双击上述下载完成的PyCharm社区版介质开始安装，安装向导如图4-8所示。

直接单击Next按钮进入下一步窗口，选择安装路径，PyCharm安装文件需占用的磁盘空间为761.5MB。为便于后续的软件管理，建议将软件安装在非系统盘上，如本次安装在D盘路径上（见图4-9）。

图 4-8　进入 PyCharm 社区版安装过程

图 4-9　选择 PyCharm 软件安装位置

定义好安装位置后，单击Next按钮进入配置选项窗口，可以将所有选项都勾选；然后单击Next按钮进入下一步（见图4-10）。

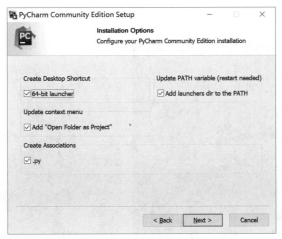

图 4-10　勾选 PyCharm 安装配置选项

接下来进入设置"开始"菜单文件夹名称窗口(见图 4-11)，直接选择默认JetBrains选项；然后单击Install按钮开始安装(见图 4-12)。

图 4-11　设置"开始"菜单文件夹名称

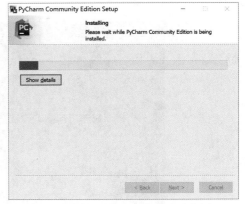

图 4-12　PyCharm 安装进程示意图

当安装完成后，会提示需要重启使得一些配置生效，直接单击Reboot now按钮重启电脑，完成PyCharm社区版的安装。

第三步，启用PyCharm社区版，配置解释器为Python。

单击桌面上的PyCharm软件图标，启动PyCharm软件。第一次使用时会提示一些使用方面的配置(见图 4-13)，可以直接选择Skip Remaining and Set Defaults保持默认选项，然后进入PyCharm软件欢迎界面(见图 4-14)。

图 4-13　第一次启用 PyCharm 设置配置窗口　　　图 4-14　进入 PyCharm 欢迎界面

在图4-14中，选择New Project选项，创建一个新的Python项目，然后弹出新项目的Python解释器选择窗口，如图4-15所示。

图 4-15　设置项目路径及配置解释器

为便于项目的集中管理，建议修改一下项目路径。例如本次将项目路径定义为D盘的PythonProjects目录，然后单击Create按钮创建项目。

PyCharm对每个项目都采用虚拟环境方式创建，也就是每个项目所需要的第三方库都将与项目文件安装在一起，而不是使用Python统一的资源库。这样能够保持项目依赖库版本的稳定，便于后续的移植部署。如图4-16所示为创建的新Python项目窗口。

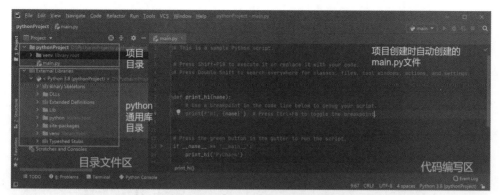

图4-16 PyCharm 新建 Python 项目

第四步，测试Python程序。

在项目创建时，PyCharm自动在项目目录下创建了一个名为main.py的示例文件。这是一个类似于Hello的语言程序，在代码区右击后选择菜单中的Run "main"命令运行程序，执行结果将显示在PyCharm窗口下部的Terminal终端窗口中（见图4-17）。

图4-17 PyCharm 软件运行 Python 程序的测试结果

从图4-17可以看出，PyCharm创建的main.py得到了正确执行，在终端窗口输出了"Hi，PyCharm"字符串，表明PyCharm软件可以正确执行Python代码。

4.1.3 PyCharm 软件功能区简介

在前面PyCharm创建项目以及运行main.py代码过程中已经基本了解了PyCharm窗口的功能划分，下面就图4-17显示的三个功能区结合案例实践再详细说明一下。

1. 文件目录区

文件目录区位于PyCharm窗口左侧，主要用于文件目录的管理操作，包括新建、删除、重命名、复制、粘贴等操作。最便捷的方式就是使用右键菜单，读者可以按照下列实践来自己体验一下。

选择File→New Project命令，进入创建项目窗口（见图4-18）。直接在Location路径里给定项目路径及项目名后单击Create按钮，即可完成新项目的创建（见图4-19）。

图 4-18 PyCharm 新建项目目录

图 4-19 myProject 项目窗口的显示效果

PyCharm在创建项目时会自动创建一个main.py文件，这里先将其删除，然后新建一个hello.py文件。

这两个操作都可以使用右键菜单来完成。如删除main.py文件，右击main.py文件，在右键菜单中选择Delete命令，系统弹出确认删除窗口，单击OK按钮，即完成删除操作（见图4-20）。

图 4-20 删除文件操作方式

　　新建文件则需要考虑一下新建的文件在项目的路径位置，如果是在项目根目录下，右击项目名称，在右键菜单中选择New→Python File命令，就可以开启新建Python文件窗口，在提示处输入文件名即完成新文件的创建。如果在项目文件夹的某个子目录里创建新文件，则右击子目录名称，然后选择New菜单来完成新文件的创建（见图4-21）。

图 4-21　新建 Python 文件操作方式

2. 代码编写区

　　代码区是PyCharm的主窗口区，在文件目录区的右侧窗口。PyCharm之所以深受Python开发人员的青睐，主要原因就在于软件提供了许多满足程序员开发习惯的人性化、高效率举措，例如代码加亮显示、智能补全、自动排版、依赖包智能提示、调试方便等。

　　下面使用PyCharm编写hello.py程序代码。在新建的hello.py文件中输入学习Python的第一行代码，即hello程序。如图4-22所示，在右侧的代码区里输入如下代码：

```
print("hello,my first Python program!")
```

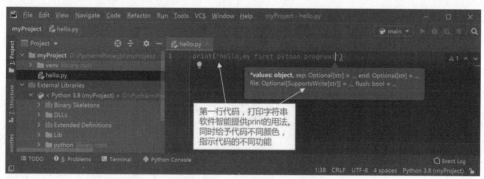

图 4-22　在 PyCharm 代码区输入 hello.py 第一行代码

　　上述代码中，print( )为Python的内置函数，功能为向Terminal终端区打印输出相关内容。括号里双引号中的内容为一个文本字符串，会被原样打印输出到Terminal终端。

　　在编写时，PyCharm软件就开始智能提示函数的全称；当拼写完print关键字时，软件开始提示该函数所配置的相关参数。书写完毕后，代码又使用不同颜色显示，指示不同颜色代码代表不同的功能。这种智能提示方式非常有利于开发人员，也符合程序开发的喜好，大大提高了代码开发的效率。当然在本案例中只有一行代码，无法体验更多PyCharm软件的特色。书中后面还有许多案例，读者可以慢慢去熟悉软件编写代码的方式。

3. Terminal 终端区

Terminal终端区用于即时显示程序执行的相关内容，通常用来检测程序执行的过程和结果。如图4-22所示，完成hello.py第一行Python代码输入后，如何来查看代码执行结果呢？首先需要Python解释器对该代码进行解释和编译，然后将结果输出到Terminal终端窗口。

在PyCharm软件中有多种运行代码方式：按组合键Shift+F10，或者在代码区右击选择Run "hello"命令执行。运行后的结果显示在Terminal终端窗口，如图4-23所示。

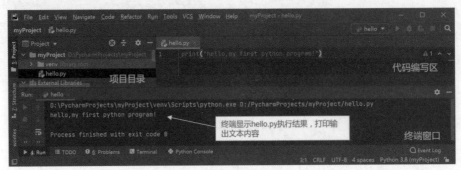

图4-23　PyCharm 软件执行 hello.py 显示结果

如果仔细观察终端窗口里的内容，可以看到包含三行内容：

```
D:\PycharmProjects\myProject\venv\Scripts\Python.exe D:/PycharmProjects/myProject/
  hello.py
hello,my first Python program!

Process finished with exit code 0
```

其中，第一行内容为解释器和Python文件路径，同时是一个调用Python程序来执行hello.py文件的解释和编译命令。

第二行为执行代码后输出的内容。

第三行为执行结束后的状态码。

4.2　基本语法

4.2.1　变量和常量

1. 变量

变量是值可以改变的量，可以理解为一个容器。这个容器里存放的内容是可以发生改变的。与C、Java语言不同，Python在变量定义方面没有强制性要求，对新手尤其方便。

打开Windows系统的命令提示符窗口，输入Python后进入Python的命令行操作模式，在操作符">>>"后输入代码：

```
C:\Users\Administrator>Python
Python 3.8.5 (tags/v3.8.5:580fbb0, Jul 20 2020, 15:57:54) [MSC v.1924 64 bit
 (AMD64)] on win32
Type "help", "copyright", "credits" or "license" for more information.
>>> a=5
>>> print(a)
5
```

代码中"a=5"语句可以对等为数学上的"a等于5"，不过用程序语言解释就是给变量a赋值为5，或者把5赋给变量a。所以使用print()函数打印a的值时输出为5。

同样的方式可以实现两个变量的加减运算，继续上面的代码，如下示例：

```
>>> a=6
>>> b=7
>>> a+b
13
```

代码中a和b就是典型的变量，此时a的值重新赋为6，然后与b相加，最后结果为13。

2. 常量

常量是值不发生改变的量，在Python中没有专门定义常量的语法，不过通常认为变量名为大写字母时，可以将其看作常量。

```
>>> PI=3.1415926
>>> r=5
>>> r*r*PI
78.539815
```

代码中PI为大写字母，默认就是常量，然后定义一个变量r，赋值为5，并以圆形面积公式来计算得到最终的结果。

4.2.2 标识符

标识符用于标识某样符号或东西的名字，可以理解为命名方式。在Python中用来命名变量、函数、类、数组、字典、文件、对象等多种元素。

标识符命名有一定的规则，包括：

- 只能由字母、数字和下划线组成，而且必须以字符或下划线开头。
- 不能使用Python的关键字来命名。
- 长度不能超过255个字符。

Python中的关键字主要包括：

| and | as | assert | break | class | continue | def | del | elif |
| else | except | finally | for | from | False | None | True | global |

if   import   in   is   lambda   nonlocal   not   or   pass
raise   return   try   while   with   yield

可以测试一下如果使用关键词来命名变量，会有什么效果。

```
>>> if=10
  File "<stdin>", line 1
    if=10
      ^
SyntaxError: invalid syntax
```

代码中使用if关键字为变量，并赋值为10，执行时就发生报错，提示语法错误。

 标识符命名时尽量做到见名知意，便于理解和调试。习惯上多采用小写字母、数字和下划线的字符组合作为Python变量、函数、模块、类等的名称。

4.2.3 数据类型

在Python中，变量的类型主要包括数值类的整型、浮点型和非数值类的字符串、布尔型等。

整型就是整数类型，类型名简写为int；浮点型为带小数点的数，类型名简写为float；两者的区别就是看数值是否带了小数点。在Python中可以使用type()函数来查看变量类型。

```
>>> m=5
>>> type(m)
<class 'int'>
>>> n=1.25
>>> type(n)
<class 'float'>
```

字符串是Python中常用的数据类型之一，尤其涉及文本内容方面的处理时主要采用字符串类型。样例如下：

```
>>> name="caojianhua"
>>> type(name)
<class 'str'>
```

布尔型用于标识判断真或假的结果，当判断为真时，用布尔型标识为True；如果判断为假时，布尔型标识为False。示例如下：

```
>>> x=10
>>> x>6
True
>>> type(x>6)
<class 'bool'>
>>> x<10
False
>>> type(x<10)
```

```
<class 'bool'>
```

 Python将所有元素均看作对象，上述代码使用type()函数查看变量类型时返回结果均为class类。尤其是字符串，是一种特殊的字符集合类，有许多内置的处理方法和属性。

4.2.4 输入与输出

这里的输入指接收键盘的输入。在Python中可以直接使用input()函数实现键盘的输入，同时会使用一个变量来存储键盘的输入。示例如下：

```
>>> a=input()
35
>>> a
'35'
>>> type(a)
<class 'str'>
```

代码中"a=input()"表示将输入的值赋给变量a，同时默认输入的数据类型为字符串，因此当使用type()函数来查看a的类型时，返回的是'str'字符串类型。

为了更为友好地输入，可以在input()函数括号里加上内容提示：

```
>>> name=input("请输入姓名:")
请输入姓名:caojianhua
>>> name
'caojianhua'
```

输出则是使用print()函数，在之前的代码案例中已经实践过。在print()函数实现输出时，可以增加一些格式设置使得输出符合需求。

格式设置主要使用字符串的format方法，样例如下：

```
>>> x=4.56789
>>> print("保留两位小数后为:{:.2f}".format(x))
保留两位小数后为:4.57
```

代码中使用"{}"作为一个占位符，输出的时候将format()函数括号中的内容填充到占位符中。整型和字符串都可以保留原样输出，而浮点型有时候需要考虑小数位数，因此在占位符{}中进行设置。代码中{:.2f}的".2f"表示小数点后四舍五入保留两位数输出。

有多个变量需要输出时就需要多个占位符{}，代码如下：

```
>>> name="caojianhua"
>>> age=42
>>> sex="male"
>>> print("个人信息为:姓名:{},年龄:{},性别:{}".format(name,age,sex))
个人信息为:姓名:caojianhua,年龄:42,性别:male
```

4.2.5　代码缩进与注释

一个程序通常会包括几十行或者成百上千行，甚至更多。如何对这么多行代码进行管理和排版，使得程序显得优雅而可阅读？

在Python中，采用缩进的管理方式来组织代码块，即所有具有相同缩进排版的代码行认为是同一个功能代码块中的代码。缩进即代码行首的空白部分，通常用4个空格表示1次缩进。Python中的函数、条件语句、循环语句以及类编写代码的时候都需要使用缩进。

为了使得代码具有可阅读性，通常还会在代码中加入注释部分。注释的功能就是用于解释代码行的用意和相关用法，但不参与实际的代码解释和编译。Python中在行首使用"#"符号表示该代码行为注释行，一般是哪行语句或者哪个代码块需要注释，就在语句上一行或代码块开始加以注释。

由于有了多行代码，现在开始使用PyCharm软件来进行示例相关功能和用法。在图4-18的示例中创建了一个myProject项目，并且新建了一个hello.py文件。下面将hello.py代码加以修改，加入缩进与注释，如图4-24所示。

图 4-24　程序缩进与排版示例代码

在增加了注释语句后，整个程序就很容易理解。许多程序文件中注释往往比执行代码语句还多，就是为了让程序变得可阅读，也有利于后续维护和修改。这是一种非常科学的编程习惯。

代码中函数部分的语句复制如下：

```
# 先定义一个 Python 函数，命名为 hello
def hello():
    print("代码缩进与排版：")
    print("welcome to learn Python!")
```

可以观察到，hello()函数中包括两行代码，当使用相同的缩进时表示两行代码同属于这个函数的代码块。读者可以尝试一下，如果将第一个print代码语句的缩进删除，程序运行就会报错；如果将第二个print代码语句的缩进删除，执行程序时又是另外一种运行结果，如图4-25所示。

图 4–25　删除缩进后代码的执行结果

4.2.6　引号的使用

在Python中，引号主要用于标识字符串（文本内容），即使用引号括住的内容属于字符串，如上例中的print("代码缩进与排版:")，使用双引号包裹文本内容。

在Python中引号有三种类型：单引号、双引号和三引号。

（1）当标识字符串时，这三者作用一样，如：

```
print(' 代码缩进与排版：')          # 单引号对 ' '
print(" 代码缩进与排版：")          # 双引号对 " "
print(''' 代码缩进与排版：''')       # 三引号对 ''' '''
```

（2）一般双引号和单引号可组合使用，完成带引号的内容输出，如下：

```
print('" 代码缩进与排版："')         # 外层单引号，内为双引号
print("' 代码缩进与排版：'")         # 外层双引号，内为单引号
```

执行代码后输出结果为：

```
" 代码缩进与排版："
' 代码缩进与排版：'
```

（3）三引号可用于多行注释，也可以用于多行文本内容的输出，如图4–26所示。

```
'''
    这是多行注释的第一行
    这是多行注释的第二行
'''
```

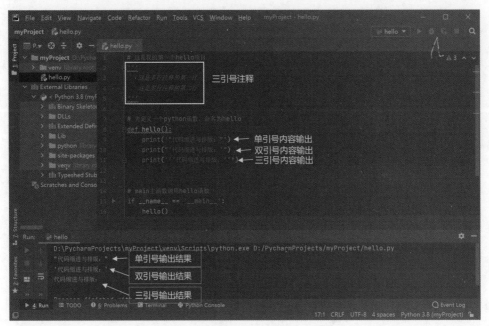

图 4-26　PyCharm 程序引号使用执行效果

4.3　数据结构基础

在Python中，除了单个变量类型外，还有多个变量组合形成的集合数据类型。这些基础类型包括多个字符组成的字符串、多个变量组成的列表、集合、元组以及字典。

4.3.1　字符串

字符串是一类特殊的字符组合，通常由多个字符组合在一起构成。定义字符串时前后采用引号来加以标识，前面的代码中已经有出现过许多字符串的例子，比较容易理解。

扫一扫,看视频讲解

1. 字符串运算

字符串之间的运算包括加和乘，不过其意义与数值运算完全不同。其中加运算为字符串连接操作，乘运算则是复制操作（乘号后面需要设定数字，即复制几次）。示例如下：

```
>>> str1=" 今天天气不错 "
>>> str2=" 可以考虑出去郊游！ "
>>> str1+str2
' 今天天气不错可以考虑出去郊游！ '
>>> str1*2
' 今天天气不错今天天气不错 '
```

2. 获取字符串长度

身份证号码、姓名、密码都是字符串，想要知道这些字符串的长度，也就是由多少个字符构成，可以使用Python自带的len()函数来获取。示例如下：

```
>>> str3="abc123yhulllpqx109"
>>> len(str3)
18
>>> print("字符串长度为:{}".format(len(str3)))
字符串长度为:18
```

3. 字符串索引

索引Index指的是字符串中某个字符所在的位置，在Python中许多集合里单个元素的索引都是从0开始的。0代表该集合里的第一个元素，那对于字符串而言，当索引为0时指向的就是第一个字符；当索引为5时，指向的为字符串里的第6个字符。

如果想获得字符串中某个索引位置的元素，首先要知道其索引位置，然后使用str[index]格式来获取。示例如下：

```
>>> str4="网络爬虫轻松易学"
>>> str4[0]               # 获得索引为 0 的字符
'网'
>>> str4[5]               # 获得索引为 5 的字符
'松'
```

上述的len()函数可以获取字符串的长度，也就是字符串里有多少个字符。如果知道了字符串长度，索引最大值就是其长度减1。因此在使用索引号时不能超过其最大值。示例如下：

```
>>> str4="网络爬虫轻松易学"
>>> len(str4)             # 获得 str4 长度为 8，索引最大值为 7
8
>>> str4[8]                   # 获取索引为 8 的字符，程序报错，原因在于索引越界
Traceback (most recent call last):
  File "<stdin>", line 1, in <module>
IndexError: string index out of range
```

如果字符串非常长时，使用索引号获取尾部字符就有些不方便了。因此Python提供了对尾部字符的快速定位，即采用负的索引号。索引号为–1时代表最后一个字符，–2为倒数第二个字符，以此类推。示例如下：

```
>>> str4="网络爬虫轻松易学"

>>> str4[-1]
'学'
>>> str4[-2]
'易'
```

如果要获得字符串中的一段字符，则需要使用切片索引方式。即明确起始字符和终止字符的索引位置，格式为str[index1:index2]，示例如下：

```
>>> str5=" 国家繁荣昌盛是我们每个人的责任，大家必须同心协力，一起奋斗 "
>>> str5[3:5]                    # 获得第 4 个字符至第 6 个字符，不包括第 6 个字符
' 荣昌 '
>>> str5[3:9]                    # 获得第 4 个字符至第 10 个字符，不包括第 10 个字符
' 荣昌盛是我们 '
```

如果只给定起始字符索引位置，终止字符索引不给，默认将从起始字符位置截取到字符串最后一个字符。示例如下：

```
>>> str5[3:]
' 荣昌盛是我们每个人的责任，大家必须同心协力，一起奋斗 '
```

同理，如果只给定终止字符索引位置，起始字符索引不给，默认将从字符串第一个字符开始截取。示例如下：

```
>>> str5[:9]
' 国家繁荣昌盛是我们 '
```

4. 字符串查找

字符串查找是查看某一个字符串是否包括在另一个字符串中。这里直接使用字符串对象的find()函数来进行查找，使用时需给定目标字符串，如果目标字符串存在，则返回其起始索引位置；如果不存在，则返回-1。示例如下：

```
>>> str6=" 中国，美国，英国，俄罗斯 "
>>> str6.find(" 英国 ")
6
>>> str6.find(" 瑞士 ")
-1
```

还可以使用in或not in来实现字符串查找。不过此时返回的是布尔值，如果存在，则返回True；如果不存在，则返回False。示例如下：

```
>>> str6=" 中国，美国，英国，俄罗斯 "
>>> " 英国 " in str6
True
>>> " 瑞士 " in str6
False
```

字符串对象还有一个index()方法可以用于确定某个字符在字符串中的位置，如果不存在，则报错。示例如下：

```
>>> str6=" 中国，美国，英国，俄罗斯 "
>>> str6.index(" 英 ")
6
>>> str6.index("a")
```

```
Traceback (most recent call last):
  File "<stdin>", line 1, in <module>
ValueError: substring not found
```

5. 字符串分割

字符串分割是依据字符串中的分隔符号将较长的字符串划分为几个小的字符串，可以直接使用Python提供的字符串对象split方法来实现。在使用时需要提供分隔符号，通常为逗号或空格。分割后返回的是字符串组合列表，示例如下：

```
>>> str6="中国,美国,英国,俄罗斯"
>>> str6.split(",")
['中国','美国','英国','俄罗斯']
```

4.3.2　列表

列表是一种有序的数据集合，其元素可以是数字、字符串，甚至可以包含子列表。列表定义的时候使用方括号[]，元素放在方括号之间，以逗号分隔开。

1. 创建列表

列表元素可以是数字，也可以是字符串，还可以是两者混合。示例如下：

```
>>> name_list=["cao","li","zhu","wang"]
>>> type(name_list)
<class 'list'>
>>> number_list=[2,4,6,8,10]
>>> park_list=["green",40,"blue","oval"]
```

当方括号里没有元素时，列表就是一个空列表。

```
>>> stu=[]
```

2. 列表元素长度

列表元素长度指的是列表中所有元素的个数，可以使用len()函数来获得。示例如下：

```
>>> name_list=["cao","li","zhu","wang"]
>>> len(name_list)
4
```

3. 列表元素索引

索引部分可以参考之前的字符串索引，基础用法都一样。在列表中索引包括元素所在的位置，第一个元素索引为0，最后一个元素索引可以表示为–1，也可以是元素个数–1的值。示例如下：

```
>>> number_list=[2,4,6,8,10]
>>> number_list[2]                    #索引为2，指向第3个元素
```

```
6
>>> number_list[-1]                          # 索引为 -1，指向最后一个元素
10
```

如果想获得相邻的几个元素，可以指定第一个元素的索引，同时给出最后一个元素的索引号。示例如下：

```
>>> number_list[2:4]
[6,8]
```

也可以与字符串索引操作一样，当起始元素索引不给定时，默认从第一个元素开始截取；当截止元素索引不给定时，默认截取到最后一个元素。示例如下：

```
>>> number_list[0:4]
[2,4,6,8]
>>> number_list[2:]
[6,8,10]
```

4. 列表的复制

列表的复制直接使用乘号*操作。示例如下：

```
>>> name_list=["cao","li","zhu","wang"]
>>> name_list*2
['cao','li','zhu','wang','cao','li','zhu','wang']
```

5. 列表的合并

当存在两个列表时，如果要将两个列表合并成一个列表，直接使用加法操作即可。两个列表相加后，元素会按先后顺序在新的列表中排列。示例如下：

```
>>> name_list=["cao","li","zhu","wang"]
>>> number_list=[2,4,6,8,10]
>>> name_list + number_list
['cao','li','zhu','wang',2,4,6,8,10]
```

6. 列表中插入新元素

这里分两种方式：一种是追加，一种是在原有列表中间插入。追加时使用列表对象的append方法，插入元素时则采用insert方法来实现。

append函数用于在原列表末尾追加新元素，而且append函数中只能包括一个参数，也就是无法一次追加两个元素。示例如下：

```
>>> number_list=[2,4,6,8,10]
>>> number_list.append(12)
>>> number_list
[2,4,6,8,10,12]
>>> number_list.append(5,6)                  # 追加两个参数报错
```

```
Traceback (most recent call last):
  File "<stdin>", line 1, in <module>
TypeError: append() takes exactly one argument (2 given)
```

insert()函数可以在列表任意位置插入元素，需要给定插入的索引：

```
>>> number_list=[2,4,6,8,10]
>>> number_list.insert(3,5)        #insert 第一个参数为索引，第二个参数为数值
>>> number_list
[2,4,6,5,8,10]
```

7. 删除列表中的元素

删除列表元素时，有两个列表对象的函数可以使用pop()函数和remove()函数。其中pop()函数根据元素所在索引删除，需要给定删除元素所在的位置；remove()函数则是删除某一元素，给定元素名称。示例如下：

```
>>> number_list
[2,4,6,5,8,10]
>>> number_list.pop(2)             # pop() 函数指定删除元素所在的索引
6
>>> number_list
[2,4,5,8,10]
>>> number_list.remove(8)          #remove() 函数指定删除具体元素
>>> number_list
[2,4,5,10]
```

8. 对列表元素进行排序

对列表中的元素进行排序，可以使用列表对象的sort()函数，默认为升序排列。示例如下：

```
>>> number_list=[3,1,5,9,7,4]
>>> number_list.sort()
>>> number_list
[1,3,4,5,7,9]
```

9. 统计列表元素最大、最小以及出现次数

当列表为数字列表时，可以直接使用Python的max()函数、min()函数来获取列表元素中的最大值和最小值。示例如下：

```
>>> numbers=[30,20,11,56,77,99,102,39]
>>> max(numbers)
102
>>> min(numbers)
11
```

如果列表中有重复元素，可以使用列表对象的count()方法来统计该元素出现的次数。示例

如下：

```
>>> numbers=[30,20,11,56,77,99,11,39]
>>> numbers.count(11)
2
```

4.3.3 元组

扫一扫，看视频讲解

与list列表一样，元组也属于一类数据集合。元组定义的时候使用圆括号( )，数据放在括号之间，以逗号分隔开。它的特点是：定义结构后不可改变，包括大小和值都无法更改。其用法或者对元素的管理大部分与列表相似，但不能进行更改（追加、删除、修改等）操作。

1. 创建一个元组

元组中元素可以是数字、字符串，也可以是元组。示例如下：

```
>>> books=(1,"cao",42)
>>> type(books)
<class 'tuple'>
>>> res=((1,"cao",42),(2,"lina",40),(3,"topher",3))
>>> type(res)
<class 'tuple'>
```

2. 元组元素的索引

要定位元组中元素的位置，也是使用索引方法。示例如下：

```
>>> books=(1,"cao",42)
>>> books[0]
1
>>> books[-1]
42
>>> books[0:2]
(1, 'cao')
>>> books[:2]
(1, 'cao')
>>> books[1:]
('cao', 42)
```

3. 元组的复制与合并

元组的复制操作直接使用乘号进行，两个元组的合并也可以与列表一样直接使用加法运算。示例如下：

```
>>> books=(1,"cao",42)
>>> res=((1,"cao",42),(2,"lina",40),(3,"topher",3))
```

```
>>> res+books
((1,'cao',42),(2,'lina',40),(3,'topher',3),1,'cao',42)
>>> books*2
(1,'cao',42,1,'cao',42)
```

4. 元组与列表互相转换

元组和列表是非常相似的数据结构，两者可互相转换。

使用list()函数可以将元组转换为列表。示例如下：

```
>>> numbers=(3,4,5,6,7)
>>> list(numbers)
[3,4,5,6,7]
```

反过来，如果要将列表转换为元组，则使用tuple()函数。示例如下：

```
>>> namelist=["cao","jonh","up"]
>>> tuple(namelist)
('cao','jonh','up')
```

5. 统计数值元组中元素最大值和最小值以及出现次数

要获得元组元素中的最大值和最小值，使用Python的max()、min()函数即可。示例如下：

```
>>> numbers=(3,4,5,6,7,0,1)
>>> max(numbers)
7
>>> min(numbers)
0
```

统计某重复元素出现的次数，使用元组对象的count()方法。示例如下：

```
>>> numbers=(3,4,5,6,7,0,1,1,1)
>>> numbers.count(1)
3
```

🖥 4.3.4 字典

字典是Python里一种较为特殊的数据结构，其特征如同真正的字典一样，一个字后面为字的含义，从结构上表现为字：字的含义。Python中的字典也是典型的键值对结构，定义的时候使用大括号{}，键值对放在括号中间。键值对由键名和值构成，中间使用冒号分隔，典型格式为：{key1:value1,key2:value2, ...}。通常字典里可以包含多个键值对，每个键值对可以看成字典中的一个元素，以逗号分隔。

1. 新建字典

可以先新建一个空字典，然后往字典里添加键值对元素。示例如下：

```
>>> family={}
>>> family["name"]=" 张三 "
>>> family["phone"]=138888888
>>> family["relation"]=" 大舅 "
>>> family
{'name':' 张三 ','phone':138888888,'relation':' 大舅 '}
```

或者直接添加键值对。示例如下：

```
>>> student={"id":1,"name":" 李四 "," 数学 ":85," 英语 ":70}
>>> student
{'id': 1,'name':' 李四 ',' 数学 ':85,' 英语 ':70}
>>> type(student)
<class 'dict'>
>>> student={" 李四 ":{"id":"no1"," 数学 ":85," 英语 ":70}," 王五 ":{"id":"no2"," 数学 ":99,
    " 英语 ":87}}
>>> student
{' 李四 ':{'id':'no1',' 数学 ':85,' 英语 ':70},' 王五 ':{'id':'no2',' 数学 ':99,' 英语 ':87}}
```

也可以将键值对以列表形式保存在元组中，然后使用dict()函数转换为字典。示例如下：

```
>>> banji=([" 英才班 ",80],[" 普通班 ",65])
>>> type(banji)
<class 'tuple'>
>>> dict(banji)
{' 英才班 ': 80, ' 普通班 ': 65}
```

2. 获取字典元素

与字符串、列表、元组等不同，字典的索引以键名来定义，因此在获取字典元素的时候，需要使用键名key。示例如下：

```
>>> family
{'name':' 张三 ','phone': 138888888,'relation':' 大舅 '}
>>> family['name']
' 张三 '
>>> family['relation']
' 大舅 '
```

如果想获得字典里所有键值对元素的键名，可以使用字典对象的keys方法。示例如下：

```
>>> family.keys()
dict_keys(['name','phone','relation'])
```

同理，如果想获得字典里所有元素的值，可以使用字典对象的values方法。示例如下：

```
>>> family.values()
dict_values([' 张三 ',138888888,' 大舅 '])
```

可以使用字典对象的items方法获取一组组的键值对。示例如下：

```
>>> family.items()
dict_items([('name',' 张三 '),('phone',138888888),('relation',' 大舅 ')])
```

3. 更新字典元素

对于字典元素的更新，如果知道了键名，可以以键名为索引重新赋值，完成值的更新。示例如下：

```
>>> family
{'name':' 张三 ','phone':138888888,'relation':' 大舅 '}
>>> family['phone']=13777777
>>> family
{'name':' 张三 ','phone':13777777,'relation':' 大舅 '}
```

也可以使用字典对象的update方法更新。示例如下：

```
>>> family.update({'phone':139999999})
>>> family
{'name':' 张三 ','phone':139999999,'relation':' 大舅 '}
```

4. 删除字典元素

可以调用Python内置关键字del来删除一个键值对元素。示例如下：

```
>>> family
{'name':' 张三 ','phone':139999999,'relation':' 大舅 '}
>>> del family['relation']
>>> family
{'name':' 张三 ','phone':139999999}
```

或者使用字典对象的pop方法取出一个键名，删除该键值对。示例如下：

```
>>> student={"id":1,"name":" 李四 "," 数学 ":85," 英语 ":70}
>>> student.pop(" 英语 ")
70
>>> student
{'id':1,'name':' 李四 ',' 数学 ':85}
```

4.4　基本运算符

基本运算符主要包括三类：算术运算符、比较运算符和逻辑运算符。

4.4.1　算术运算符

算术运算就是常见的加、减、乘、除等运算，在Python中除了这4种运算外，还包括整数相除求余数、幂次运算等，见表4-1。

表4-1　算术运算符

算术运算符	基本含义	示例
+	加法运算，两个数相加求和	1+2=3
−	减法运算，两个数相减求差	1−2=−1
*	乘法运算，两个数相乘求积	1*2=2
/	除法运算，两个数相除求商	1/2=0.5
**	幂次运算，求数的多少次方	2**3=8
%	求余数，计算两个整数相除的余数部分	2%3=2，要求为两个整数运算
//	求整除数，计算两个整数相除的整数值	2//3=0，要求为两个整数运算

4.4.2　比较运算符

比较运算符主要用于做比较，结果为大于、小于、等于，见表4-2。比较的结果使用真或假来界定，如果为真，返回值为True；如果为假，返回值为False。比较运算符常与if关键字一起使用，对条件进行判断。

表4-2　比较运算符

比较运算符	基本含义	示例及结果说明
>	大于，符号左侧值大于右侧值	2>1，结果为 True
<	小于，符号左侧值小于右侧值	2<1，结果为 False
==	等于，符号左侧值与右侧值相等	1==2，结果为 False
!=	不等于，符号左侧值与右侧值不相等	1!=2，结果为 True
>=	大于等于，符号左侧值大于等于右侧值	3>=2，结果为 True
<=	小于等于，符号左侧值小于等于右侧值	3<=2，结果为 False

4.4.3　逻辑运算符

逻辑运算符包括与、或、非。在多个条件同时判断时，常用逻辑与、逻辑或来表示，见表4-3。

表4-3　逻辑运算符

逻辑运算符	基本含义	示例及结果说明
and	逻辑与	a and b，a 和 b 同时为真，结果才为真
or	逻辑或	a or b，a 和 b 其中一个为真，结果都为真
not	逻辑非	not a，如果 a 为真，结果为假；否则为真

在Python语言中，逻辑运算a and b进行运算时a和b可以是一个比较表达式，也可以是一个变量。如果是变量，非零数据就表示为真，否则为假。

4.5　程序流程控制

在使用Python进行程序开发时，经常会写多行语句。同时程序是为解决某些问题而编写的，这些多行语句或代码块都是根据问题步骤按一定思路和顺序进行组织，最终获得正确的输出结果。下面结合实际问题来说明Python程序中常见的流程控制方法和步骤。

4.5.1　顺序流程

顺序流程就是按照解决问题的先后顺序来组织程序代码，执行的时候也是按照顺序执行，这是最基本的流程控制。

【案例4.1】编写Python程序计算平均速度。

问题：从A城市到B城市距离为s公里，某人驾驶车辆从A到B地共耗时h个小时，请问车辆的平均时速v为多少？

思路：很显然，这里可以直接使用公式v=s/h计算出平均速度v的值。但从一个完整的问题来说，s和h的值还需要从键盘输入，同时计算出来的v值需要输出到控制台里显示。因此整个问题解决按顺序分为四步（见图4-27）。

图 4-27　计算平均速度程序顺序 N-S 流程图

Python代码如下：

```
'''
ex4-1 案例：顺序流程代码
'''
# 第一步，输入 s 和 h 的值，其中 eval() 方法用于将输入的数字字符转换为数值
s=eval(input("请输入城市之间的距离 S："))
h=eval(input("请输入驾车所耗时 h："))

# 第二步，计算 v
v=s/h

# 第三步，输出 v 的值
print("计算的车辆平均时速为 :",v)
```

具体实现：使用PyCharm在myProject目录下新建一个Python文件，命名为ex4-1.py，然后将上述代码输入，并执行该程序。如图4-28所示为演示效果。

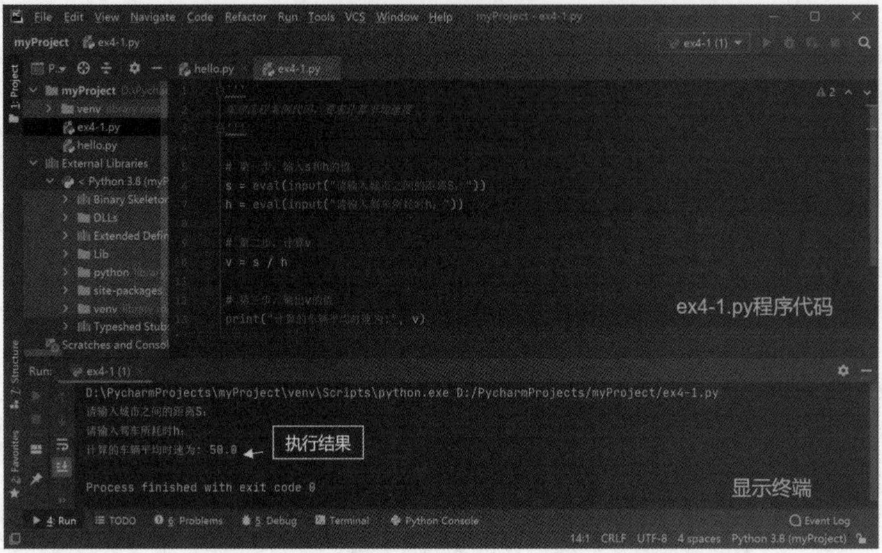

图 4-28 顺序流程 ex4-1.py 程序及运行结果

4.5.2 条件流程

条件流程用于设定满足一定条件才执行程序的流程控制，即在顺序流程的基础上，对其中的某一步加入条件判断，当条件满足时才继续执行程序；或者给出另外一种执行步骤。

在Python中使用if语句作为条件判断，当存在一个条件时，其主要结构如下：

```
if 条件为真：
    执行语句 1
else：
    执行语句 2
```

例如常见的场景中，如果今天天气很好，就出去旅游；否则就在家呆着。上述结构可以表示为：

```
if 今天天气好：
    出去旅游
else：
    在家呆着
```

if语句中if条件后面加冒号表示条件语句的结束，执行语句如果换行显示则需要使用缩进。Python编程软件在输入if条件后按回车键时一般都会自动给定缩进，使得代码结构清晰、美观可阅读。

如果存在多组条件，则使用elif语句。示例如下：

```
if 条件1为真：
    执行语句1
elif 条件2为真：
    执行语句2
else：
    执行语句3
```

例如将上述的场景修改一下，如果今天阴天，就可以去爬山；如果有大太阳，就去商场购物；否则就在家呆着。依据上述多组条件判断的结构，可以表示如下：

```
if 今天阴天：
    决定去爬山
elif 今天有大太阳：
    决定去商场
else：
    在家呆着
```

 if多条件语句中elif关键字语义与else if一致，表示第一个条件否定后同时给出第二个条件；else关键字语义表示前述所有条件都不成立时，所以其本身不用带条件，直接跟执行语句。

【案例4.2】编写Python程序使用条件判断计算平均速度。

问题：在案例4.1中，按照常识，城市之间的距离和耗时都应该是正数，但计算机并没有这种意识，如果输入的距离和耗时为负值，计算的速度可以得到正数；或者输入的距离或耗时其中一个为负数，计算结果就是负数；尤其当耗时h为零值时无法计算。这几种情况肯定都不正常。

思路：为了避免类似情况发生，在输入语句前加入条件判断。条件为：如果输入为非数值或者负数，提示输入错误；否则正常执行。此时整个程序流程可设计为如图4-29所示。

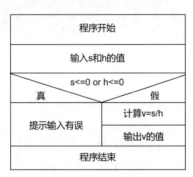

图4-29 计算平均速度程序条件N-S流程图

Python代码如下：

```
'''
ex4-2案例：条件流程代码
'''
```

```
# 输入 s 和 h 的值
s = eval(input("请输入城市之间的距离 S: "))
h = eval(input("请输入驾车所耗时 h: "))

# 判断输入值是否合理，如果不合理，提示输入错误，否则正确计算
if s<=0 or h<=0:
    print("输入有误，无法得到正确结果")
else:
    v = s/h
    print("计算的车辆平均时速为:", v)
```

具体实现：使用PyCharm软件修改ex4-1.py，将上述代码输入后另存为ex4-2.py，并执行该程序。如图4-30所示为演示效果。

图 4-30　条件流程 ex4-2.py 程序及运行结果

4.5.3　循环流程

循环流程就是某一个步骤重复运行，成语"日复一日、年复一年"就是这类循环案例的典型表现。不过有些循环可以人为控制，例如电风扇，可以人为设定其转动的结束时间；有些循环是死循环或无法终止的循环，如地球的转动、人类的生死等。

在Python语言中，循环语句主要包括while语句和for语句。

1. while 语句

while语句用于循环执行程序，设定当条件满足时，一直执行某程序；当条件不满足时，就结束循环。

while语句结构可以表示为：

```
while 条件成立 :
    执行语句
```

【案例4.3】编写Python程序计算1+2+3+…+10000=？

问题：这个问题是一个累加求和问题，最终从1加到10000结束。

思路：1+2+3+…+10000，可以看成有10000个数相加，每个数都比前面一个数多1。可以设定一个求和的变量s，以及这个序列中的数为i。当累加到数i时，求和结果变为s=s+i；对于数i后面那个数，计算为i=i+1。其中的i为1 ~ 10000，求和变量s的初始值为0。此时整个流程可以设计为如图4-31所示。

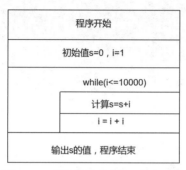

图 4-31 累加求和问题 N-S 流程图

Python代码如下：

```
#ex4-3 案例：while 循环流程代码

# 给定求和变量 s 和累计数 i 的初始值
s = 0
i = 1

# 判断 i 值小于 10000 时循环执行求和语句
while i<10000:
    s = s + i
    i = i + 1

#输出计算结果
print("1+2+3...+10000= ",s)
```

具体实现：使用PyCharm软件在myProject目录里新建Python文件，将上述代码输入后保存为ex4-3.py，并执行该程序。如图4-32所示为演示效果。

图 4-32　循环案例 ex4-3.py 程序及运行结果

while语句可以结合break关键字来设置循环。while循环条件设置为不限范围的真值时，如while(1)，需要在循环语句中加入条件判断和break来结束循环。

2. for 语句

for语句常用于对序列来遍历，这里的序列包括列表、字符串、元组、字典等。通过for循环获取序列中的每一个元素，然后对元素进行相关操作。

其基本结构为：

```
for 元素 in 序列：
     执行元素语句
```

或者：

```
for 元素的索引 in range(序列最大索引值)：
     执行元素索引相关语句
```

【案例4.4】打印列表中的所有元素。

问题：假定有一个列表为student=["张三","李四","王五","大刀"]，现在需要把每个元素都打印出来。

思路：使用for语句来遍历列表。在for语句结构中"for 元素 in 序列"这个元素可以使用任意变量指定，如item或者a。

Python代码如下：

```
'''
ex4-4 案例：for 循环流程代码
'''
```

左侧竖排文字：网络爬虫进化论——从 Excel 爬虫到 Python 爬虫

```
# 给定列表元素
student=[" 张三 "," 李四 "," 王五 "," 大刀 "]

#for 语句循环遍历所有元素，然后打印
for item in student:
    print(item)
```

具体实现：在myProject目录里新建一个ex4-4.py文件，输入上述代码后保存，运行结果如图4-33所示。

图 4-33　循环案例 ex4-4.py 程序及执行效果

上述问题也可以通过元素索引方式来解决，参考代码如下：

```
# 给定列表元素
student=[" 张三 "," 李四 "," 王五 "," 大刀 "]

#for 语句循环遍历所有元素，然后打印
for index in range(len(student)):
    print(student[index])
```

4.6　函数

函数是在一个程序中可以重复使用的代码块，并且这组代码块可以实现一个独立的功能。在定义好函数后，该函数就可以在程序中任意需要的位置被调用。函数也是高级编辑语言中抽象概念的一个体现。

扫一扫,看视频讲解

🖥 4.6.1 普通函数

普通函数的基本结构为：

```
def 函数名（参数）:
    函数内部代码块
    return 参数变量
```

def为定义函数的关键字，在每一个函数定义时必须使用。函数名与变量名一样，定义时需要遵守一定规则，同时尽量做到见名知意。函数名后面的括号用于放置必需的参数，没有参数时可以为空。

函数内部代码块与def关键字在排版上使用缩进来布局，这样可以非常清晰地定位函数的内部代码。

函数内部代码块根据函数功能需求来决定是否使用return语句，一般如果该函数处理后需要传回处理结果，就需要使用return语句；否则可以不用。

【案例4.5】编写Python函数完成四则运算。

问题： 数的四则运算，包括加、减、乘、除4个方面。可以定义4个函数，分别用于完成两个数之间的加、减、乘、除的功能。这样给定任意两个数，只需要调用这几个函数，就可以得到四则运算结果。

思路： 定义4个函数，分别命名为Add、Minus、Multiply、Divide。设定两个变量x和y为虚拟参数，函数代码块内部使用算术运算符来完成变量之间的运算，最后使用return语句将结果返回。

Python代码：

```
'''
ex4-5 案例：四则运算函数代码
'''
# 加法函数
def Add(x,y):
    return x+y


# 减法函数
def Minus(x,y):
    return x-y


# 乘法函数
def Multiply(x,y):
    return x*y


# 除法函数
def Divide(x,y):
    return x/y


if __name__ =="__main__":
```

```
x,y = 3,4
print("{}+{} 结果为：{}".format(x,y,Add(x,y)))
print("{}-{} 结果为：{}".format(x,y,Minus(x,y)))
print("{}*{} 结果为：{}".format(x,y,Multiply(x,y)))
print("{}/{} 结果为：{}".format(x,y,Divide(x,y)))
```

 代码中if __name__=="__main__"表示当运行该文件时运行if语句下的代码块。

x,y=3,4是多变量赋值时的一种便捷方法，结果为x=3，y=4。

具体实现：在myProject目录下新建ex4-5.py文件，将上述代码输入后保存。然后执行该文件，注意观察终端窗口里的输出结果，如图4-34所示。

图4-34　函数案例 ex4-5.py 代码及执行效果

4.6.2　匿名函数

匿名函数就是无函数名的函数，在Python语言中匿名函数以lambda为关键字开头，基本结构为：

lambda 参数 1，参数 2：带参数的表达式

对比普通函数，匿名函数显然省略了函数名的定义和return语句，更为简洁。

【案例4.6】使用匿名函数完成四则运算。

下面将ex4-5.py文件中的四则运算函数直接使用匿名函数来表示，代码参考如下：

```
'''
ex4-6案例：匿名函数使用代码
'''
x,y = 3,4
add=lambda x,y:x+y                     # 匿名函数计算加法
minus=lambda x,y:x-y                   # 匿名函数计算减法
multiply = lambda x,y:x*y              # 匿名函数计算乘法
division=lambda x,y:x/y                # 匿名函数计算除法
print("{}+{} 结果为: {}".format(x,y,add(x,y)))
print("{}-{} 结果为: {}".format(x,y,minus(x,y)))
print("{}*{} 结果为: {}".format(x,y,multiply(x,y)))
print("{}/{} 结果为: {}".format(x,y,division(x,y)))
```

具体实现：在myProject目录下新建ex4-6.py文件，将上述代码输入后保存。然后执行该文件，注意观察终端窗口里的输出结果（见图4-35）。

图4-35　匿名函数 ex4-6.py 代码及执行效果

4.7　类和对象

Python是一门典型的面向对象的高级编程语言。面向对象也是编程语言主流的编程模式，其核心思想是抽象的类和对象。与函数功能相似，类是一种抽象概念，其作用是为了定义一种抽象可复用的模板。

4.7.1 基本概念

类是用来描述具有相同的属性和方法的对象的集合。它定义了该集合中每个对象所共有的属性和方法。

例如，水果就是一个食物类集合，包括苹果、梨、香蕉、葡萄等对象，这些对象具有相同的属性，如具有颜色、大小等；也具有相同的方法，如种植、采摘等。

又如，车为一个交通工具类集合，包括自行车、汽车、平板车等对象，这些对象具有相同的属性，如形状、车轮个数等；也具有相同的方法，如可以行动、可以停车等。

对象就是类集合里的一种实例。对象属于某一类，因此就具有该类共同的属性和方法。在Python语言中一切元素均可以看成对象，例如前面介绍过的字符串对象、列表对象、字典对象、函数对象等。

4.7.2 创建一个类

Python语言中创建类的定义方式以class开头，基本结构为：

```
class 类名：
    类代码块
```

class为类的关键字，类名的定义与函数名、变量名定义规则一致，不过习惯上类名的第一个字母需要大写。类代码块里内容较多，可以定义类具有的属性和方法，其中方法使用函数来定义。

【案例4.7】编写Python代码创建一个爬虫工具类。

```python
# 创建一个类
class WebCrawler():
    '''
    这里添加类的注释说明，如这是一个爬虫工具类
    '''
    # 公有属性 name
    name="ppSpider"

    # 初始化方法
    def __init__(self):
        self.author="caojianhua"

    # 共有方法 action
    def act(self):
        print("start to get content...")
```

代码中__init__()方法是一种特殊的方法，称为类的构造函数或初始化方法，当创建了这个类的实例时就会调用该方法。

self代表类的实例，self在定义类的方法时是必需的，虽然在调用时不必传入相应的参数。

self.author为类实例具有的属性，可以在类的内部调用。

在类内部定义方法时，需要添加self参数，声明该函数为类的方法。

📺 4.7.3 创建实例对象

上面创建了一个爬虫工具类，类里具有属性和方法。如何访问这个类，或者如何使用这个类呢？

通过创建实例对象来使用类。因为对象属于类里的一个实例，简单理解就是根据这个类的特征列举了一个例子。Python语言中列举例子的方法为创建实例对象，其基本结构为：

实例名 = 类名 ()

例如创建两个爬虫工具类对象，就可以表示为：

```
webc1=WebCrawler()
webc2=WebCrawler()
```

这里创建了两个爬虫工具类对象，这两个对象都是属于WebCrawler类，因此都可以使用该类的属性和方法。

调用类的属性和方法使用 "." 符号，"." 符号左侧为对象名，右侧为类的属性和方法。

对webc1对象调用类的方法和属性代码如下：

```
webc1.name              # 调用 name 基类属性
webc1.author            # 调用 author 属性
webc1.act()             # 调用 act 方法
```

下面给出完整的实例，Python代码如下：

```
'''
ex4-7 案例：创建爬虫工具类代码
'''
# 创建一个爬虫工具类
class WebCrawler():
    '''
    这里添加类的注释说明，如这是一个爬虫工具类
    '''
    # 公有属性 name
    name="ppSpider"

    # 初始化方法
    def __init__(self):
        self.author="caojianhua"

    # 共有方法 action
    def act(self):
        print("start to get content...")

if __name__=="__main__":
    # 创建一个实例对象，调用类的 act 方法
    webc1=WebCrawler()
```

```
webc1.act()
# 创建第二个实例对象，调用类的属性
webc2=WebCrawler()
print(webc2.author)
```

具体实现：在myProject目录下新建ex4-7.py文件，将上述代码输入后保存。然后执行该文件，注意观察终端窗口里的输出结果（见图4-36）。

图 4-36　类和对象案例 ex4-7.py 代码及执行效果

4.8　模块

　　模块（Modules）是一个相对笼统的概念，可以将其看成包含变量或一组函数的Python文件对象，或者多个Python文件对象组成的目录。有了模块，原来一个Python文件中的函数或者变量就可以被外部访问使用，而不仅仅局限于文件内部使用了。因为有了模块，Python对象的抽象和可复用更为通用，而不同的模块放在一起就构成了一个package包。Python如此流行就是因为在Python社区里有各种各样的包可以下载下来直接使用，这些包可以用于解决数据处理、网络爬虫、网站建设、嵌入式编程、多媒体处理、人工智能等多种任务。也就是说，只要有了这些库，现在的大部分任务都可以使用Python编程完成。

4.8.1 调用本地模块

调用本地模块和包的基本格式为：

```
import 模块名 / 包名
from 模块 / 包 import 属性 / 方法
```

需要注意的是，模块或包都有所在路径，所以在使用import方法导入模块时要定义好模块所在的路径。路径包括绝对路径和相对路径，一般使用相对路径。

【案例4.8】编写Python代码调用ex4-7.py模块中的类。

当上述类和对象案例文件编译通过后，ex4-7.py就成为一个文件对象，此时可以看成一个模块。该模块里有定义好的爬虫工具类WebCrawler。不过在PyCharm软件中对于模块名命名与变量名一样，只允许有字母、数字和下划线三种字符，因此将ex4-7.py另存为ex47.py，即重新命名模块名为ex47。

接下来在同级目录下创建一个新Python文件，命名为ex4-8.py。在其中输入如下代码实现对ex47模块的调用。

```
'''
ex4-8 案例：调用模块代码
'''
# 导入 ex47 模块
import ex47

# 调用该模块中的类，并创建一个实例对象
webc3=ex47.WebCrawler()

# 调用类的 act 方法
webc3.act()
```

具体实现：在myProject目录下新建ex4-8.py文件，将上述代码输入后保存。然后执行该文件，注意观察终端窗口里的输出结果（见图4-37）。

图4-37　模块案例 ex4-8.py 代码及执行效果

💻 4.8.2 调用 Python 内置库

Python软件有一些内置库可以直接调用，如时间库time、系统库sys、随机模块random、数学库math等。调用时可以不设置路径，直接使用import 库名格式即可。

【**案例实践**】调用时间库time，打印出当前本地时间。

```
>>> import time                                    # 导入 time 库
>>> time.time()                                    # 获得当前 unix 时间戳
1596279007.5516717
>>> time.asctime(time.localtime(time.time()))      # 获得当前时间
'Sat Aug  1 18:50:23 2020'
```

【**案例实践**】调用数学库math，计算对数值和平方根。

```
>>> import math                                    # 导入数学库
>>> math.log(100)                                  # 调用 math 的 log 方法，计算 100 的对数
4.605170185988092
>>> math.sqrt(100)                                 # 调用 math 的 sqrt 方法，计算 100 的平方根
10.0
```

【**案例实践**】调用随机库random，获得1到100之间的随机数。

```
>>> import random                                  # 导入随机库
>>> random.randint(1,100)                          # 获得 1 ~ 100 之间的随机数
29
>>> random.randint(1,100)                          # 获得 1 ~ 100 之间的随机数
13
>>> random.randint(1,100)                          # 获得 1 ~ 100 之间的随机数
36
```

💻 4.8.3 调用第三方库

第三方库指的是非Python自带的库，是由许多Python社区开发者开源出来的Python模块。这些模块一般会放在pypi.org网站上。

网页显示当前的第三方库项目共有25万多个，涉及各个场景业务中的应用；而且在不断增长，这些库形成了Python强大的生态圈，能够让Python触及许多应用。

1. 安装第三方库

这些第三方库都存放在上述网站中，那如何下载到本地使用呢？在本地电脑连接互联网的情况下，打开Windows系统的命令提示符窗口，直接使用Python自带的pip工具就可以完成安装，基本格式为：

```
pip install package-name
```

不过pip默认使用的源为官方的pypi.org网站，其服务器在国外，这样导致下载的速度比较慢，有的时候还会失败。解决的办法就是指定下载国内镜像源，例如使用国内阿里云镜像源，安装命

令为：

```
pip install -i https://mirrors.aliyun.com/pypi/simple package-name
```

【案例实践】在本机上安装数据分析工具numpy。

```
C:\Users\Administrator>pip install -i https://mirrors.aliyun.com/pypi/simple numpy
Looking in indexes: https://mirrors.aliyun.com/pypi/simple
Collecting numpy
    Downloading https://mirrors.aliyun.com/pypi/packages/c7/7d/ea9e28c3a99f50e77ee9a
0e3759adb6537b2bb7a84aef27b8c0ddc431b48/numpy-1.19.1-cp38-cp38-win_amd64.whl (13.0 MB)
13.0 MB 1.6 MB/s
Installing collected packages: numpy
Successfully installed numpy-1.19.1
```

2. PyCharm 项目安装第三方库

前面介绍PyCharm项目创建的时候使用了虚拟环境，使得项目自身能拥有第三方库，而不用依赖于整个Python环境。这样对于项目的迁移非常有好处，也便于第三方库的管理。

在PyCharm软件中创建的项目如果要安装第三方库，需要使用到项目的Settings设置。具体步骤参考如下：

第一步，在PyCharm中打开之前创建的myProject项目，选择File→Settings命令，进入软件设置窗口。然后选择Project:myProject目录下的Python Interpreter，进入项目第三方库管理窗口（见图4-38）。

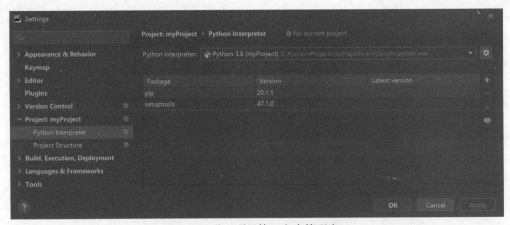

图4-38　进入项目第三方库管理窗口

第二步，单击图中的+号，弹出Available Packages窗口，在搜索框里搜索第三方库名称，确定好第三方库名称后，单击Install Package按钮，就开始下载安装该库。如图4-39所示为搜索pandas库后开始安装。

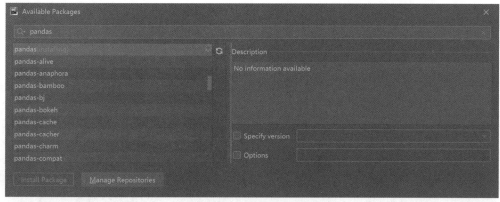

图 4-39　安装第三方库示例

如果正常安装，当安装成功后会弹出提示框说明安装成功；如果出现错误，也会在该窗口给出提示，如图4-40所示。

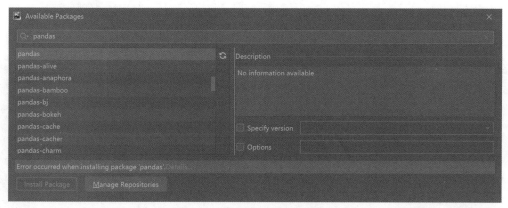

图 4-40　安装第三方库失败提示

第三步，修改镜像源。很显然，大多数情况失败的原因与采用的安装源有关，因此需要将默认安装源修改为国内镜像源。此时单击图4-40中的Manage Repositories按钮，进入修改仓库窗口，将默认的pypi官方源修改为阿里云镜像，然后单击OK按钮，如图4-41所示。然后重新安装就没有问题了。

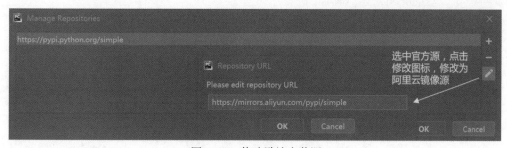

图 4-41　修改默认安装源

3. 使用第三方库

第三方库安装完成后，就可以像模块一样使用import导入方式了。这里要说明一下，这些第三方库的安装过程实际上就是下载源模块到本地机器上。

如果使用Windows系统命令提示符窗口来安装第三方库，这些库将会默认被下载保存到Python安装目录Lib子目录下的site-package文件夹里。如果要详细了解第三方库的用法，就需要打开模块目录仔细阅读相关Python文件。

【案例实践】使用第三方库NumPy。

本案例使用NumPy数学分析库。NumPy（Numerical Python）是 Python 语言的一个扩展程序库，支持大量的维度数组与矩阵运算，此外也针对数组运算提供大量的数学函数库。

下面使用NumPy来创建二维数组，代码参考如下：

```
>>> import numpy
>>> numpy.zeros((3,3))                    # 创建一个 3 行 3 列数值为 0 的矩阵
array([[0.,0.,0.],
       [0.,0.,0.],
       [0.,0.,0.]])
>>> numpy.ones((3,3))                     # 创建一个 3 行 3 列数值为 1 的单位矩阵
array([[1.,1.,1.],
       [1.,1.,1.],
       [1.,1.,1.]])
>>> numpy.random.random((3,3))            # 创建一个 3 行 3 列的随机值矩阵
array([[0.09114915,0.19185829,0.78367502],
       [0.05705064,0.21290647,0.81062556],
       [0.63093814,0.71471813,0.02233255]])
```

4.9 文件

很多时候需要将处理的数据写入文件保存，或者需要从一些文件中读取数据。Python语言提供了对文件的读写，而且实现起来很简单。主要使用内置io库里的open方法，基本语法为：

```
open(filename,mode='r',encoding=None)
```

参数说明：

- filename 为文件名，一般情况下包括文件路径和文件名。
- mode 为操作模式，常使用的两种模式为 r 和 w，r 为 read 的简写，表示读取模式；w 为 write 的简写，表示写入模式。有时候会和 b 模式一起组合使用，b 为二进制模式，用于非文本文件如图片等。组合模式包括 rb 或 wb。
- encoding 为编码模式，尤其遇到有中文的时候，可能会需要设置为 utf-8 模式。

上述open()函数执行后返回的是一个文件对象fp，用于打开某个文件。接下来就可以调用该文件对象的写入或读取方法，基本语法为：

```
fp.readlines()              #一次读取所有的文本行，并返回一个列表
fp.readline()               #逐行读取
fp.write(str)               #将字符串写入文件，返回写入字符长度
Fp.writelines(sequence)     #将序列字符串写入文件
```

对于文件操作而言，这是一种流模式，一般在读入数据后或者写入数据后需要将流模式关闭，也就是关闭文件。此时文件操作基本结构为：

```
with open(filename,mode) as fp:
    读/写代码
```

4.9.1 读取文件

读取文件时，上述基本结构需要修改为：

```
with open(filename,mode='r') as fp:
    fp.readlines()
```

【案例4.9】编写Python代码读取文本文件数据。

在之前的myProject目录下新建一个demo.txt文本文件，并输入如下内容：

```
#示例读取本文件
English line: I want to go to Beijing for better life
中文文本行：我希望能去北京工作，我想获得更好的生活
```

然后新建一个ex4-9.py文件，用于读取demo.txt文件的内容。此时demo.txt与ex4-9.py文件在同一目录下，可以使用相对路径。因为文本中既有中文也有英文，因此需要指定encoding参数为utf-8。

代码参考为：

```
'''
 ex4-9案例：读取文本文件中的内容代码
'''

with open('demo.txt','r',encoding='utf-8') as fp:
    content=fp.readlines()

print("文件中的内容为:",content)
```

在PyCharm软件中运行后终端窗口输出内容列表，具体实现效果如图4-42所示。

图 4-42　读取文件案例 ex4-9.py 及执行效果

4.9.2　写入文件

将数据写入文件时，上述基本结构需要修改为：

```
with open(filename,mode='r')as fp:
    fp.write(str)
```

【案例 4.10】编写 Python 代码将数据保存到文本文件。

在 myProject 目录下新建一个 ex4-10.py 文件，将输入的字符串文本保存到 demo1.txt 文件。代码参考如下：

```
'''
 ex4-10 案例：将文本内容写入文件代码
'''

texts="Python 是一种解释型、面向对象、动态数据类型的高级程序设计语言。\
Python 由 Guido van Rossum 于 1989 年底发明，第一个公开发行版发行于 1991 年。"

with open('demo1.txt','w',encoding='utf-8') as fp:
    texts_length=fp.write(texts)
    print(" 文件写入成功！ ")

print(" 写入文件中的内容长度为 :",texts_length)
```

在 PyCharm 软件中运行后终端窗口输出提示内容，具体实现效果如图 4-43 所示。

图 4-43　写入文件案例 ex4-10.py 及执行效果

4.10　异常

4.10.1　异常的概念

异常是一个事件，该事件会在程序执行过程中发生，影响程序的正常执行。一般情况下，在 Python无法正常处理程序时就会发生一个异常。找不到文件路径、被零除、语法错误、缩进错误等都属于常见异常。

异常是Python对象，表示一个错误。当Python脚本发生异常时需要捕获处理它，否则程序会终止执行。尤其是程序行数较多时，或者大型项目时，更需要设计异常处理情况，使得程序更为健壮，不会崩溃。

常见的异常类型包括：

（1）ZeroDivisionError：除（或取模）零（所有数据类型）。

（2）AttributeError：对象没有这个属性。

（3）IOError：输入/输出操作失败。

（4）NameError：未声明/初始化对象（没有属性）。

（5）RuntimeError：一般的运行时错误。

4.10.2　异常的处理

在Python语言中使用try/except语句来捕捉和处理异常，其中try/except语句用来检测try语句块中的错误，except语句用于捕获异常信息并处理。其基本结构为：

```
try:
    <语句>                    # 运行别的代码
```

123

```
except <名字>:
    <语句>                    # 如果在 try 部分引发了 'name' 异常
except <名字>, <数据>:
    <语句>                    # 如果引发了 'name' 异常，获得附加的数据
else:
    <语句>                    # 如果没有异常发生
```

【案例4.11】编写Python代码处理文件读取异常。

在读取文件数据时如果文件路径不正确，常常会引起异常，程序也会直接终止运行。如果读取完文件数据后还有许多后续处理和分析，那这个异常会导致整个程序都无法运行。因此需要加入异常处理。

以ex4-9.py为例，如果文件名不正确，就会抛出IOError异常，代码参考为：

```
'''
ex4-11 案例：加入异常处理读取文本文件中的内容
'''
try:
    with open('demo2.txt','r',encoding='utf-8') as fp:
        content=fp.readlines()
except IOError:
    print(" 文件路径不对！ ")
    content=None
else:
    print(" 文件读取成功！ ")

print(" 文件中的内容为 :",content)
```

具体实现：在myProject目录下新建ex4-11.py文件，将上述代码输入后保存。然后执行该文件，注意观察终端窗口里的输出结果。实现效果如图4-44所示。

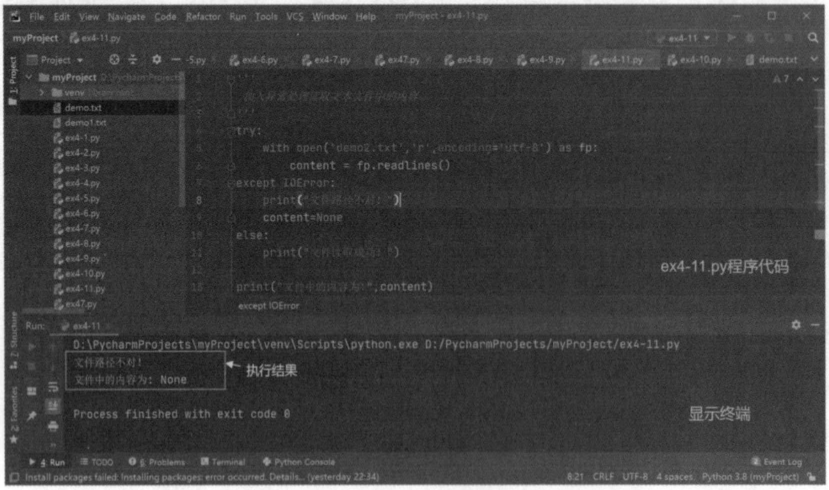

图 4-44　异常处理案例 ex4-11.py 及执行效果

4.11　本章小结

本章对Python语言基础知识和用法进行了讲解，辅以较多实例帮助读者从实践来积累Python应用经验。鉴于本书主题和篇幅缘故，有关Python更详细和更高级的应用请读者自行参考相关学习资源。同时在开发工具方面推荐选择PyCharm软件，它对项目和Python文件的管理、代码编写、模块和包的使用方面都非常高效。后续章节有关网络爬虫项目代码开发就会在PyCharm中进行。

领配套资源，
助您轻松学编程
☆本书内容配套讲解视频
☆编程基础知识直播课
☆专业老师答疑解惑

Excel 爬虫篇

本篇从体验Excel爬虫、Excel爬虫详解以及Excel爬虫案例展开介绍。

第5章　Excel爬虫初体验，包括Excel 2016和Excel 2019不同版本爬取网络数据的基本步骤、Excel爬虫体验案例（包括爬取东方财富网数据案例和爬取微博热搜榜单案例）。

第6章　Excel爬虫详解，介绍更多的Excel爬虫细节，包括高级选项参数、解析导航器、PowerQuery编辑器、爬虫设置刷新、爬虫数据可视化等内容。

第7章　Excel爬虫案例实践，以Excel爬取高考网分数线、爬取腾讯疫情数据两个案例介绍完整的Excel爬虫过程，实现Excel爬虫分页表格数据以及将JSON格式的数据存储到本地表。

第 5 章　Excel 爬虫初体验

　　Excel属于微软办公系列软件产品，在Windows操作系统环境下Excel是表格数据处理及图表分析的绝对王者。绝大多数读者在使用个人电脑或者PC时，都会选择使用Windows桌面环境，同时也必然会安装选用Office系列软件产品。虽然国内金山软件公司推出的WPS因为采用免费策略，市场份额不断增长，用户积累也越来越多，但其推出的Office办公系列与微软公司的产品风格和功能非常相近，使得原有微软的产品如PowerPoint、Word、Excel等成为各自业务范围内使用的标准。Excel在个人电脑的表格数据处理、分析以及图表可视化方面具有绝对的优势，也有忠实的用户。Excel具有大量的用户界面特性，也就是说在使用Excel时只要能够读懂界面上的菜单，加上一些操作的步骤和技巧，用户在Excel中处理自己的表格数据完全没有问题。

　　网络数据采集属于Excel数据获取中的一种手段，本章将带领读者进入Excel爬虫领域，体验Excel采集网络数据的过程。请读者准备好Excel 2019或者Excel 2016软件就开始学习吧。

　　本章学习思维导图如下：

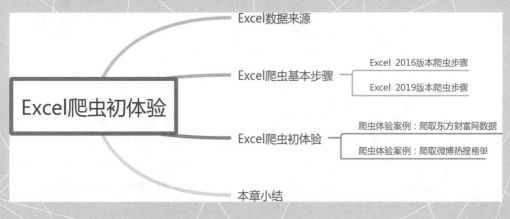

5.1 Excel 数据来源

Excel是规范表格数据处理的工具，其数据来源主要包括三类：

（1）具有一定格式规范的数据文本文件。通常包括各列数据之间采用逗号分隔保存成的.csv文件，使用空格分隔形成的.prn或.dat文件，如图5-1所示。

图 5-1　Excel 数据来源之文本文件示例

（2）通过查询数据库获取。这里的数据库软件包括Office系列的Access数据库、微软出品的专业SQL Server数据库、Azure云数据库，以及其他软件厂商出品的数据库。如何连接这些数据库不是本小节讨论的内容，读者可以使用Excel的数据面板提供的"自其他来源"菜单选项尝试（见图5-2）。

图 5-2　Excel 数据来源——自其他来源系列

（3）通过网络爬虫获取。Excel的数据还可以直接从网站上获取，这是Excel采用网络爬虫方式去采集数据。与其他操作一样，对网站的数据采集下载也采用界面特性，即提供菜单一键获取；并且在获取网页数据后直接下载到Excel的表格中形成规范的表格文件。

5.2 Excel 爬虫基本步骤

Excel软件每三年做一次版本更新，每一个版本都有一些改进，因此在介绍

128

Excel软件爬虫的时候需要考虑不同版本的使用情况。这里仅介绍Excel 2016和Excel 2019两种版本的使用方法，其他较低版本功能不够完善，不建议使用。

5.2.1 Excel 2016 版本爬虫步骤

在Excel 2016软件的数据面板里，有两个模块可以从网站中爬取数据。

第一个为获取外部数据模块里的"自网站"，第二个为获取和转换模块里的"新建查询"→"从Web"源。

下面介绍两种方式获取网站数据的基本步骤。

1. 自网站获取外部数据方式

（1）准备好Excel 2016软件和目标网页。如想获取高考网提供的北京大学在各省市录取分数线情况，其网页地址为：http://college.gaokao.com/school/tinfo/1/result/1/1/。

（2）在Excel 2016打开后选择"数据"面板窗口，单击"自网站"按钮（见图5-3）。

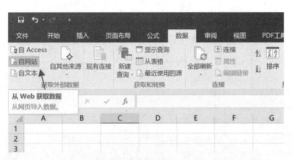

图 5-3　选取"自网站"按钮

（3）此时会弹出一个IE浏览器，将上述目标网页地址输入浏览器地址栏里，单击"转到"按钮。然后浏览器开始HTTP请求，并将请求响应结果显示在浏览器中（见图5-4）。

图 5-4　新建 Web 查询窗口

如果出现提示脚本错误，可直接单击"是"按钮（见图5-5）。

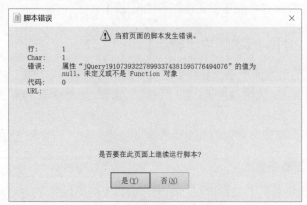

图 5-5　脚本错误窗口处理

（4）此时浏览器中显示为高考网北京大学各省市录取分数线页面。具体操作步骤为：先单击获取数据区域，可以抓取的数据区域左上方都有一个红色箭头符号，单击该符号就标识选择该区域，此时箭头符号变为一个勾选符号。默认网页中所有数据内容可以被爬取，但如果只想获得想要的区域里的数据，就单击该区域左上方的红色箭头符号，然后单击"导入"按钮（见图5-6）。

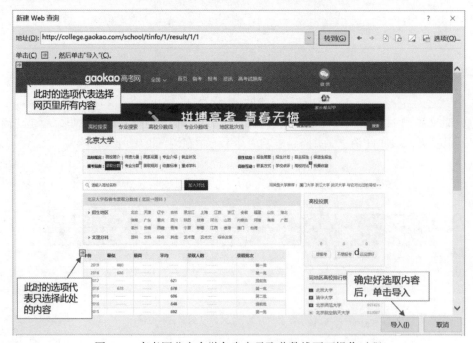

图 5-6　高考网北京大学各省市录取分数线页面操作过程

（5）选择高考分数线区域进行导入，单击"导入"按钮，弹出"导入数据"窗口，确定数据存放工作表，然后单击"确定"按钮即可。

（6）此时Excel就在实施爬虫处理，稍等一段时间后，目标区数据就已经爬取到了工作表中（见

图5-7），这样就完成了网页数据的简单爬取过程。

	A	B	C	D	E	F	G
2	年份	最低	最高	平均	录取人数	录取批次	
3	2019	680	------	------	------	第一批	
4	2018	686	------	------	------	第一批	
5	2017	------	------	621	------	提前批	
6	2016	678	------	678	------	第一批	
7	2016	------	------	606	------	第二批	
8	2016	------	------	648	------	提前批	
9	2015	------	------	692	------	第一批	
10	2015	------	------	669	------	提前批	
11	2014	683	------	676	------	第一批	
12	2014	------	------	629	------	第二批	
13	2014	675	------	680	------	提前批	
14	2013	666	720	693	136	第一批	
15	2012	625	702	660	150	第一批	
16	2011	630	690	662	144	第一批	
17	2010	655	700	666.4	153	第一批	
18	2009	643	690	653	180	第一批	
19	2008	650	700	661	182	第一批	

图 5-7　爬取到的目标区域数据存入工作表

说明

　　这种操作方式在页面内容处常无法成功单独选择表格数据区域，进而在导入内容时会将文本和表格数据一并爬取下来。

2. 从 Web 源新建查询数据方式

这一步操作方式与自网站差异较大，基本过程如下：

(1) 选择"新建查询"→"从其他源"→"从Web（W）"方式进入爬取流程（见图5-8）。

图 5-8　启动从 Web 源获取数据方式

(2) 单击"从Web（W）"后，弹出输入URL对话框，输入目标URL，如图5-9所示。

图 5-9　输入目标网页的 URL 地址

（3）单击"确定"按钮，Excel就开始爬取目标网页上的内容了。稍等一段时间后，Excel便解析完成目标网页，将解析结果呈现在导航器窗口。

结果包括Document文本文档和Table类型，其中Document文档为文本结构，Table表为抓取的表格内容。

Excel在解析过程中抓取网页中的<table>...</table>表格内容并保存成Table，如果只有一个table标记，则命名为Table 0；如果有多个，则按table标记在网页上出现的先后顺序命名为Table 1，Table 2……

单击导航器左侧窗口中解析的Table，可以在右侧窗口预览效果，如图5-10所示。

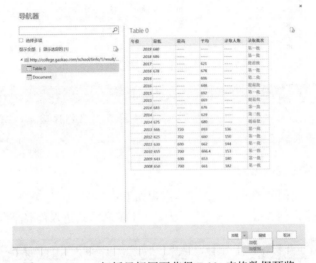

图 5-10　Excel 解析目标网页获得 Table 表格数据预览

（4）图5-10的导航器窗口底部右侧提供了三种处理方式，包括加载到Excel工作表、编辑爬取表格内容和取消。可以直接选择"加载到"命令完成Table表的保存，也可以单击"编辑"按钮对Table表进行预处理后再保存成Excel工作表（见图5-11）。

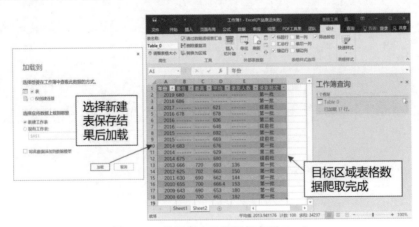

图 5-11　将目标表格数据保存到 Excel

对比前面获取Web数据的两种方式，第二种过程显然更清晰一些。第一种从Web浏览器中导入数据的方式在勾选目标表格时经常会受网页或浏览器因素的影响而不容易选上，而将静态文本内容和表格内容一起爬取下来；第二种方式里可以区分开文本和表格数据，同时提供了预处理功能，然后将表格数据保存到Excel中。

5.2.2　Excel 2019 版本爬虫步骤

Excel升级为2019版后，提供的"自网站"获取数据方式与Excel 2016版本里的第二种"从Web（W）"方式基本一致，这是将PowerQuery模块的功能集成后提供了获取数据菜单。

（1）准备好Excel 2019版本软件和目标网页。为了对比不同版本的爬虫差异，这里采用同一个网页，即爬取北京大学历年在北京市录取分数数据。

（2）输入目标网页地址。在Excel 2019打开后选择"数据"面板窗口，单击"自网站"按钮。此时会弹出一个填写目标网页地址的窗口，在基本选项下方输入目标网页地址，然后单击"确定"按钮。如果要填写多段URL参数，可以选择"高级"菜单（见图5-12）。

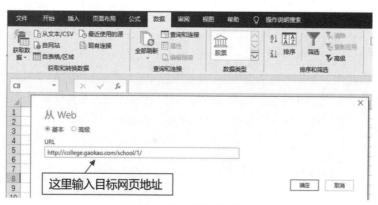

图5-12　输入目标网页地址

（3）Excel解析网页内容，爬取文本和表格内容。

上述第二步中单击"确定"按钮后，Excel开始解析网页内容，最终返回导航器窗口。在该窗口中显示爬取到的Table表格和Document文档，其中表格内容为网页上含有<table>...</table>标记区的数据，有几个table标记对就会爬取出来几个表格，并列表显示在导航器窗口（见图5-13）。Document文档主要为文本内容。这部分操作方式与Excel 2016中"从Web（W）"获取数据完全一致。

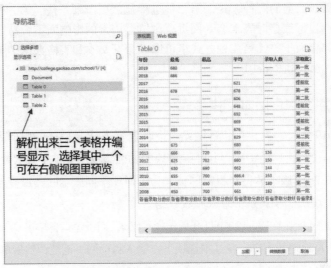

图 5-13　导航器窗口显示爬取结果和视图预览

（4）将爬取表格数据加载到Excel工作表中。

在导航器窗口底部菜单选择"加载"或"加载到"命令，将目标表格加载到Excel工作表中。如果选择"加载"命令，就是将目标表格下载下来但先不存入Excel工作表，可以等下载完成后在表格名上右击"加载到"命令将表格存入Excel工作表中（见图5-14）。如果选择"加载到"命令，就是同时完成下载和保存，并将表格内容存入Excel表中显示。这里直接选择"加载到"命令便于快速查看爬取结果，然后选择导入数据选择方式为表，如图5-15所示。

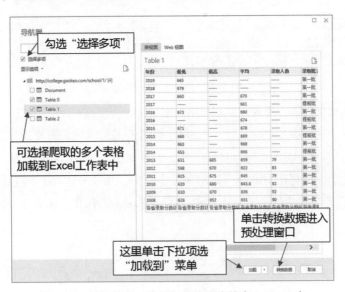

图 5-14　导航器窗口选择加载多个表格存入 Excel 表

图 5-15　将下载的表格数据存入 Excel 工作表

鉴于Excel 2016和Excel 2019在爬取数据方面基本上可以采用同样的操作策略，仅在局部有所差异，后续的案例中将以Excel 2019为基础进行实践，同时需要对Excel 2016版本提供补充说明，便于读者顺利完成相关实践。

5.3　Excel 爬虫初体验

5.3.1　Excel 爬虫获取东方财富网数据

【案例5.1】Excel爬虫体验——获取东方财富网数据。

股市是一个国家经济状况的晴雨表，2020年7月份我国沪深股市每天成交额都达到万亿以上，表明我国经济形势一切向好。对于关心股市的人，每天收盘后都会去一些专业分析股票的网站或者APP查看相关分析数据。东方财富网专门开辟了一个数据中心板块，提供每天资金流向、新股数据、特色数据、年报季报、研究报告、经济数据等与股票相关的数据。这些数据都有宏观指导价值，可供相关从业人员参考。

本小节将利用Excel将爬取东方财富网数据中心首页上提供的相关数据，部分网页截图如图5-16所示。

图 5-16　东方财富网数据中心页面部分显示

（1）定位目标网页URL地址。本案例目标网页URL地址为：http://data.eastmoney.com/center/。虽然没有后缀名为.html或.htm的网页，但实际上默认进入center目录后访问的是该目录下的index.html网页。在爬取的时候可以直接使用上述的URL地址。

（2）操作Excel 2019软件，选择数据窗口里的"自网站"，输入目标网页的URL地址（见图5-17）。

图5-17　输入目标网页地址

如果是Excel 2016及以前版本，选择数据面板窗口的"新建查询"→"其他源"→"从Web（W）"命令，调出输入目标网页地址窗口，后续操作都一致。

（3）Excel解析网页响应，获得网页上表格标记内的数据。在导航器窗口内Excel解析了目标网页内的8个表格，并分别标号为Table 0、Table 1、……、Table 7。顺序与表格在网页里出现的先后顺序一致。可以单击其中一个表格，数据预览显示在导航器窗口右侧，如图5-18所示。

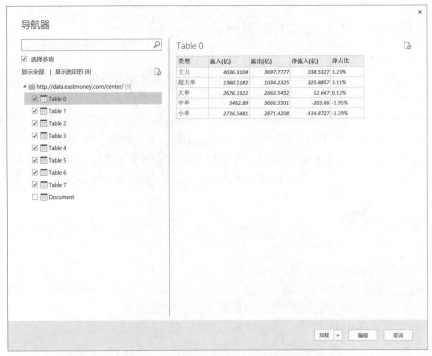

图5-18　Excel解析目标网页上的表格数据

（4）将所有表格都选上，加载到Excel的工作表中，完成数据的爬取。Excel默认会将爬取到的表格每个Table单独存为一个Excel工作表，因此本案例中共8个Table数据，会使用8个工作表保存。如图5-19所示为其中一个表的显示效果。

股票代码	股票简称	相关资料	申购代码	发行总数(万股)	网上发行(万股)	顶格申购需配市值(万元)
688521	芯原股份	详细 股吧	787521	4832	821	8
688379	华光新材	详细 股吧	787379	2200	627	6
603931	格林达	详细 股吧	732931	2545	1018	10
300866	安克创新	详细 股吧	300866	4100	697	6.5
300865	大宏立	详细 股吧	300865	2392	682	6.5
300863	卡倍亿	详细 股吧	300863	1381	394	3.5
688519	南亚新材	详细 股吧	787519	5860	1494	14.5
688055	龙腾光电	详细 股吧	787055	33333	5667	56.5
605388	均瑶健康	详细 股吧	707388	7000	2100	21
605333	沪光股份	详细 股吧	707333	4010	1203	12

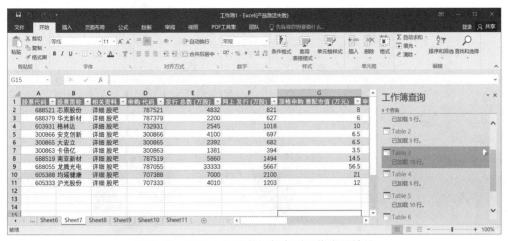

图 5-19　Table 3 爬取数据保存到工作表的效果

可以将源网页上的表格内容与之进行对比，验证表格内容的真实性。Table 3为新股数据（见图5-20），其内容与网页上的新股申购数据完全一致。不过在网页表格数据上赋予的一些样式属性，如字体颜色、超链接下划线、特殊符号等Excel是不会解析的。

股票代码	股票简称	相关资料	申购代码	发行总数(万股)	网上发行(万股)	顶格申购需配市值(万元)?	申购上限(万股)?	发行价格?	最新价	首日收盘价	申购日期	中签号公布日	中签缴款日期	上市日期	发行市盈率?	中签率(%)	询价累计报价倍数?
688521	芯原股份	详细 股吧	787521	4832	821	8.00	0.80	-			08-07 周五	08-11	08-11		-		
688379	华光新材	详细 股吧	787379	2200	627	6.00	0.60	-			08-07 周五	08-11	08-11		-		
603931	格林达	详细 股吧	732931	2545	1018	10.00	1.00	21.38			08-07 周五	08-11	08-11		22.98		
300866	安克创新	详细 股吧	300866	4100	697	6.50	0.65	-			08-07 周五	08-11	08-11		-		
300865	大宏立	详细 股吧	300865	2392	682	6.50	0.65	-			08-07 周五	08-11	08-11		-		
300863	卡倍亿	详细 股吧	300863	1381	394	3.50	0.35	-			08-07 周五	08-11	08-11		-		
688519	南亚新材	详细 股吧	787519	5860	1494	14.50	1.45	-			08-06 周四	08-10	08-10		-		
688055	龙腾光电	详细 股吧	787055	33333	5667	56.50	5.65	-			08-06 周四	08-10	08-10		-		
605388	均瑶健康	详细 股吧	707388	7000	2100	21.00	2.10	13.43			08-06 周四	08-10	08-10		22.98		
605333	沪光股份	详细 股吧	707333	4010	1203	12.00	1.20	5.30			08-06 周四	08-10	08-10		22.97		3345.34

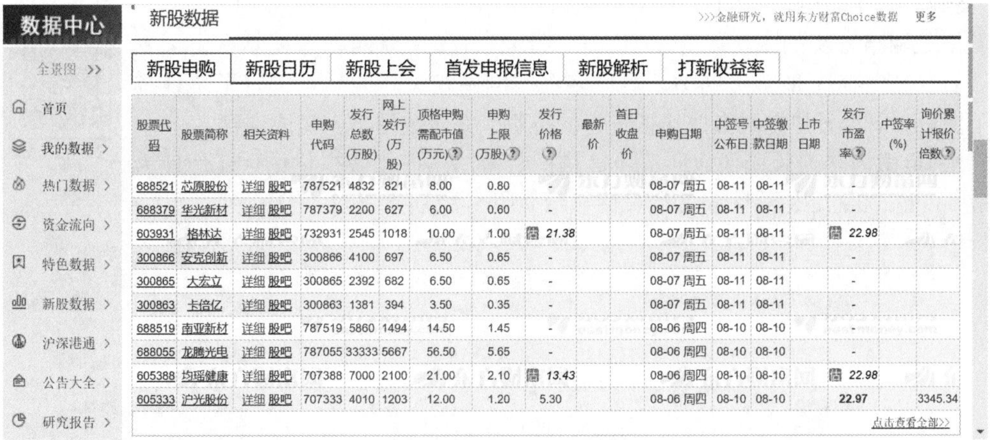

图 5-20　网页新股数据表格显示

其他的爬取内容读者可以与网页上的数据表格进行对比。通过上面的几步简单操作，Excel就将数据中心首页的一些数据智能爬取到本地Excel工作表中了，速度非常快，数据也较为完整。

（5）实现数据可视化。这里的可视化就是将数据表格以图形方式展现，图形方式可以对数据分布特征进行更为直观的表述。

以爬取的第一个资金流入流出对比表为例，选取数据列后，在“插入”菜单里选择推荐图表类型的饼图，效果如图5-21所示。

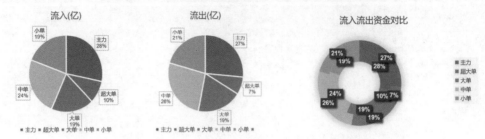

	A	B	C	D	E
1	类型	流入(亿)	流出(亿)	净流入(亿)	净占比
2	主力	4036.3104	3697.7777	338.5327	3.23%
3	超大单	1360.1182	1034.2325	325.8857	3.11%
4	大单	2676.1922	2663.5452	12.647	0.12%
5	中单	3462.89	3666.5501	-203.66	-1.95%
6	小单	2736.5481	2871.4208	-134.8727	-1.29%

图 5-21　当天股票资金总的流入流出统计可视化分析

5.3.2　Excel 爬虫获取近日热榜——微博热搜榜单

【案例5.2】Excel爬虫体验——获取微博热搜榜单。

微博是网络社交的主流媒介工具，每天都有许多短新闻和短视频在上面发布。今日热榜是一个聚合类网站，对许多在线网站相关新闻热点进行了统计排版。下面看一下今日热榜对微博热搜进行的排版，并对数据实施爬取保存。

（1）确定微博热搜版URL地址。今日热榜对微博热搜排版提供的URL地址为 https://tophub.today/n/KqndgxeLl9，页面显示如图5-22所示。

图 5-22　微博热搜版网页内容

（2）开启Excel软件，输入目标网页URL地址。打开Excel 2019软件，选择数据面板窗口的"自网站"命令，输入目标网页URL地址，如图5-23所示。

网络爬虫进化论——从 Excel 爬虫到 Python 爬虫

图 5-23 输入微博热搜版网页地址

（3）爬取数据并保存。Excel解析网页爬取热榜数据（见图5-24），并保存到Excel工作表（见图5-25）。

图 5-24 Excel 解析热榜数据成 Table 表

图 5-25 微博热榜数据爬取结果存入 Excel 工作表

在今日热榜网站上还有许多其他类的热榜数据可以爬取，如微信、百度、头条、淘宝等网站热榜数据，读者可以选择其中一类来体验，进而熟悉Excel爬虫过程。

5.4　本章小结

通过本章几个案例的爬虫体验，相信读者已经对Excel爬虫有所了解。其突出优点在于具有人性化的界面菜单，简单快捷，同时在采集了网页数据后可以直接保存为Excel工作表，便于后续的处理和分析。不过在几个Excel爬虫案例中发现，Excel首要解析目标还是网页上的表格数据，也就是网页源代码中<table>...</table>标记里的内容。如果由其他的HTML标记包裹的非表格类数据就无法直接解析获取。

扫码微信

🔛 **领配套资源，**
助您轻松学编程
☆本书内容配套讲解视频
☆编程基础知识直播课
☆专业老师答疑解惑

第 6 章　Excel 爬虫详解

　　Excel爬虫简单高效，相信读者已经有了一些体会。为了更深入地了解Excel爬虫，本章将讨论更多细节内容，包括使用URL部分的高级参数、PowerQuery编辑器、数据源刷新设置、分页爬取等，同时加入案例边讨论边实践，以便掌握更多的Excel爬虫技巧，更好地完成数据爬取任务。

　　本章学习思维导图如下：

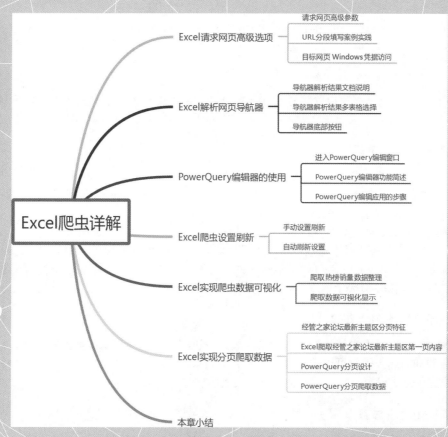

6.1 Excel 请求网页高级选项

Excel爬取网络数据的基本步骤在第5章已经介绍过，本节将对其中一些细节进行补充说明。

打开Excel软件，选择"数据"面板窗口，单击获取数据里的"自网站"按钮。此时会弹出一个"从Web"窗口，可以填写目标网页地址，该窗口提供了"基本"和"高级"两个选项板。在"基本"窗口中只需要填入网络URL地址就完成了操作，这是前面体验爬虫操作步骤的第一步。这里来看一下"高级"窗口中的选项（见图6-1）。

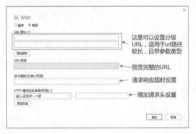

图 6-1　输入 URL "高级" 面板选项窗口

6.1.1　请求网页高级参数

图6-1提供的网页高级窗口除了填写URL部分外，还可以设置请求超时响应时间和请求头等参数。

1. URL 部分分段填写

前面介绍过网址的构成，包括多级目录的构成。

如新浪财经基金板块页面的网络地址为http://finance.sina.com.cn/fund/，包括两级目录：finance.sina.com.cn一级目录和fund二级目录。

但很多网址如果要到达某个具体页面时，其路径就较长了，而且需要携带参数。

如访问东方财富网数据中心提供的CPI居民消费价格指数数据页面，其网址为：http://data.eastmoney.com/cjsj/consumerpriceindex.aspx?p=2。该网址中符号"？"就是用于携带参数来发送请求的，参数p，当p=2时表示请求的是第2页，当p=3时就表示请求第3页的数据。

2. 命令超时（分钟）参数

如果想访问的网页因为某些技术或网络缘故无法访问，而访问请求没有及时停止，这就有些耗费带宽资源和时间。因此可以选择性地设置一下请求响应超时参数，如1分钟或者30秒等，表示访问请求过了这个设定时间后就不会再主动发送请求。

3. HTTP 请求头参数

由于Excel将访问网页过程都进行了封装，仅仅提供了参数接口界面，如果认为Excel内部也是使用程序来模拟给目标网页发送HTTP请求，那在遇到有些网页具有反爬机制时，就需要给定一些HTTP请求参数。不过这是可选项，有的目标网页即使加了请求头参数也会访问失败。

请求头用于说明是谁或什么在发送请求、请求源于何处，或者客户端的喜好及能力。服务器可以根据请求头部给出的客户端信息，试着为客户端提供更好的响应。

可以使用浏览器打开站长之家网页，然后按快捷键F12启用开发者工具，进入Network面板后按快捷键F5刷新重新加载网页各项资源，然后选择第一个document文档，在Headers窗口里查看请求头参数，详解如图6-2所示。

图6-2　主要请求头参数详解

6.1.2　URL 分段填写案例实践

【案例6.1】访问东方财富网数据中心CPI居民消费价格指数数据页面。

进入东方财富网数据中心CPI相关数据网页，每年各个月的CPI指数数据以表格形式呈现在网页上，如图6-3所示。

图 6-3　东方财富网 CPI 数据页面

不过由于记录较多，在网页数据底部提供了分页导航。当单击对应页数如"2"按钮时，浏览器地址栏的URL地址变为：http://data.eastmoney.com/cjsj/consumerpriceindex.aspx?p=2，单击"3"时，就变成http://data.eastmoney.com/cjsj/consumerpriceindex.aspx?p=3。如果使用Excel来爬取这个CPI数据，就可以进入"高级"选项窗口，在URL部分选择分段方式填写URL地址，同时将超时响应时间设置为1分钟，如图6-4所示。

图 6-4 在"高级"选项窗口分段输入 URL 地址示例

在图6-4中单击"确定"按钮后，就进入导航器窗口，获取到了第2页的表格数据（见图6-5）。

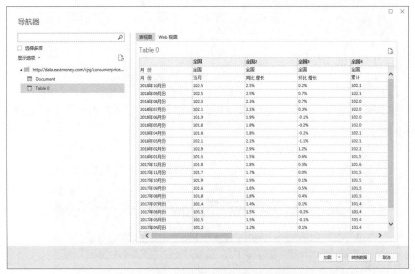

图 6-5 Excel 获取 CPI 指数第 2 页数据表格

读者可以尝试一下，在"高级"窗口中将URL分段地址里的p参数值设置为3或4，单击"确定"按钮后就可以获取到第3页、第4页的数据了。

6.1.3 目标网页 Windows 凭据访问

Windows系统提供了一个凭据管理器，可以保存用户访问远程网站时所使用的账户信息，如果频繁访问网站，有凭据使用就不用每次都输入账户信息后访问。如果Excel爬取的网站有用户登录选项，而目标网页可设置在需要用户登录的情况下访问，此时在输入URL地址后就会弹出一个账户相关窗口，提示可以选择匿名访问，或者输入Windows凭据保存的访问该网站相应的账户名和密码。

【**案例6.2**】Excel访问知乎专栏相关内容。

在输入URL窗口里输入知乎专栏地址：https://www.zhihu.com/people/peter-18-46（见图6-6）。

图6-6　输入知乎专栏地址

输入地址后单击"确定"按钮，将弹出一个访问权限窗口（见图6-7）。

图6-7　访问Web内容用户相关权限

如果目标网页不需要用户登录状态下才能访问，在图6-7的窗口中直接采用匿名方式访问就可以进入下一步。

如果目标网页必须要求用户登录，此时就可以选择图6-7中的"基本"页面，输入账户名和密码后进行连接。不过由于Windows提供的凭据管理会和用户安全信息相关，许多情况下并不能顺利登录网站获取网站的内容，所以建议遇到用户权限弹窗时直接采用匿名方式访问。

如果确实需要登录或者提供私钥相关信息才可以访问，建议在PowerQuery模块或VBA模块中编程来实现。

6.2　Excel 解析网页导航器

6.2.1　导航器解析结果文档说明

导航器窗口是在Excel解析完目标网页上的数据后呈现结果的窗口。从之前的案例实践来看，导航器里默认只解析出Table和Document两类数据。

Document为解析格式文档说明。继续东方财富网CPI数据页面的爬取操作，进入导航器后，左侧显示Document和Table两类数据。单击Document选项，显示样式如图6-8所示。

图 6-8　单击导航器里的 Document 显示内容

该文档说明Excel解析网页时，就聚焦于解析HTML页面里的Table标记元素，而具体结果则显示为Table。

Table就是表格类数据，当目标网页中存在<table>标记时，就可以将该区域内的表格数据解析出来。如果存在多组<table></table>标记对，解析时就按其在页面上的先后顺序进行编号，如Table 0，Table 1……

如图6-9显示的是Table 0表格视图数据，Table 0说明该网页中只有一组table标记对。在该窗口还提示了Web视图，即源网页上的内容预览。图6-9也展示了Table 0所在的Web视图效果。

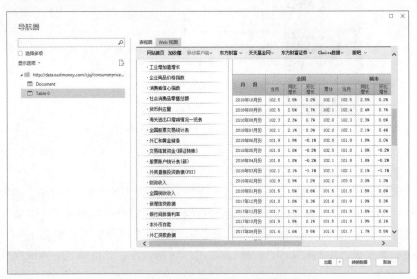

图 6-9　Table 0 所在的 Web 视图效果

6.2.2　导航器解析结果多表格选择

如果导航器文档列表里有多个Table，可以实现多表格选择，这样可以将解析到的表格根据需要选择上传加载到Excel工作表。

【案例6.3】爬取东方财富网数据中心页面数据。

例如对东方财富网数据中心页面进行爬取，在Excel中"从Web"窗口里输入其URL地址：http://data.eastmoney.com/center/，单击"确定"按钮后进入导航器窗口。

一共从目标网页解析出了8个表格，此时就需要将左侧上部的选择多项进行勾选，然后根据需要来选择表格。可以全部选中，也可以只选其中几个Table（见图6-10）。

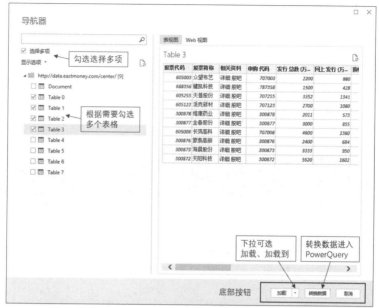

图 6-10　导航器窗口多表格选择

6.2.3　导航器底部按钮

如图6-10所示导航器底部按钮主要包括加载、转换数据和取消，下面分项进行说明。

● "加载"按钮：这里有一个倒三角符号，提示有下拉选项，共包括两个选项：加载和加载到。
● "转换数据"按钮：单击后将进入 PowerQuery 编辑窗口。
● "取消"按钮：放弃当前的操作并关闭导航器窗口。

本小节重点说明"加载"按钮的两个选项：加载和加载到。"加载"选项可以理解为下载操作，但不显示在工作表中；"加载到"就是在下载Table的同时显示到工作表中。

这里继续使用上面的东方财富网案例。

在图6-10中左侧导航器选择4个Table后，单击底部的"加载"按钮，此时会关闭当前导航器窗口，进入Excel表窗口，并在窗口右侧显示工作簿查询，显示在导航器中选择的4个Table及加载结果，如图6-11所示。

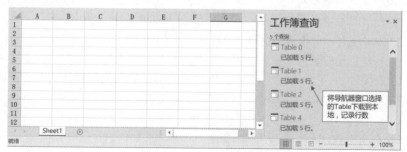

图 6-11　导航器底部"加载"按钮操作后的效果

如果在导航器窗口选择表后，单击"加载"右侧的倒三角按钮，选择下拉选项中的"加载到"，此时先关闭导航器窗口，然后进入Excel工作表。先弹出一个选项，选择查看方式（见图6-12）。

图 6-12　数据"加载到"选项窗口

这里选择以表的方式查看数据，然后单击"加载"按钮，数据就直接显示在工作表中了（见图6-13）。

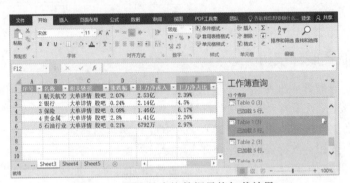

图 6-13　爬取的表格数据最终加载效果

6.3　PowerQuery 编辑器的使用

Excel爬虫就是使用PowerQuery模块的功能，只不过Excel将该模块的功能都集成到了数据面板中以菜单形式提供给用户，而没有单独声明这个模块的窗口。在Excel 2019版本中还有一个模块名为Power Pivot，专门用于数据分析与建模。这是Excel提供的一套完整的数据采集、数据分析和数据建模预测解决方案。读者有兴趣可以阅读有关Power Pivot的文档。不过本书重在讨论如何爬取网络数据，所以先聚焦到从网页上获取表格数据之后PowerQuery提供的一些编辑和转换功能。

6.3.1　进入 PowerQuery 编辑窗口

在图6-10中导航器窗口底部单击"转换数据"按钮，进入PowerQuery编辑窗口，如图6-14所示。

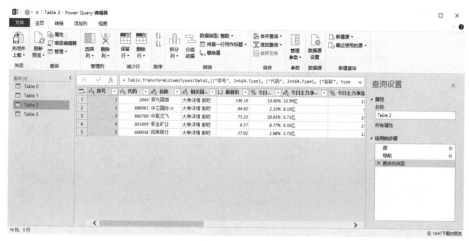

图 6-14　PowerQuery 数据编辑窗口

该模块的功能分区非常明显，上部为导航菜单，中部为数据显示区，两侧显示查询表及查询参数设置。

6.3.2　PowerQuery 编辑器功能简述

PowerQuery编辑器的功能很多，可以实现对现有查询表的查询、列管理、行管理、排序、转换、组合、参数管理、数据源设置等多种管理操作。

下面结合实例来说明该编辑器的基本操作方法。

【案例6.4】编辑今日热榜——淘宝天猫热销总榜数据。

淘宝天猫每日销售商品数量和金额都很大，今日热榜对每日的热销商品进行了排名，形成了热销总榜并发布在网页上，网页地址为:https://tophub.today/n/yjvQDpjobg。

打开浏览器，在地址栏输入上述网页地址，按回车键后网页显示如图6-15所示的效果。

图 6-15　今日热榜——淘宝天猫热销总榜页面

接下来单击Excel数据面板中的"自网站"按钮，进入输入URL窗口(见图6-16)。

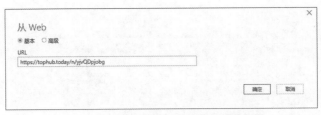

图 6-16　输入淘宝天猫热榜网页地址

单击"确定"按钮后进入导航器窗口，数据表格已经解析出来，预览效果如图6-17所示。

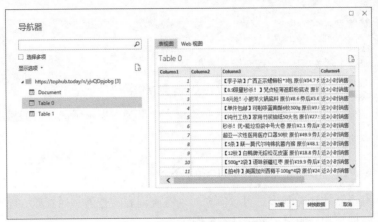

图 6-17　榜单表格解析预览效果

单击"转换数据"按钮就进入PowerQuery编辑器窗口里，如图6-18所示。

图 6-18　进入 PowerQuery 编辑器窗口

预览这个榜单数据表格时可以发现有以下几个问题：

（1）第二列没有数据，网页中第二列为图片，Excel这种爬取方式获取不了图片，因此数据缺失。

（2）第三列数据内容非常多，包括商品名、商品简介、商品规格、商品原价和商品券后价。

（3）第四列数据内容都有"近两小时销售"修饰词，而关键数据为其后的销售量。

针对这几个问题，下面在PowerQuery编辑器窗口中一一解决，同时熟悉一下编辑器的主要功能。

问题1： 第二列、第五列无数据。

解决方案： 使用管理列功能删除这两列（见图6-19）。

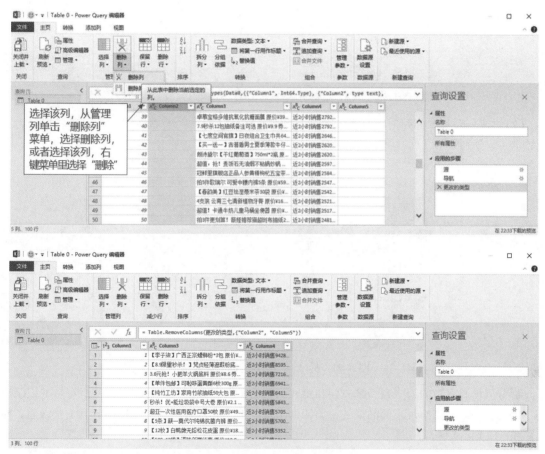

图6-19　删除空值列方法及效果

问题2： 原第三列数据需要拆分。

解决方案： 在上一步删除空列后，原第三列已经变成了第二列。可以观察一下该列中单元格里的文本内容，在商品简介、原价、券后价中间都有空格分隔，因此可以使用空格将第二列数据拆分为三列：商品简介、商品原价和券后价格。

实现过程：

（1）选择第二列，然后单击菜单中的"拆分列"，或者选择右键菜单中的"拆分列"，在弹出的窗口中选择"按分隔符"拆分列（见图6-20）。

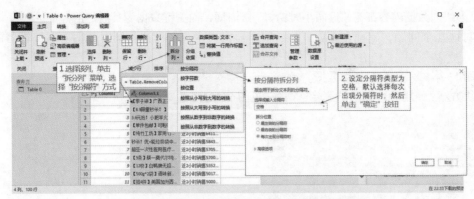

图 6-20　选择空格分隔符对原第三列数据进行拆分

（2）再按分隔符拆分列窗口中选择空格分隔符，然后单击"确定"按钮，第二列就被拆分为三列数据了，分别为第二列、第三列和第四列（见图 6-21）。

图 6-21　拆分原第三列后的数据表格

拆分后再观察新的第二列、第三列和第四列数据，大部分记录都拆分很清楚，有一些记录出现了问题，在第三列出现了商品描述，第四列出现原价文本内容。说明这样拆分有一些误差，需要调整一下（见图 6-22）。

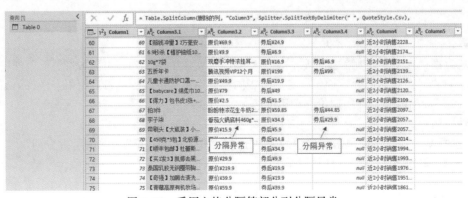

图 6-22　采用空格分隔符部分列分隔异常

实际上由于原文本内容中价格前面都有"原价￥""券后￥"的描述，可以尝试分隔两次，即先用第二列数据拆分，分隔符为自定义的"原价"文本，这样把商品描述与价格分隔开；然后拆分价格内容，以自定义的"券后"文本为分隔符，把原价与券后价分成两列（见图6-23和图6-24）。

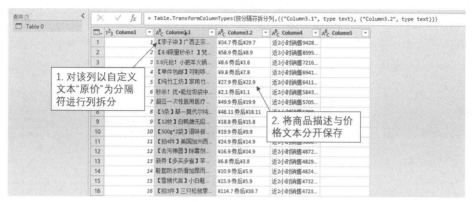

图 6-23　采用自定义文本方式拆分原商品综合描述列效果

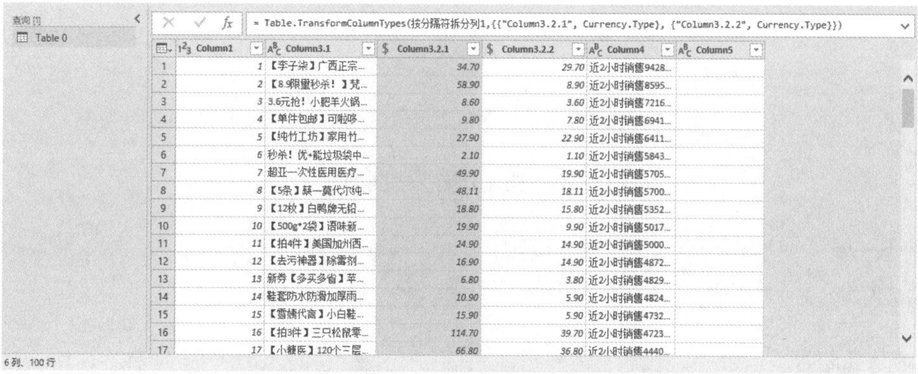

图 6-24　原商品综合描述列最终拆分效果

可以看出，通过自定义文本方式拆开后，原价和券后价都单独保存成一列了。这样原有商品综述列就完美地被拆分成了商品描述、原价和券后价三列了。

问题3： 原第四列数据内容都有"近两小时销售"修饰词，而关键数据为其后的销售量。

解决方案： 原第四列数据在现在的表中是第四列，如果只想保留销售量数字，可以使用选择该列后（见图6-25），选用文本列区域的"提取"菜单，提取分隔符之间的文本（见图6-26）。因为销量数字保存在"近2小时销售"与"件"文本内容中间，因此可以以这两个文本为分隔，实现数字的提取（见图6-27）。

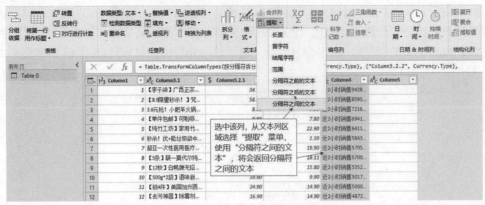

图 6-25　对第五列数据提取数字信息处理

图 6-26　选择分隔符之间的文本

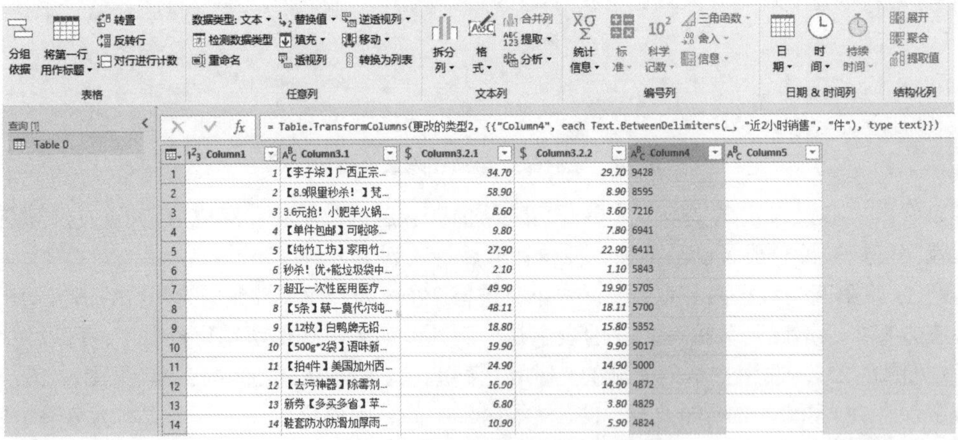

图 6-27　第五列提取数字效果

　　对原有数据列的整理就基本结束了。通过列的拆分和提取处理，把主要的价格和销量数字都单独存成了列，非常方便后续的统计计算和作图。同时为了说明各列的数据含义，可以将各列名设置一下。

　　图 6-25 中显示的第三列和第四列分别是商品的单位原价和券后价格，如果读者有兴趣，还可以计算一下以券后价格除以单位原价折算得到的折扣比例。

操作提示：同时选中这两列，然后选择从数字区域里的标准菜单，选择除法就可以计算出结果，并单独保存为一列。不过相除的结果与选择列的先后顺序有关，这里需要先选第四列，再选第三列，才能得到折扣比例结果。

6.3.3 PowerQuery 编辑应用的步骤

在PowerQuery编辑器窗口右侧的"查询设置"记录了对某个表的所有应用的历史步骤。这些操作步骤记录了过程参数，操作者可以回看并调整当时的参数，也可以将其删除。不过对历史步骤的操作变动会影响其后的步骤结果，所以必须慎重操作。

【**案例6.5**】PowerQuery处理热销榜单数据。

例如6.3.2小节的案例实践，所有应用的编辑步骤如图6-28窗口右下所示。

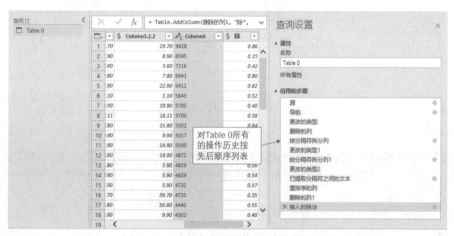

图 6-28　对查询表的操作应用的步骤记录

如果单击其中的一个步骤，左侧的数据表格就会呈现经过该步骤处理后的结果，便于操作者查看中间过程，检查错误或者调整参数（见图6-29）。

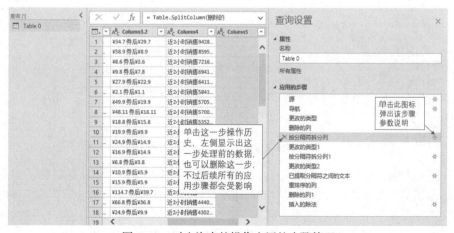

图 6-29　对查询表的操作应用的步骤管理

155

PowerQuery编辑器内容较多，涵盖了许多对表格数据的管理功能，而且有一定的特色，可以称为一个小型的Excel软件。读者可以在该窗口自己多尝试，尤其是对表格数据列和单元格数据的管理功能，许多都可以在单击目标列或者目标单元格后的右键菜单中找到相关操作指令。

对上述案例中的表格整理操作完成后，可以选择上载到Excel工作表中了。单击"主页"区里的"关闭并上载"菜单，默认选择第一个"关闭并上载"，即关闭当前编辑窗口将结果上载到默认的Excel工作表中；也可以选择第二个"关闭并上载至…"菜单，可关闭当前窗口并将结果上载到指定的目标工作表中（见图6-30）。

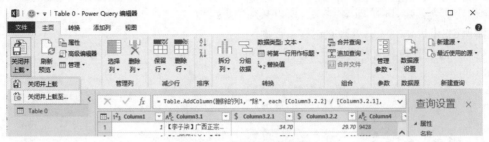

图6-30　关闭并上载选项

直接采用默认的"关闭并上载"菜单，将当前处理后的结果加载到Excel工作表中，效果如图6-31所示。

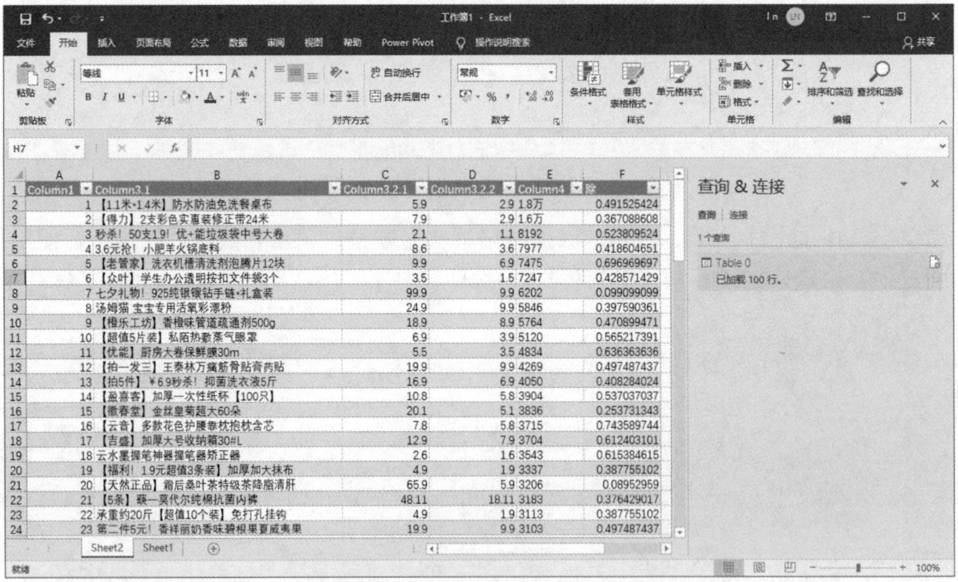

图6-31　今日淘宝天猫热销榜单前100名数据爬取结果

需要说明的是，由于今日热榜在采集这部分数据排榜过程是实时更新的，因此如果在PowerQuery编辑器里耗时较长，最终爬取到的结果与处理之前的榜单可能会有区别。如图6-31所示内容与之前的图6-19的内容就有所差别。在销售数量里出现了单位万，这里先手动对这个表稍加处理一下，包括对各列的列名进行设置，调整后如图6-32所示。

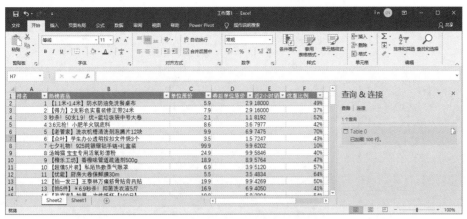

图 6-32　调整热销榜单数据表效果

6.4　Excel 爬虫设置刷新

如今日热榜中的淘宝天猫热榜数据都会定时更新，也就是过一段时间榜单数据会有变动，如果爬取到的数据不做刷新及时获取，这个榜单就失去了实时参考的意义。又如爬取东方财富网股票行情数据，在开市时间内股票行情几乎每秒都会有变化，为了保证爬取的行情数据与网页保持一致，就可以在Excel数据获取里设置刷新参数。

扫一扫，看视频讲解

6.4.1　手动设置刷新

【案例6.6】设置手动刷新今日热榜天猫销售榜单数据。

如图6-32将数据已经爬取并整理完成上载到了Excel工作表，此时可以直接采用手工刷新方式完成数据的更新。

操作提示：在查询与连接窗口选择目标Table，右击选择"刷新"命令（见图6-33和图6-34）。

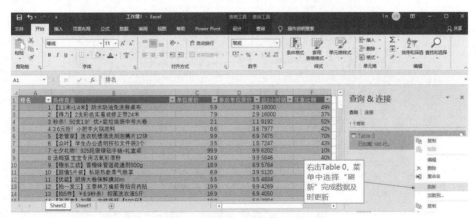

图 6-33　目标 Table 数据刷新操作

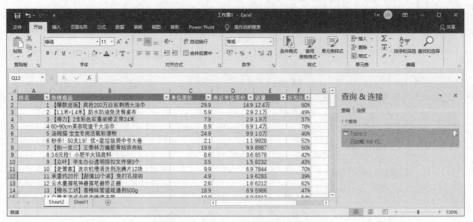

图 6-34　刷新后的热销榜单数据

可以看到刷新后热销榜单数据又发生了变化，所以保持一定的刷新还是很有必要的。不过这个刷新会消耗后台电脑的资源，在某些情况下还是视需求而定。

6.4.2　自动刷新设置

自动刷新可以获得及时更新的数据，在Excel中可以设置按一定时间间隔，后台自动请求目标网页获得最新的数据。

【案例6.7】设置定时刷新今日热榜天猫销售榜单数据。

操作提示：选中数据表格，在主菜单"查询"面板下选择"属性"菜单，对查询属性进行设置，其中就有刷新设置（见图6-35）。

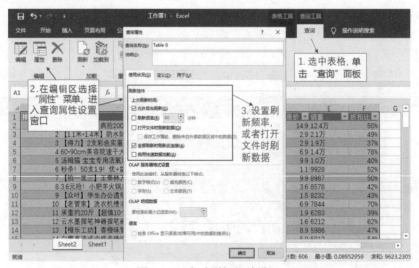

图 6-35　自动刷新相关设置

在如图6-35所示的刷新控件中，可以设置刷新频率，如1分钟刷新一次；也可以设置打开文件时刷新数据。这样Excel软件就会每隔1分钟发送一次HTTP请求给目标网页，爬取更新的数据。

158

6.5 Excel 实现爬虫数据可视化

Excel在2016、2019版自动集成了PowerMap模块，除了常规的直方图、折线图、柱状图、饼图等图形外，还包括地图、三维地图和数据透视图等。打开Excel软件，在"插入"面板里的图表区有许多图形可供选择，而且提供了智能推荐图形，如图6-36所示图表区。

图 6-36 Excel 图表区菜单

6.5.1 爬取热榜销量数据整理

继续使用爬取的今日热榜之淘宝天猫热销榜单数据案例。刷新一下热销榜单数据，注意到在销量那一列数据格式不规则，有中文"万"字，需要处理成数字格式的数据（见图6-37）。

图 6-37 榜单数据销量数据不规则样例

对于销量数据格式，需要回到PowerQuery编辑器里处理。当鼠标悬浮到图6-34右侧查询表名上时，会有一个弹窗显示当前Table数据相关信息。单击底部的"编辑"菜单，就可以返回PowerQuery编辑器窗口（见图6-38）。

图 6-38 从当前查询表返回 PowerQuery 编辑窗口方法

返回PowerQuery编辑窗口后，开始对销量列数据进行整理。思路就是先将"万"字去除，然后将整列数据格式转换为小数。此时原为1.1万的内容就变成了数字1.1。接下来新建一列，并采用替换方式修改。

第一步，去除销量数据中的"万"字。

选中"销量"列，在顶部菜单区域中选择转换区，找到任意列里的替换值，将"万"字替换为空格即可（见图6-39）。

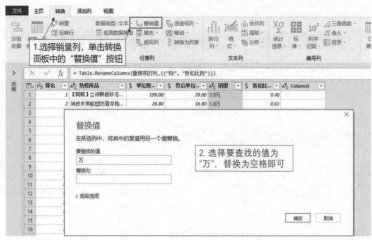

图6-39　替换"万"字为空格操作

第二步，将整列数据格式从文本转换为数字，选择小数类型。

替换后销量列还是文本格式内容，此时继续在转换窗口里任意列区域选择数据类型，在下拉菜单里选择小数，就可以将整列销量数据转变为数值型（见图6-40）。

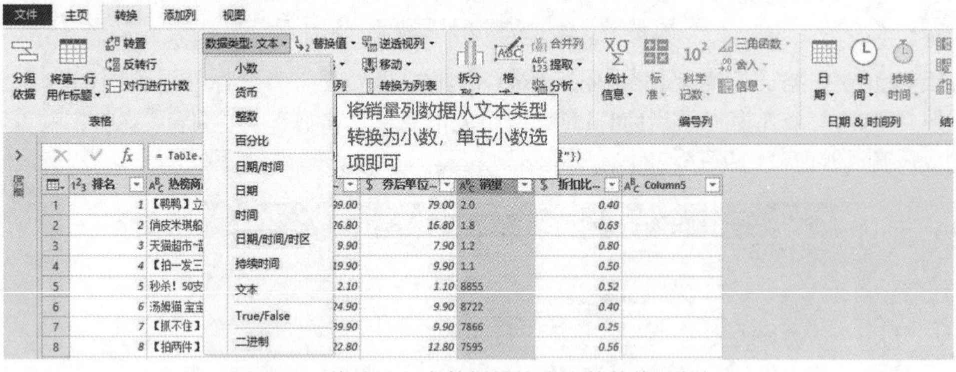

图6-40　将销量文本数据转换为小数数值型数据

第三步，添加新列，主要需要处理在去除"万"变成小数之后小于10的数据，这些不是真实数据，还需要在其上乘10000才能恢复（见图6-41）。

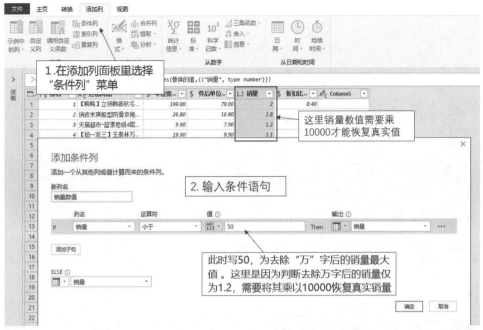

图 6-41　采用条件语句来对销量列数据进行整理

虽然Excel爬虫不推荐写代码，不过在这里还是需要编写一点代码才能完成整理工作。在上一步输入条件语句后单击"确定"按钮，新生成的数据列与原来销量数据列是完全一样的。不过此时单击新的数据列时，在中间的代码区域就出现了刚编写的条件语句代码（见图6-42）。

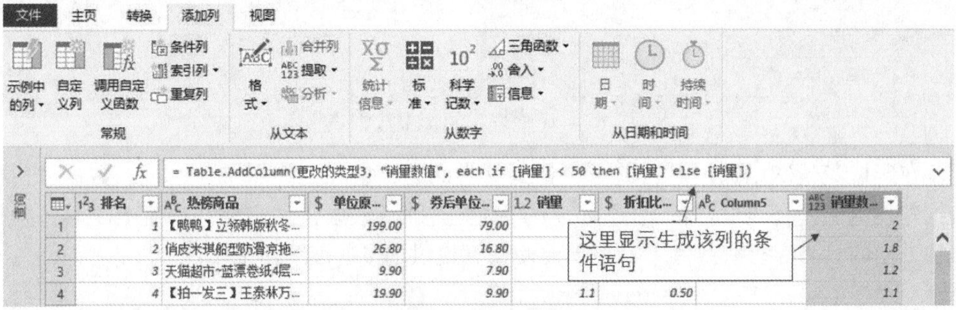

图 6-42　新生成列对应的条件语句

第四步，修改该条件语句，完成销量数据整理。

该条件语句的主要含义为：如果当前销量值小于50，则"销量=销量*10000"；否则保持原来的值。

由于在可视化界面菜单中无法实现"销量=销量*10000"操作，这里直接修改这个代码，就可以完成原有销量过万数值的恢复，如图6-43所示。

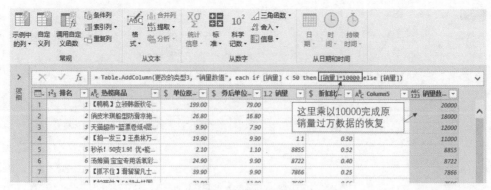

图 6-43　销量过万数值恢复完成效果

第五步，关闭PowerQuery编辑窗口上载到Excel工作表（见图6-44）。

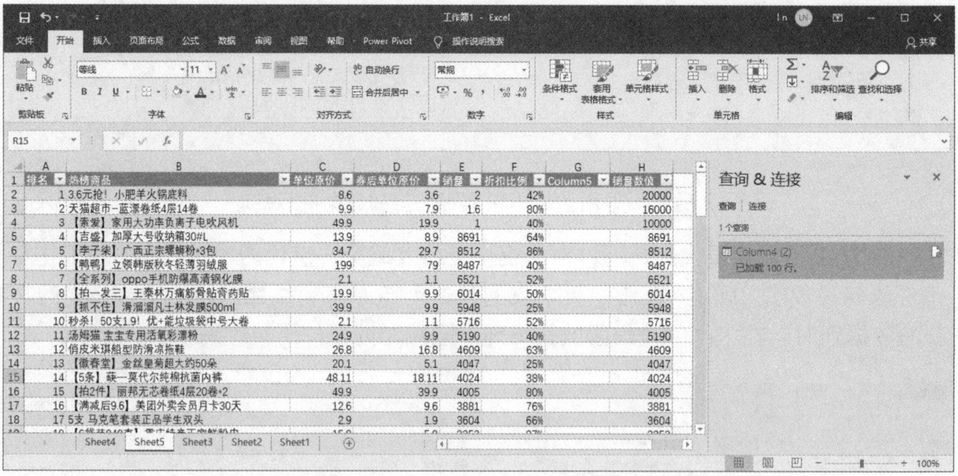

图 6-44　整理完的爬虫数据表

　　读者在爬取其他网站数据时可能不会遇到这类问题，也许更为简单。不过从数据分析角度来看，数据整理这一步还是必需的，PowerQuery模块提供了数据整理和清洗的主流工具，操作起来还是非常方便的。当然有些条件下，还需要使用其提供的M语言编程来实现。

💻 6.5.2　爬取数据可视化显示

　　对于整理完的爬虫数据（见图6-44），可以选择其中的数据列进行可视化展示。由于图形显示的特征显然比数据更为直观，表达能力更强，因此对数据可视化呈现也是数据分析非常重要的一环。

　　可视化部分要根据数据来选择能直接表达含义的图形，例如要看数据的分布范围，散点图、直方图是首选；如果要对数据之间进行比较，查看一个数据属性与另一个数据属性之间的关系，则可以使用柱状图、条形图等；如果比较数据变化，则选用百分比面积图、堆积柱形图等。

　　【案例6.8】条形图显示热销榜单销量数据分布。

　　如今日热榜上的淘宝天猫热销榜单数据，通过整理后热销商品和销售数量很清晰，但仅查看表格还不能给人以直观的感觉。下面选择Excel绘图里的条形图来显示，由于数量过多，这里选择榜单前30名的销量数据进行绘图（见图6-45）。

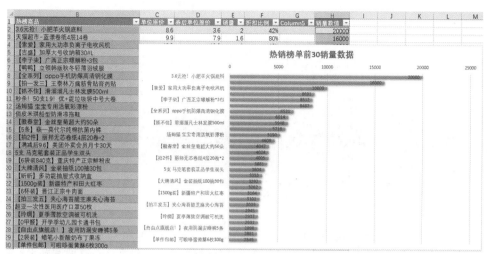

图 6-45　热销榜单前 30 名销量分布图

如果加上数据分析，可以看到在爬取这个数据的2小时内小肥羊火锅底料销售量最多，达到了2万件；另外榜单里螺蛳粉销售量也达到了8512件；而在夏季里鸭鸭羽绒服竟然能够排到榜单第7名，足见反季销售也有不错的销量。

【案例6.9】热销榜单销量与价格之间的关系。

热销榜单里是否价格越低，销量越好呢？这个在生活中见到的薄利多销模式在电商这里成立吗？如果有足够的数据支撑，许多结论是可以得以证明的。

首先可以使用券后单价数据分析一下分布范围（见图6-46）。

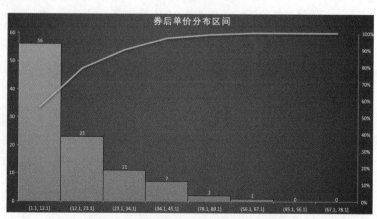

图 6-46　榜单前 100 名单价分布区间图

可以看出，超过一半的商品价格位于1～12元之间，90%的商品价格单价在30元以下。

下面使用散点图绘制榜单券后单价与销量之间的分布图。从区间分布看，销量靠前的单价主要位于20元以内，这也与生活必需品单位价格相对较低原因有关（见图6-47）。

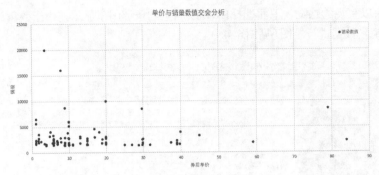

图 6-47　券后单价与销售数量之间的散点分布图

6.6　Excel 实现分页爬取数据

扫一扫，看视频讲解

在网页中显示数据时，如果数据过多，可以使用分页方式来显示所有数据。前面大部分案例都只爬取了第一页的数据，没有实现完整数据的爬取。Excel在PowerQuery中可以实现分页爬取网页数据，但要涉及一点编程写代码，也就是修改几个参数，还是相对比较简单的。

【案例6.10】Excel实现分页爬取经管之家论坛最新主题。

1. 经管之家论坛最新主题区分页特征

经管之家原名"人大经济论坛"，由北京评谷教育科技有限公司运营。目前拥有会员1100余万人，日活跃用户50万。现在聚焦到其论坛的最新主题区页面，其网页地址为https://bbs.pinggu.org/z_index.php?type=1。

在浏览器中打开后，页面上部效果呈现如图6-48所示。

图 6-48　经管之家论坛最新主题区网页内容呈现

由于篇幅较长，页面在此不易显示全貌，下面看一下网页底部分页导航区显示（见图6-49）。

图 6-49　经管之家论坛最新主题区网页底部分页导航菜单呈现

在该页面的底部分页导航菜单区域，当鼠标放在分页数为3按钮上时，左下侧显示器链接地址为https://bbs.pinggu.org/z_index.php?type=1&page=3；当鼠标放在分页数为7按钮上时，左下侧链接地址变为https://bbs.pinggu.org/z_index.php?type=1&page=7。这说明其URL地址构成中参数page即为分页含义。解析如下：

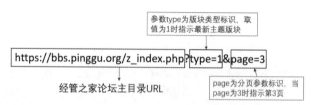

网页地址中当需要携带参数时一般使用"？"，如果有多个参数时，参数之间采用符号"&"连接。该URL中包括两个参数：type和page。type标识论坛的版块类型，本次案例设定为最新主题，因此其type为1；page为分页标识参数，当page为3指示第3页，page为7指示第7页。不过在论文最新主题第1页时其地址并没有设定page参数，默认为1不显示，在浏览器上呈现为https://bbs.pinggu.org/z_index.php?type=1。

2. Excel 爬取经管之家论坛最新主题区第一页内容

确定目标网页的第一页网络地址URL之后，就可以直接从Excel软件中开始爬取第一页的数据了。

第一步，在"从Web"窗口选择基本选项，输入URL地址（见图6-50）。

图 6-50　输入目标网页分页中首页的 URL 地址

第二步，在第一步窗口单击"确定"按钮后进入导航器窗口，解析出了一个Table 0。预览Table 0内容，就是最新主题版块的首页内容（见图6-51）。

图 6-51　解析获得 Table 0 表格内容预览

第三步，单击"转换数据"按钮，进入PowerQuery编辑器，效果如图6-52所示。

图 6-52　进入 PowerQuery 编辑器

这里先不对各列数据进行整理和转换，第一页的数据已经获取到了，只要在该编辑窗口选择"关闭并上载"即完成首页数据的爬取。可以查看一下每页都是20行记录，由于还有33页数据，肯定需要使用分页爬取技术。

3. PowerQuery 分页设计

分页设计的任务在PowerQuery编辑窗口中完成，这里需要稍微设置一些代码。

第一步，单击当前Table 0，在主菜单区主页面板里或者视图面板里选择"高级编辑器"菜单，或者在左侧单击"查询"展示后显示Table 0，在其右键菜单上选择"高级编辑器"选项（见图6-53）。

图 6-53　选择"高级编辑器"菜单

如图6-54所示，在高级编辑器中显示的为PowerQuery提供的代码。这部分代码比较烧脑，如仔细解读，其实也容易理解，将其复制出来显示如下：

```
let
    源 = Web.Page(Web.Contents("https://bbs.pinggu.org/z_index.php?type=1")),
    Data0 = 源{0}[Data],
    更改的类型 = Table.TransformColumnTypes(Data0,{{"", type text},{"主题",type text},
{"版块",type text},{"回复 / 查看",type text},{"最后发帖",type text}})
in
更改的类型
```

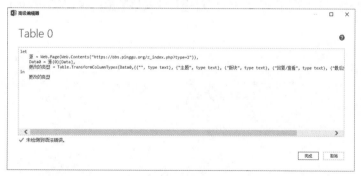

图 6-54　高级编辑器中显示的代码内容

代码中固定搭配结构为let … in…。

let内部：源就是表格数据的来源，指向为目标网页上的内容；Data0为获取的表格数据；更改的类型为将表格数据分五列显示出来，{"主题", type text }结构中"主题"为对应列的列名，type text表明类型为文本内容。这部分读者可以对照着表格表头部分来理解。

第一页URL地址中省略了page=1的设置，后面的分页里都需要加上这个page参数。

第二步，在高级编辑器里的代码let前面增加一行：(page as number) as table =>，同时根据前面分析的分页地址特征，在代码let内部的源中URL地址增加一个page参数，设置值为Number.ToText(page)，然后单击"完成"按钮（见图6-55）。

图 6-55　更改高级编辑器代码

将图6-55中代码复制出来显示如下：

```
(page as number) as table =>
let
源 =Web.Page(Web.Contents("https://bbs.pinggu.org/z_index.php?type=1&page="& Number.
ToText(page))),
    Data0 = 源 {0}[Data],
    更改的类型 =Table.TransformColumnTypes(Data0,{{"",type text},{" 主题 ",type text},
{" 版块 ",type text},{" 回复 / 查看 ",type text},{" 最后发帖 ",type text}})
in
更改的类型
```

第三步，完成编辑器代码更改后，就生成了一个自定义函数Table 0。此时在下面的参数框里输入1 ~ 34之间任意的数字，就可以查询到对应页的表格数据内容（见图6-56），但缺点是无法一次性抓取多页。

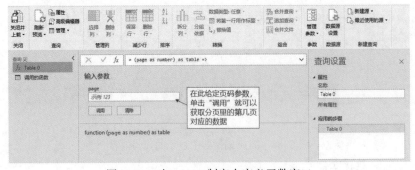

图 6-56　对 Table 0 制定自定义函数窗口

可以示例一下，在page输入框里输入3，就可以获得第3页的主题内容，效果如图6-57所示。

图 6-57　通过自定义函数获得第 3 页内容

第四步，构造一个列表，数字为 1 ~ 30，数字的范围与论坛主题分页数相等。

在主菜单"主页"中的"新建查询"区域选择"新建源"→"其他源"→"空查询"命令，如图 6-58 所示。

图 6-58　新建空查询菜单

在弹出的空查询 fx 后面的输入框里输入"={1..30}"，注意中间是两个点号，然后按回车键，同时选择转换菜单中的列转换（见图 6-59）。

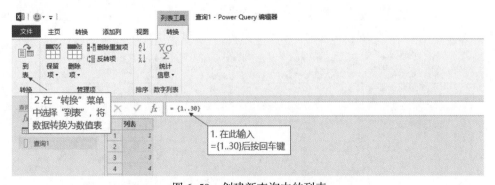

图 6-59　创建新查询中的列表

单击图 6-59 中的列表，然后单击转换面板中"到表"菜单，将列表转换为一个 column 数值列（见图 6-60）。

图 6-60　将列表转换为数值列表

4. PowerQuery 分页爬取数据

分页爬取数据的主要思路是根据设计的Table 0自定义函数，将page参数与数值列关联来实现查询。

第一步，调用自定义函数Table 0，实现功能查询，page参数取自于定义的数值列（见图6-61）。

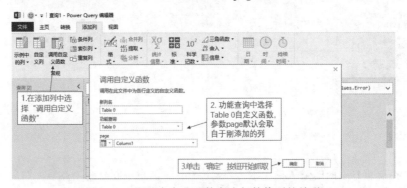

图 6-61　调用自定义函数完成与数值列的关联

第二步，单击"确定"按钮后就开始抓取分页数据了，速度可能有些慢，主要取决于网速和网页响应速度。稍等一些时间，就完成了多个分页表的爬取（见图6-62）。

图 6-62　调用自定义函数爬取到的分页表

第三步，单击Table 0右侧的展开图标，选择所有列属性，就能把所有数据显示在编辑器窗口（见图6-63和图6-64）。

图 6-63　展开 Table 0 显示主要数据列

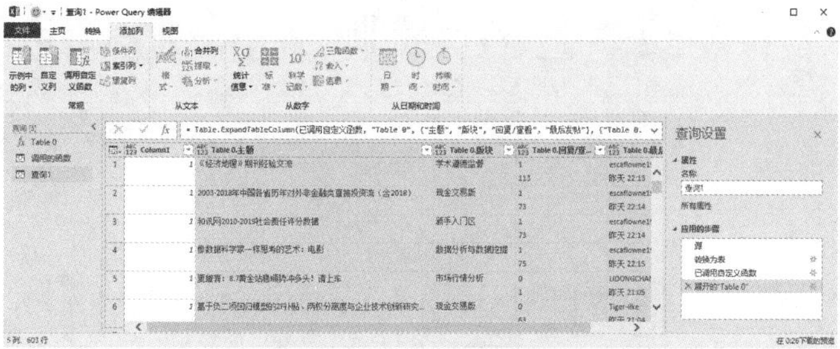

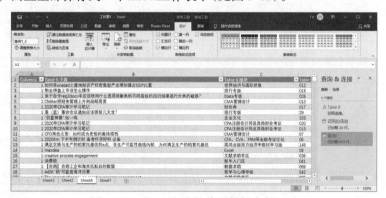

图 6-64　获取所有的分页数据到一个表中

在编辑器窗口看到左下角提示共有5列，603行数据，这应该是该主题版块共30页的列表内容。同时第一列Column 1为右侧几列主题内容所在的页数。可以尝试往下滑动鼠标到最后一行记录，查看所在的页数。本案例中最后一个分页数为30。

第四步，选择主页中的"关闭与上载"命令，将数据上载到Excel工作表中。这样就完成了30页数据的抓取，而且全部保存到一个Excel工作表中（见图6-65）。

图 6-65　Excel 爬取的分页数据全部记录

6.7　本章小结

本章就如何使用Excel爬虫进行了详细介绍，内容较为全面。在介绍过程中也提供了不少案例实践，使得读者可以边阅读边实践边理解，学会使用Excel来采集自己需要的表格数据。在爬取分页数据的时候涉及了一点代码的修改，如果读者对代码不熟悉，按照样例修改即可。

第 7 章 Excel 爬虫案例实践

Excel爬虫主要是集成PowerQuery模块功能，在实现时采用界面可视化操作，非常方便快捷。只要网页上具有\<table\>标记表格数据，都可以通过Excel采集到本地使用，这也显示了Excel在网络数据采集方面的强大特性。采集到的数据还可以直接通过PowerQuery模块实现预处理和清洗任务，便于后续数据的精准建模分析。本章将介绍两个Excel采集网络数据的实例，包括腾讯疫情数据和高考网分数线数据。

本章学习思维导图如下：

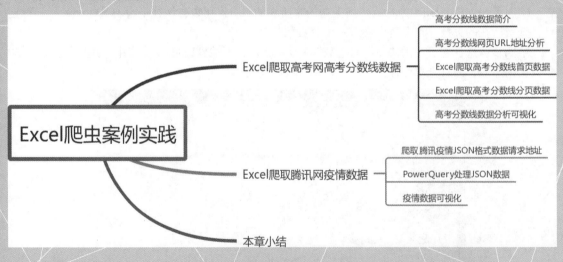

7.1　Excel 爬取高考分数线数据

【**案例7.1**】Excel爬取高考网高考分数线数据。

每年的高考结束后，填写志愿对于每个参加高考的学生和家长而言都是一个非常复杂的过程，既有心情复杂，也有选择复杂。高考网平台上提供了许多报考指南以及详尽的大学院校库，为广大考生和家长提供了数据参考。

1. 高考分数线数据简介

在高考网有关地区批次线页面提供了过去12年全国各省市文理分科各个批次的最低控制分数线，也就是传统称呼的一本线、二本线（二本和三本院校合并后统称普通本科）、大专线，考生的成绩只有高于这个分数线才能填报相应志愿，也才有机会被录取。

高考网的网页地址为http://college.gaokao.com/areapoint/，打开后数据区域部分截图显示如图7-1所示。

年份	考生所在地	文理分科	批次名称	最低控制分数线
2019	北京	理科	普通本科批	423
2019	北京	理科	艺术类理科	295
2019	北京	理科	自主招生批	527
2019	北京	文科	普通本科批	480
2019	北京	文科	艺术类文科	335
2019	北京	文科	自主招生批	559
2019	天津	理科	普通本科批	400
2019	天津	文科	普通本科批	428
2019	辽宁	理科	普通本科批	369
2019	辽宁	理科	自主招生批	512
2019	辽宁	理科	专科	150
2019	辽宁	文科	普通本科批	482
2019	辽宁	文科	自主招生批	564
2019	辽宁	文科	专科	150
2019	吉林	理科	本科一批	530
2019	吉林	理科	本科二批	350
2019	吉林	文科	本科一批	544
2019	吉林	文科	本科二批	372
2019	黑龙江	理科	本科一批	477
2019	黑龙江	理科	本科二批	372
2019	黑龙江	文科	本科一批	500
2019	黑龙江	文科	本科二批	424
2019	上海	综合改革	普通本科批	403
2019	上海	综合改革	自主招生批	503
2019	江苏	理科	本科一批	345

首页　<< 上一页　下一页 >>　末页　1/198页 第 ___ 页 GO

图 7-1　各省市过去 12 年最低控制分数线数据

页面显示，网页提供的数据共有 5 列，第一列为年份，第二列为考生所在地，第三列为文理分科，第四列为批次名称，第五列为最低控制分数线。同时底部有分页导航栏菜单，页面显示数据共 198 页。

2. 高考分数线网页 URL 地址分析

观察网页可以发现，在数据表格区域底部提供了分页导航栏。如果当前显示为第一页时，当单击"下一页"时，浏览器地址栏的 URL 变为 http://college.gaokao.com/areapoint/p2/；再单击"上一页"时浏览器地址栏 URL 改变为 http://college.gaokao.com/areapoint/p1/；如果单击"末页"，此时地址栏 URL 改变为 http://college.gaokao.com/areapoint/p198/，如图 7-2 所示。

图 7-2　超链接显示分页导航对应的 URL 地址

由此可以总结一下，如果不加条件搜索直接爬取所有数据，目标网页的 URL 构造方式为 http://college.gaokao.com/areapoint/p[x]，其中 [x] 从 1 一直变到 198，正好可以把所有网页定位完成。

3. Excel 爬取高考分数线首页数据

当确定好网页的 URL 地址后，就可以开始爬取数据了。先来测试一下首页数据的爬取，单击 Excel 数据版块里的"自网站"，打开"从 Web"窗口输入 URL 地址（见图 7-3）。

图 7-3　输入目标网页 URL 地址

输入 URL 地址后单击"确定"按钮，进入导航器窗口，解析出的数据表格预览效果如图 7-4 所示。

图 7-4　首页数据解析预览效果

可以将预览结果与实际网页数据进行对比，无误情况下单击"加载至"选项就可以存入Excel工作表中（见图7-5）。

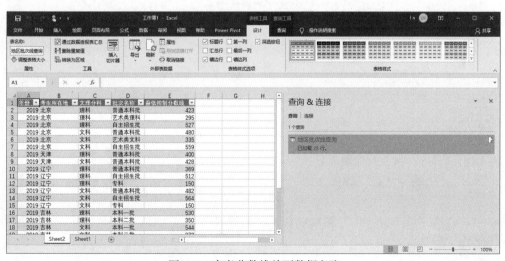

图 7-5　高考分数线首页数据爬取

4. Excel 爬取高考分数线分页数据

第一步，重复7.1.3小节步骤，进入导航器窗口（见图7-4），选择"转换数据"按钮，进入PowerQuery编辑器窗口（见图7-6）。

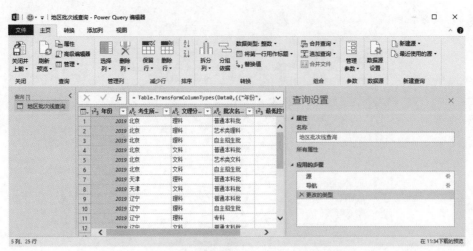

图 7-6　高考分数线数据 PowerQuery 编辑器窗口

第二步，选择主页查询菜单里的"高级编辑器"，或者右击查询区域表名"地区批次线查询"选择菜单"高级编辑器"，进入代码窗口（见图7-7）。

图 7-7　高级编辑器代码窗口

将上述代码修改为（注意加粗部分）：

```
(page as number) as table =>
let
    源 = Web.Page(Web.Contents("http://college.gaokao.com/areapoint/p" &Number.
ToText(page))),
    Data0 = 源{0}[Data],
    更改的类型 = Table.TransformColumnTypes(Data0,{{"年份", Int64.Type}, {"考生所在
地", type text}, {"文理分科", type text}, {"批次名称", type text}, {"最低控制分数线",
Int64.Type}})
in
    更改的类型
```

将代码复制到上述代码窗口中，单击"完成"按钮创建一个自定义查询函数。

第三步，测试page参数变量设置是否正确，即在输入参数里输入一个数字，例如3，看是否能获取到第3页的高考批次线数据（见图7-8）。

图7-8 自定义函数输入参数窗口

在输入参数输入框里输入3，然后单击下方的"调用"按钮，获取第3页的批次线数据，效果如图7-9所示。

图7-9 测试获取第3页的批次线数据

第四步，新建一个空查询，创建一个1～198的数值列表，并将列名修改为分页数（见图7-10）。

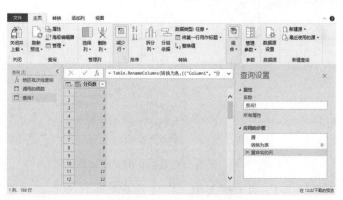

图7-10 创建分页数数值列表

第五步，在"添加列"面板窗口里选择"自定义函数"，调用第二步创建的自定义函数名，实现功能查询，page参数取自于定义的分页数数值列。完成后单击"确定"按钮（见图7-11）。

图 7-11　设置自定义函数关联功能查询与分页数列表

第六步，在弹出的有关隐私级别警示窗口中选择忽略隐私级别检查后保存（见图7-12）。

图 7-12　忽略隐私级别检查

第七步，开始爬取所有页的数据，预计耗时会较长，在网速正常情况下15～20分钟可获取完成共198页数据。可以从PowerQuery窗口右下角观察到当前加载的行数。在加载完成后，将各列展开，查询获取到的各列数据，如图7-13所示。

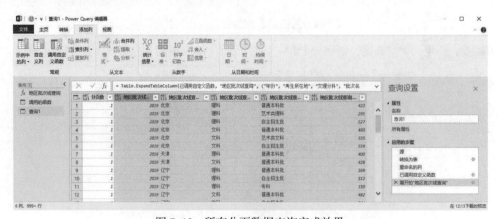

图 7-13　所有分页数据查询完成效果

第八步，将数据加载到Excel工作表中，完成所有数据的爬取。这个过程耗时较长（见图7-14）。

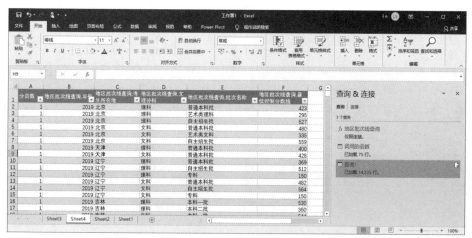

图7-14　所有数据爬取完成后存成 Excel 工作表

如图7-14所示，爬取数据共有14225行，这个数字有些异常。对爬取的数据仔细检查，发现存在许多重复记录，如筛选北京市理科本科一批的控制分数线时，发现有多行记录重复（见图7-15）。

	A	B	C	D	E	F	G
1	分页数	地区批次线查询.年份	地区批次线查询.考生所在地	地区批次线查询.文理分科	地区批次线查询.批次名称	地区批次线查询.最低控制分数线	
334	5	2018	北京	理科	本科一批	532	
434	6	2018	北京	理科	本科一批	532	
534	7	2018	北京	理科	本科一批	532	
609	8	2018	北京	理科	本科一批	532	
886	13	2017	北京	理科	本科一批	537	
936	14	2017	北京	理科	本科一批	537	
1011	15	2017	北京	理科	本科一批	537	
1554	22	2016	北京	理科	本科一批	548	
1579	23	2016	北京	理科	本科一批	548	
2302	32	2015	北京	理科	本科一批	548	
2327	33	2015	北京	理科	本科一批	548	
3076	42	2014	北京	理科	本科一批	543	

图7-15　爬取数据重复记录情况

这是网页的原始数据就存在重复记录，爬取过程没有任何问题。需要返回PowerQuery编辑器窗口，删除重复值。然后重新上载到Excel工作表中（见图7-16）。

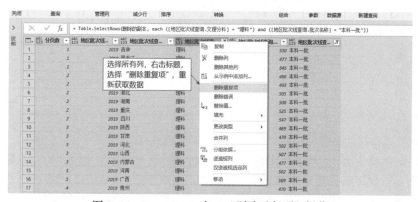

图7-16　PowerQuery 窗口"删除重复项"操作

经过 PowerQuery 处理后重新上载到 Excel 工作表中，此时数据记录共 4000 多行。再进行筛选获取北京市历年来本科一批理科分数线时就没有重复记录了（见图 7-17）。

	A	B	C	D	E	F	G
1	分页数	地区批次线查询,年份	地区批次线查询,考生所在地	地区批次线查询,...	地区批次线查询,...	地区批次线查询,批次名称	
90	5	2018	北京	理科	532	本科一批	
176	13	2017	北京	理科	537	本科一批	
269	22	2016	北京	理科	548	本科一批	
392	32	2015	北京	理科	548	本科一批	
529	42	2014	北京	理科	543	本科一批	
662	53	2013	北京	理科	550	本科一批	
781	63	2012	北京	理科	477	本科一批	
932	74	2011	北京	理科	484	本科一批	
1099	93	2010	北京	理科	494	本科一批	
1377	114	2009	北京	理科	501	本科一批	
1566	134	2008	北京	理科	502	本科一批	
1624	141	2007	北京	理科	531	本科一批	
1700	144	2006	北京	理科	528	本科一批	
1918	172	2005	北京	理科	470	本科一批	
2059							

图 7-17　去除重复项后筛选记录显示

5. 高考分数线数据分析可视化

每个省市划定的高考分数线都不一样，这也决定了成千上万考生的前途命运。而对比每年高考分数线的变化，也能够看出每年高考分数线的变化情况。这里面有国家高考政策改革的因素，也有每年高考难易程度的区别影响。

【分析示例】对比北京市近 15 年一本一批文理科分数线变动情况。

在 Excel 工作表中采用筛选方式，选择考生所在地为北京、文理分科为理科、批次名称为本科一批，可以查询到近 15 年北京一本分数线的变动情况表，如图 7-17 所示。

选中年份列与分数线列数据，选择插入面板里推荐的图表菜单，选择散点图形，调整显示模式，呈现效果如图 7-18 所示。

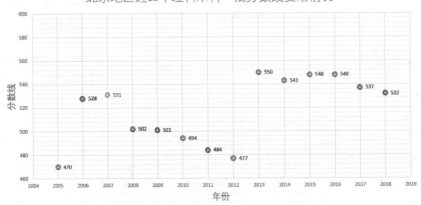

图 7-18　北京理科本科一批分数线变动图

如果将筛选条件里的文理分科选择为文科，绘制图形如图 7-19 所示。

从北京地区本科一批分数线折线图可以简单分析分数线变动还是比较大的，尤其是 2013 年以后变化较为明显，文理科分数整体都有所提高，都在 530 分以上，可能与北京高考录取政策、考生增多有关。同时给未来的考生们一个预期，如果要在北京上本科一批，不管文科还是理科高考分数线会持续在550以上，所以只有更加努力地学习，才能取得理想的成绩，考上理想的大学。

图7-19　北京文科本科一批分数线变动情况

【分析示例】对比2016—2018年主要省市地区理科本科一批分数线。

这里筛选条件选择时间为2018年，文理分科为理科，批次名称为本科一批，就可以获取2018年相关数据，然后绘制柱状对比图。同样步骤可以绘制出2017年和2016年理科本科一批的全国分数线对比柱状图（见图7-20）。

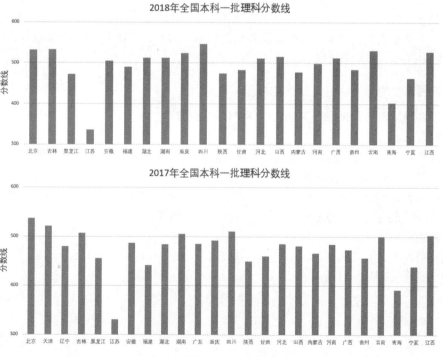

图7-20　全国2016—2018年本科一批理科录取分数线对比组图

181

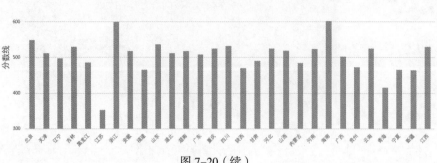

图 7-20（续）

就上述分数线对比组图来说，全国主要省市的本科一批录取分数线还是有差别的，其中江苏、青海、宁夏和新疆偏低，湖南、河南、四川等偏高。同时发现2016—2018年采用全国统一录取分数线的省份数量在减少，这与各省开展的高考改革有关。

7.2 Excel 爬取腾讯疫情数据

扫一扫，看视频讲解

【案例7.2】Excel爬取腾讯疫情全球JSON格式数据。

网页上有些数据是通过异步加载的方式传输的，资源类型为XHR，数据格式以JSON格式为主；有些网站提供了数据API接口，传输的时候数据格式也是JSON格式的。这类格式数据与表格数据有所差异，直接使用Excel爬取是获取不到的，需要使用PowerQuery模块来实现。

1. 获取腾讯疫情 JSON 格式数据请求地址

本小节以腾讯疫情数据案例为例，介绍JSON数据爬取过程。确定JSON数据来源网页地址是爬取过程的第一步。

此时爬取的目标不再是网页中的表格数据，而是XHR异步传输到网页上的数据，所以首先要找到请求JSON数据的XHR资源地址。

使用网页开发者工具Network面板查看当前网页资源文件列表，若资源文件中直接有后缀为.json的，可以直接查看其请求头信息；或者查看XHR资源，查看请求头信息，请求头地址就是想要的目标地址。

腾讯疫情网页地址为https://news.qq.com/zt2020/page/feiyan.htm#/global，默认为全球疫情数据，网页呈现效果如图7-21所示。

图 7-21 腾讯疫情网页上部呈现效果

然后使用Chrome浏览器打开该网页，按快捷键F12启用网页开发者工具，切换到Network面板，按快捷键F5刷新加载过程，在资源类型里选择XHR（见图7-22）。

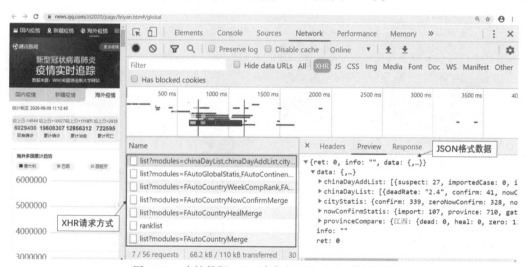

图 7-22 疫情数据 XHR 请求方式及 JSON 数据预览

可以选择XHR请求的任意一个查看Headers信息，将其中的Request URL地址复制下来，这个地址就是JSON数据爬取的目标地址。

例如选择图7-22中XHR列表的第一个国内疫情数据，其Headers信息中请求地址为：

https://api.inews.qq.com/newsqa/v1/query/inner/publish/modules/list?modules=chinaDayList,
chinaDayAddList,cityStatis,nowConfirmStatis,provinceCompare

如果选择XHR列表中的第二个全球疫情数据信息，用相同的方式获取其请求网址：

https://api.inews.qq.com/newsqa/v1/automation/modules/list?modules=FAutoGlobalStatis,
FAutoContinentStatis,FAutoGlobalDailyList,FAutoCountryConfirmAdd

2. PowerQuery 处理 JSON 数据

有了请求地址后，就可以打开Excel软件，从数据面板里选择"自网站"，然后进入"从Web"窗口输入请求地址（见图7-23）。

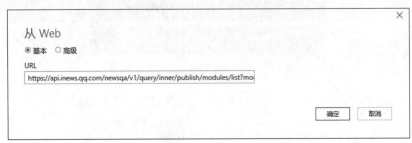

图 7-23　输入 JSON 数据源 URL 请求地址

输入地址后单击"确定"按钮，注意此时进入的不是常规的导航器窗口（因为解析的不是表格数据，而是JSON数据）因此会直接进入PowerQuery编辑窗口（见图7-24）。

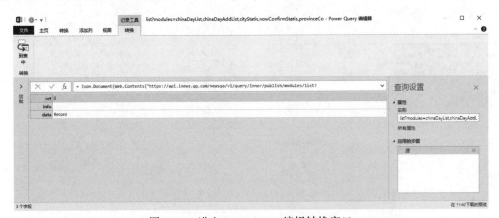

图 7-24　进入 PowerQuery 编辑转换窗口

图7-24中显示已经解析出了JSON数据对象的三个键值：ret、info和data。可以与开发者工具中请求的预览效果对比一下（见图7-25）。

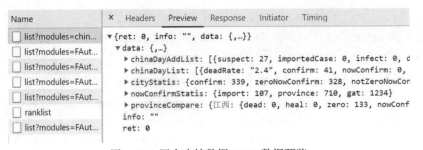

图 7-25　国内疫情数据 JSON 数据预览

如图7-25所示，ret解析出来的值为0，info为空值，实际的疫情数据的键值为data，因此现在聚焦到data键对应的值上（见图7-26）。

图 7-26　转换解析结果到表中

首先单击data右侧的值Record栏，将其转换到表中（见图7-27）。

图 7-27　JSON 数据转换结果

根据图7-25，目标数据都在key名为data关联的值里，而data本身包括许多子键值对。要获得data中的数据，在data行右击，选择"作为新查询添加"命令（见图7-28）。

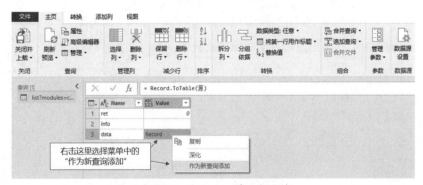

图 7-28　处理 data 建立新查询

如图7-29所示，通过data建立新查询，把data里的子键值对分解成5组数据，其中，ChinaDailyAddList为国内每天新增数据；ChinaDayList为国内每天记录数；CityStatis为国内城市数据统计；nowConfirmStatis为国内确诊数统计；provinceCompare为各省数据对比。

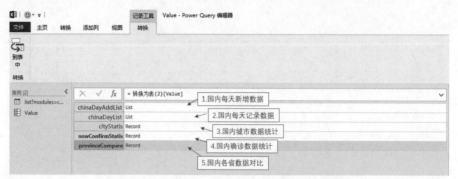

图 7-29　疫情 data 里的值查询后分 5 组数据

对于上述5类数据，接下来的解析步骤基本相同。先将其作为表，以其为目标建立新查询并将查询结果转换为数据表，如果查询结果为表，则直接通过扩展获得数据列；如果还有子键值对，则重复表→新表查询→转换到表的过程，直到最后一层数据。这个过程也称为深化。

先来处理第一个即国内每天新增记录，右击第一个类型，选择"作为新查询添加"命令，然后将列表转换到数据表（见图7-30）。

图 7-30　对国内每天新增数据记录采用新查询 – 到表处理

当转换为数值表时，在弹出窗口直接选择默认设置，单击"确定"按钮即可（见图7-31）。

图 7-31　对列表格式处理

转换为数值表后，单击右侧的扩展标记，选择显示所有列数据，然后单击"确定"按钮（见图7-32）。

图 7-32　数据列扩展获得所有记录列

对列进行扩展显示后，第一个国内新增人数数据就获取完整了。查看无误后就可以关闭当前PowerQuery窗口并上载到Excel工作表中（见图7-33和图7-34）。

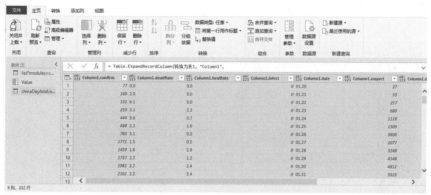

图 7-33　PowerQuery 解析的国内新增人数记录表

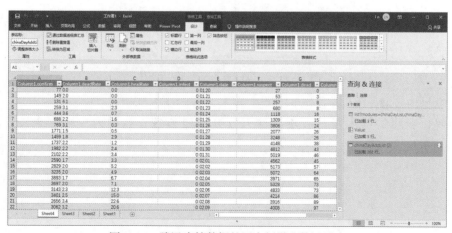

图 7-34　腾讯疫情数据的国内新增人数记录表

其余4类数据读者可以依据此步骤自行完成。提示一下，可以直接从图7-29的Value表右击进入来解析其余4类数据。

3. 疫情数据可视化

基于已有数据，可以直接使用Excel的图表工具实现数据可视化。

（1）选择国内每天新增确诊人数、治愈人数、疑似人数绘制折线图。

选择日期列与上述三列数据，在插入菜单里选择图表区菜单的折线图，绘制效果如图7-35和图7-36所示。

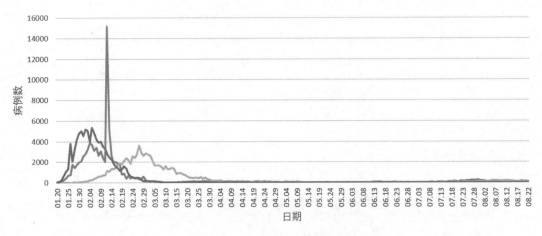

	E	F	G	H	Colum
	Column1.date	Column1.confirm	Column1.heal	Column1.suspect	
	01.20	77	0	27	
	01.21	149	0	53	
	01.22	131	0	257	
	01.23	259	6	680	
	01.24	444	3	1118	
	01.25	688	11	1309	
	01.26	769	2	3806	
	01.27	1771	9	2077	
	01.28	1459	43	3248	
	01.29	1737	21	4148	
	01.30	1982	47	4812	
	01.31	2102	72	5019	

工作簿查询
5 个查询
查询1
　已加载 3 行。
data
　已加载 5 行。
Value
　已加载 216 行。
Value (2)
　已加载 223 行。

图 7-35　选择表格中的数据列

确诊人数　治愈人数　疑似人数

图 7-36　中国疫情每日变动折线图

（2）选择国内新增人数在各省分布柱状图。

选择解析获得的国内今日新增确诊人数数据列和各省名称列，然后绘制柱状图（见图7-37）。

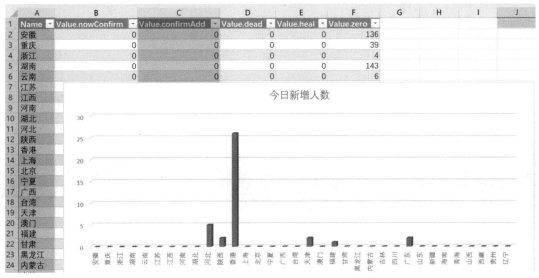

图 7-37 国内今日新增人数在各省分布柱状图

7.3 本章小结

本章针对Excel爬虫的详细应用步骤进行了讲解，由于Excel爬虫实际上就是使用Power Query 模块查询Web数据的功能，因此在Excel爬虫中Power Query编辑器的使用非常关键。在编辑器中可以对解析到的表格数据进行编辑和转换，然后加载到Excel工作表中直接进行后续的分析和可视化操作。从实际操作来说，Excel爬虫上手快、操作简单、数据管理和可视化功能强大，对于许多对代码不敏感的用户是非常好的选择。不过Excel爬虫主要是爬取网页源代码中含有<table>...</table>标记对的表格数据，对于其他标记如<div>或<li>列表等包裹的表格样式数据需要开展Power Query编程或VBA编程来获取，有兴趣的读者可以自行查阅相关文献。

88 领配套资源，
助您轻松学编程
☆本书内容配套讲解视频
☆编程基础知识直播课
☆专业老师答疑解惑

Python 爬虫篇

本篇从体验Python爬虫、详解Python爬虫、Scrapy爬虫框架、Python爬虫案例以及对比爬虫实践等展开介绍。

第8章　Python爬虫初体验，介绍基本的Python爬虫第三方库、解析武侠小说网实例、爬取邑石网插画、爬取中国体彩网七星彩数据、Python联合Excel完成爬虫任务。

第9章　Python爬虫详解，介绍更为详细的爬虫第三方库，自建easySpider模块、爬虫更多设置、爬虫数据存储、爬虫数据可视化。

第10章　Python爬虫案例，用Python爬取金庸小说全集、链家二手房源信息两个案例介绍完整的Python爬虫流程，实现Python数据采集、存储、分析和可视化的完整流程。

第11章　Scrapy爬虫框架，包括Scrapy框架简介与安装、基本爬虫步骤实施、爬取抖音视频榜案例、爬取知乎专栏文章、爬取招标网数据案例。

第12章　Excel和Python对比爬取福布斯榜单数据，包括福布斯中国网站简介、分析榜单链接URL特征、Python爬取所有URL链接、Excel爬取榜单数据、Python爬取榜单数据，以及榜单数据可视化分析。

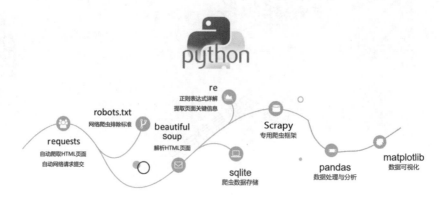

第 8 章　Python 爬虫初体验

在网络爬虫方面，Python绝对是目前最受欢迎的技术选择。而且Python爬虫目标不仅是Excel擅长的表格型数据，还包括文本、图片、视频、各种链接等。与Excel可视化采集数据有所差别的是，Python给了用户充分的自由度，需要用户自主编程来实现网络爬虫。由于Python社区拥有众多第三方库，在网络爬虫时有适应不同场景、适合多种任务的爬虫模块，通过各种库的有机组合就可以完成网络数据采集。

本章为Python爬虫初体验，介绍使用requests库和beautifulsoup库的组合来完成一些网络数据的爬取。相关案例代码可以直接从本书提供的码云托管地址下载。请读者准备好PyCharm开发环境和Chrome浏览器，进入Python爬虫世界吧。

本章学习思维导图如下：

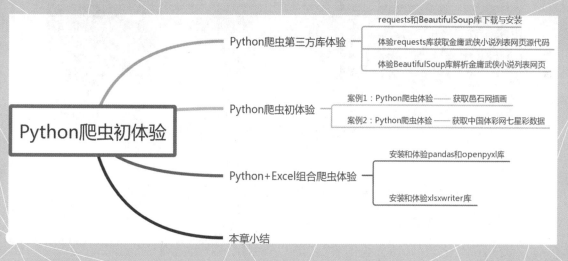

8.1 Python 爬虫第三方库体验

8.1.1 requests 和 BeautifulSoup 库下载与安装

与第4章一样，继续在PyCharm软件中使用myProject项目，该项目具有Python的虚拟环境，所以安装第三方库时会保存到其venv目录中。

安装requests和BeautifulSoup库的过程一样，具体步骤如下。

第一步，在PyCharm底部的终端窗口单击Terminal面板按钮，进入命令行模式。

```
(venv) D:\PycharmProjects\myProject>
```

第二步，直接使用pip工具安装，注意尽量加入国内镜像源，这里使用阿里云镜像源。

安装requests库：

```
(venv) D:\PycharmProjects\myProject>pip install -i https://mirrors.aliyun.com/pypi/
simple requests
```

安装BeautifulSoup库：

```
(venv) D:\PycharmProjects\myProject>pip install -i https://mirrors.aliyun.com/pypi/
simple beautifulsoup4
```

结果如图8-1所示。

```
Terminal: Local  +
(venv) D:\PycharmProjects\myProject>pip install -i https://mirrors.aliyun.com/pypi/simple beautifulsoup4
Looking in indexes: https://mirrors.aliyun.com/pypi/simple
Collecting beautifulsoup4
  Using cached https://mirrors.aliyun.com/pypi/packages/66/25/ff030e2437265616a1e9b25ccc8a4e0371e0bc3adb7c5a404fd661c6f4f6
/beautifulsoup4-4.9.1-py3-none-any.whl (115 kB)
Collecting soupsieve>1.2
  Using cached https://mirrors.aliyun.com/pypi/packages/6f/8f/457f4a5398eeae1cc3aeab89deb7724c965be841ffca6fca9197482e47e
/soupsieve-2.0.1-py3-none-any.whl (32 kB)
Installing collected packages: soupsieve, beautifulsoup4
Successfully installed beautifulsoup4-4.9.1 soupsieve-2.0.1
```

图 8-1　安装 BeatifulSoup 库示例

8.1.2 体验 requests 库获取金庸武侠小说列表网页源码

requests库是一个开源的第三方模块，在下载安装后可以直接使用。

对于该库的使用详细细节可以参考其官方文档，链接地址为:https://requests.readthedocs.io/zh_CN/latest/user/quickstart.html。

在有了Python语言基础和了解HTTP请求方式之后，就可以开始使用requests库了。前文介绍过Python的爬虫是通过编程方式模拟浏览器访问网站，而不是使用浏览器工具，不过请求方式都是HTTP GET请求或POST请求。

requests库的简单体验步骤分两步进行：

第一步，调用requests库模拟浏览器给目标网页发送HTTP请求并返回一个响应对象，基本语法示例如下：

```
r = requests.get(url)        # 调用 requests 给网页地址 URL 发送 GET 请求，返回响应对象 r
```

第二步，调用响应对象r的属性，如text属性获取网页源代码，基本语法示例为：

```
source=r.text                # 调用响应对象 r 的 text 属性，返回网页源代码
```

【案例8.1】使用requests获取金庸武侠小说全集页面源代码。

金庸武侠小说全集页面网络地址为：http://www.wuxia.net.cn/author/jinyong.html。

问题分析：这部分内容在第3章介绍过，当时使用Chrome浏览器的开发者工具来查看网页内容对应的源代码，参考图3-32。

因为requests库获取网页源代码过程基本一致，只需要给定网页URL地址，就可以返回网页源代码，因此可以编写一个公用函数getHTML，参数为url。这样不同的网页只需要给定其URL地址就可以获得源代码。

代码实现：在myProject项目目录下新建一个ex8-1.py文件，然后在其中输入如下代码：

```
'''
案例 8.1   使用 requests 库获得网页源代码
'''
# 导入 requests 库
import requests


# 定义一个公用函数使用 requests 库获取源代码，唯一的参数为 url
def getHTML(url):
    try:
        r=requests.get(url)              # 模拟发送 HTTP GET 请求
        html=r.text                      # 返回文本形式的 HTML 源代码
        return html                      # 返回 HTML
    except:
        print("error")                   # 如果有异常打印错误


# 程序主函数，给定目标网页 url 地址调用 getHTML 函数爬取
if __name__=='__main__':
    url='http://www.wuxia.net.cn/author/jinyong.html'  # 给定目标网页 URL 地址
    html,headers=getHTML(url)            # 调用函数获取爬取 html 代码和 headers 信息
    print(html)                          # 打印查看 HTML 代码
```

运行程序就会在终端打印输出目标网页的HTML源代码和响应头信息。由于HTML代码较长，这里仅显示部分内容。

```
...
<div id="main">
    <div id="left">
            <div class="crumb"> 当前位置：<a href="/"> 武侠小说网 </a> &gt;<a href=
```

```
"/author.html">武侠作者 </a>&gt; 金庸 </div>
        <h1> 金庸 </h1>
        <div class="text">
            <p> 金庸（1924 年农历二月初六 &mdash;&mdash;）。原名查良镛 (zhā liáng
yōng, 英: Louis Cha)，当代著名作家、新闻学家、企业家、政治评论家、社会活动家,《中华人
民共和国香港特别行政区基本法》主要起草人之一、香港 &ldquo; 大紫荆勋章 &rdquo; 获得者、华
人作家首富。金庸是新派武侠小说最杰出的代表作家，被普遍誉为武侠小说史上前无古人后无来者
的 &ldquo; 绝代宗师 &rdquo; 和 &ldquo; 泰山北斗 &rdquo;，更有金迷们尊称其为 &ldquo; 金大侠
&rdquo; 或 &ldquo; 查大侠 &rdquo;。</p>
            <div class="clear"></div>
        </div>
        <div class="leftbox">
            <h2> 金庸小说列表 :</h2>
            <ul class="co3">
            <li><a href="/book/feihuwaizhuan.html"> 飞狐外传 </a></li>
            <li><a href="/book/xueshanfeihu.html"><strong> 雪山飞狐 </strong></a></li>
            <li><a href="/book/lianchengjue.html"><strong> 连城诀 </strong></a></li>
            <li><a href="/book/tianlongbabu.html"><strong> 天龙八部 </strong></a></li>
              <li><ahref="/book/shediaoyingxiongzhuang.html"><strong> 射雕英雄传
</strong></a></li>
            <li><a href="/book/baimaxiaoxifeng.html"> 白马啸西风 </a></li>
            <li><a href="/book/ludingji.html"><strong> 鹿鼎记 </strong></a></li>
            <li><a href="/book/xiaoaojianghu.html"><strong> 笑傲江湖 </strong></a></li>
            <li><a href="/book/shujianenchoulu.html"> 书剑恩仇录 </a></li>
            <li><a href="/book/shendiaoxialv.html"><strong> 神雕侠侣 </strong></a></li>
            <li><a href="/book/xiakexing.html"><strong> 侠客行 </strong></a></li>
            <li><a href="/book/yitiantulongji.html"><strong> 倚天屠龙记 </strong></a></li>
            <li><a href="/book/bixuejian.html"><strong> 碧血剑 </strong></a></li>
            <li><a href="/book/yuanyangdao.html"> 鸳鸯刀 </a></li>
            <li><a href="/book/yuenvjian.html"> 越女剑 </a></li>
            <li><a href="/book/yuanchonghuanpingzhuan.html"> 袁崇焕评传 </a></li>
            </ul>
            <div class="clear"></div>
        </div>
    </div>
```

读者可以尝试一下使用该程序访问其他的网页，有些网页可以成功，有些网页无法获取其源代码，原因可能在于：使用程序模拟浏览器访问时没有给定模拟请求头信息，尤其是请求头里的浏览器类型，因此一般情况下还需要给定请求代理信息，这部分内容的解决方案请参考第9章。同时本小节为体验内容，更为详细的说明也请参考第9章相关章节。

8.1.3 体验 BeautifulSoup 库解析金庸武侠小说列表网页

BeautifulSoup库翻译过来可以称为美味汤，其对网页源代码解析的过程可以美化为煲一锅汤。该库的官网中文手册地址为：https://beautifulsoup.readthedocs.io/zh_CN/v4.4.0/。更为详细的说明读者可以访问该手册，或者直接读其源码进行理解。

BeautifulSoup库使用的时候先将HTML源代码作为参数，然后加入解析的方法——html.parser，也就是对html源代码进行解析。解析后返回一个解析结果对象，然后调用该对象的一些方法就可以通过网页内容的精确定位来获取文本内容。这部分的使用要结合前面第3章如何使用HTML标记精确定位相关说明和案例来理解。

BeautifulSoup库简单体验分如下步骤进行：

第一步，调用BeautifulSoup库解析HTML源代码，返回一个解析对象，基本语法示例如下：

```
soup = BeautifulSoup(html,'html.parser')      # 参数 html 为源代码, html.parser 为解
                                               # 析器, 返回 soup 对象
```

第二步，调用soup解析对象的tag属性，返回tag节点对象，然后调用该对象的name属性、string属性可以获取tag标记名及包裹的文本内容。基本语法示例如下：

```
tagName = soup.<tag>.name        #tag 就是 HTML 标记名, 返回该标记的名称
tagText = soup.<tag>.string      # 返回标记内的文本内容
```

第三步，调用soup对象的find、find_all或select方法，查找源代码中符合参数定义的所有HTML标记区列表，然后使用列表元素的string或text属性获得HTML标记内的文本内容。基本语法示例如下：

```
targetFind = soup.find_all(tag)           #tag 为 HTML 标记
for item in targetFind: print(item.string)
```

或：

```
targetFind = soup.select(selector)        #selector 为选择器
for item in targetFind: print(item.string)
```

由于BeautifulSoup解析的是网页源代码，因此它需要和requests库组合起来使用，也就是它可以用于解析requests库获取的网页源码，完成目标内容的爬取。

【案例8.2】体验BeautifulSoup库解析金庸武侠小说全集页面源代码。

本案例中将爬取两部分内容，第一部分为金庸先生简介，第二部分为其小说列表及小说对应的网页地址链接。

任务一： 爬取金庸先生简介文本内容。

问题分析： 在浏览器地址栏输入金庸小说列表页面地址，打开该网页，然后按快捷键F12启用网页开发者工具。定位到金庸先生简介文本内容区域，右侧的HTML代码显示该区域为\<p>...</p>段落文本标记。检查源代码发现只有一个p段落标记，使用BeautifulSoup的tag标签定位方法就可以获取（见图8-2）。

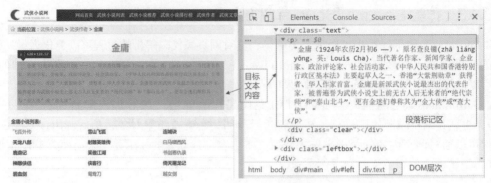

图 8-2　目标文本内容精确定位

代码实现： 在 requests 获得源代码基础上编写 BeautifulSoup 解析函数。

ex8-1.py 程序创建了一个 getHTML 公用函数用于获取目标网页的源代码。接下来在其基础上再创建一个 getJinYong 函数，使用 BeautifulSoup 来解析源代码，并将完整代码保存为 ex8-2.py 程序。

```
'''
案例 8.2　使用 requests+BeautifulSoup 库爬取金庸先生简介文本
'''
# 导入 requests 和 BeautifulSoup 库
import requests
from bs4 import BeautifulSoup


# 定义一个公用函数使用 requests 库获取源代码，唯一的参数为 url
def getHTML(url):
    try:
        r=requests.get(url)           # 模拟发送 HTTP GET 请求
        html=r.text                   # 返回文本形式的 HTML 源代码
        return html                   # 返回 HTML
    except:
        print("error")               # 如果有异常打印错误


# 定义一个函数 getJinYong，使用 soup 的 tag 定位方法，目标文本标记为 p
def getJinYong(html):
    soup=BeautifulSoup(html,'html.parser')
    target=soup.p.string
return target


# 程序主函数，给定目标网页 URL 地址调用 getHTML 函数爬取源代码，使用 getJinYong 函数获取目标内容
if __name__ == '__main__':
    url='http://www.wuxia.net.cn/author/jinyong.html'    # 给定目标网页 URL 地址
    html=getHTML(url)                                     # 调用函数获取爬取 HTML 代码
```

```
print("爬取的金庸先生简介文本为: ",getJinYong(html))
```

程序执行后在终端输出内容如下:

爬取的金庸先生简介文本为:　金庸(1924年农历二月初六　——)。原名查良镛(zhā　liáng　yōng,英:
Louis　Cha),当代著名作家、新闻学家、企业家、政治评论家、社会活动家,《中华人民共和国香港
特别行政区基本法》主要起草人之一、香港"大紫荆勋章"　获得者、华人作家首富。金庸是新派武侠
小说最杰出的代表作家,被普遍誉为武侠小说史上前无古人后无来者的"绝代宗师"和"泰山北斗",
更有金迷们尊称其为"金大侠"或"查大侠"。

任务二: 爬取金庸小说列表及超链接地址。

问题分析: 金庸小说列表文本和链接地址都在超链接<a>标记区域,小说名为<a>链接的文
本节点,链接地址为<a>的属性href节点。但源代码中有许多<a>标记,如何清晰定位到目标区域
呢? 可以使用其父辈节点ul进一步锁定范围,其class类名为co3,这个在源代码中是唯一的,因此
使用类名co3和超链接a组合选择器就可以锁定目标内容(见图8-3)。

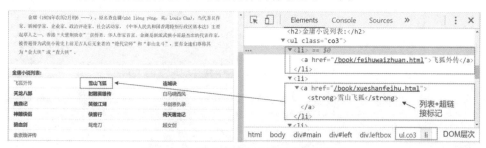

图8-3　金庸小说列表文字及超链接定位

代码实现: 在第二步代码ex8-2.py文件中增加一个函数getBookURL,用于获取列表内容及链
接地址,最后输出为字典形式。代码参考如下:

```
'''
案例8.2　使用requests+BeautifulSoup库爬取金庸先生简介、小说名及链接地址
'''

# 导入requests库
import requests
from bs4 import BeautifulSoup


# 定义一个公用函数使用requests库获取源代码,唯一的参数为url
def getHTML(url):
    try:
        r = requests.get(url)        # 模拟发送HTTP GET请求
        html = r.text                # 返回文本形式的HTML源代码
        return html                  # 返回HTML
    except:
        print("error")              # 如果有异常打印错误


# 定义一个函数getBookURL(),使用soup的select方法,给定选择器组合".co3 a"来爬取
```

```
def getBookURL(html):
    # 定义一个空字典
    book_url = {}
    # 解析网页源代码
    soup = BeautifulSoup(html,'html.parser')
    # 基于选择器使用 select 方法返回解析列表结果
    target = soup.select('.co3 a')
    # 爬取列表元素的 string 属性，然后使用列表生成式存为 book 列表
    book=[item.string for item in target]
    # 爬取列表元素的 attrs 属性，属性名为 href，然后存为 url 列表
    url=[item.attrs['href'] for item in target]
    # 使用 zip() 函数将 book 列表和 url 列表中的元素打包，生成字典
    for item,url in zip(book,url):
        book_url[item]='http://www.wuxia.net.cn'+url
    # 返回字典结果
    return book_url


if __name__ == '__main__':
    url = 'http://www.wuxia.net.cn/author/jinyong.html'  # 给定目标网页 URL 地址
    html= getHTML(url)  # 调用函数获取爬取 html 代码和 headers 信息
    print(" 爬取金庸小说及链接地址为: ",getBookURL(html))
```

最终运行结果输出在终端窗口，内容显示如下：

```
爬取金庸小说及链接地址为:
{'飞狐外传': 'http://www.wuxia.net.cn/book/feihuwaizhuan.html',
'雪山飞狐': 'http://www.wuxia.net.cn/book/xueshanfeihu.html',
'连城诀': 'http://www.wuxia.net.cn/book/lianchengjue.html',
'天龙八部': 'http://www.wuxia.net.cn/book/tianlongbabu.html',
'射雕英雄传': 'http://www.wuxia.net.cn/book/shediaoyingxiongzhuang.html',
'白马啸西风': 'http://www.wuxia.net.cn/book/baimaxiaoxifeng.html',
'鹿鼎记': 'http://www.wuxia.net.cn/book/ludingji.html',
'笑傲江湖': 'http://www.wuxia.net.cn/book/xiaoaojianghu.html',
'书剑恩仇录': 'http://www.wuxia.net.cn/book/shujianenchoulu.html',
'神雕侠侣': 'http://www.wuxia.net.cn/book/shendiaoxialv.html',
'侠客行': 'http://www.wuxia.net.cn/book/xiakexing.html',
'倚天屠龙记': 'http://www.wuxia.net.cn/book/yitiantulongji.html',
'碧血剑': 'http://www.wuxia.net.cn/book/bixuejian.html',
'鸳鸯刀': 'http://www.wuxia.net.cn/book/yuanyangdao.html',
'越女剑': 'http://www.wuxia.net.cn/book/yuenvjian.html',
'袁崇焕评传': 'http://www.wuxia.net.cn/book/yuanchonghuanpingzhuan.html'}
```

有了书名和对应的链接地址，读者就可以自己尝试使用按照获取金庸先生简介文本的方式去下载这些小说文本了，具体细节可参考第9章。

8.2　Python 爬虫初体验

【案例8.3】Python爬虫体验——获取邑石网插画。

扫一扫,看视频讲解

邑石网是一个正版图片、字体和音乐素材提供商,具有亿级高清图片素材,包括来自全球供稿创意的照片、插画、矢量图形等。本案例选择该网站的未来世界人物场景插画页面进行爬取。该网页显示如图8-4所示。

图 8-4　邑石网未来世界人物场景插画网页显示

(1)查看该网站的robots协议。

很显然,该网站官宣自己为正版图片提供商,为了表示尊重需要先查看一下该网站提供的robots.txt协议,看看有哪些规范要求。

在浏览器地址栏输入其地址:https://www.yestone.com/robots.txt,返回的内容如下:

```
User-Agent: *
Disallow: /search
Visit-time: 0100-0800
Request-rate: 20/1m 0100 - 0759
```

协议显示支持一切代理爬虫,但不允许爬取根目录search下的内容。同时对于请求次数有要求,每分钟不能超过20次。

本案例作为案例示范只对其中某一个目录下的图片进行爬取,请求次数肯定不会超过限制,所以可以放心地通过Python程序来爬取该网站上的图片。

(2)选定未来世界人物场景插画页面爬取图片。

第一步,确定该页面的网络地址URL。

可以直接从浏览器地址栏复制一下,其URL地址为:https://www.yestone.com/gallery/%E6%9C%AA%E6%9D%A5%E4%B8%96%E7%95%8C%E4%BA%BA%E7%89%A9%E5%9C%BA%E6%99%AF%E6%8F%92%E7%94%BB。

第二步,基于requests库编写代码获取网页源代码。

在PyCharm的myProject目录中新建一个Python文件,命名为ex8-3.py,专门用于本案例爬取代码开发。

这一步任务内容可以参考ex8-2.py中的获取源代码函数。由于通过爬虫获取的源代码排版较乱，不容易识别目标，这里加入BeautifulSoup对象的prettify方法，可以按照正常结构来排版获得的HTML代码。

整体代码参考如下：

```
'''
案例 8.3    使用 requests 库爬取邑石网插画源代码
'''

# 导入 requests 库
import requests

# 定义一个公用函数使用 requests 库获取源代码，唯一的参数为 url
def getHTML(url):
    try:
        r = requests.get(url)              # 模拟发送 HTTP GET 请求
        html = r.text                      # 返回文本形式的 HTML 源代码
        return html                        # 返回 HTML 代码
    except:
        print("error")                     # 如果有异常打印错误

# 主函数完成获取目标网页源代码
if __name__ == '__main__':
# 给定目标网页 URL 地址
url = 'https://www.yestone.com/gallery/%E6%9C%AA%E6%9D%A5%E4%B8%96%
E7%95%8C%E4%BA%BA%E7%89%A9%E5%9C%BA%E6%99%AF%E6%8F%92%E7%94%BB'
html = getHTML(url)    # 调用函数爬取 HTML 代码
print(BeautifulSoup(html,'html.parser').prettify())         # 美化网页排版
```

执行代码后终端打印输出源代码，由于内容很长，这里仅显示部分内容：

```
...
<div class="item" data-v-369f63dd="">
        <a data-v-369f63dd="" href="/media/D342751104" target="_blank">
        <img alt="Spaceman Standing Inside a Futuristic Corridor" data-v-369f63dd="" src=
"http://st3.cdn.yestone.com/thumbs/3203307/image/34275/342751104/api_thumb_450.jpg"/>
        </a>
        <div class="nohover-wrap" data-v-369f63dd="">
        <div class="extra d-flex align-items-center" data-v-369f63dd="">
                <!-- -->
                <!-- -->
                <!-- -->
```

```
        </div>
      </div>
...
```

为了和源代码对比，可以使用开发者工具中的Elements模块，定位一个图片所在的HTML标记区（见图8-5）。

图8-5　目标图片所在的 HTML 标记区定位

第三步，基于BeautifulSoup库编写代码获取图片。

由于要用到第二步获得的源代码，接下来就在ex8-3.py中继续编写代码。这一步任务需要获得图片所在的链接地址，从源代码及图8-5可以看到，图片的地址和描述都在img标签的属性节点里，地址链接在src节点，描述文本在alt节点。而要精确锁定img标签，可以使用父辈节点超链接a和类名为item的div节点。

在获得了图片的链接地址后，可以将图片下载下来保存到本地。这里加入文件写入代码，即将图片通过文件写入方式保存到本地。

结合第二步的任务，整体代码参考如下：

```
'''
案例 8.3   使用 requests+BeautifulSoup 库爬取邑石网图片
'''
# 导入 requests 和 BeautifulSoup 库
import requests
from bs4 import BeautifulSoup

# 定义一个公用函数使用 requests 库获取源代码，唯一的参数为 url
def getHTML(url):
    try:
        r = requests.get(url)          # 模拟发送 HTTP GET 请求
        html = r.text                  # 返回文本形式的 HTML 源代码
        return html                    # 返回 HTML 代码
    except:
        print("error")                 # 如果有异常打印错误
```

```
# 定义一个函数 getImage()，使用 soup 的 select 方法，给定选择器来爬取
def getImage(html,selector=None):
    # 定义一个 ImgUrls 空列表准备存储图片地址
    ImgUrls=[]
    # 解析网页源代码
    soup = BeautifulSoup(html,'html.parser')
    # 基于选择器使用 select 方法返回解析列表结果
    target = soup.select('.item a img')
    # 爬取列表元素的属性 src，然后保存到 ImgUrls 列表
    for item in target:
        ImgUrls.append(item.attrs['src'])
    return ImgUrls


if __name__ == '__main__':
    # 给定目标网页 URL 地址
    url = 'https://www.yestone.com/gallery/%E6%9C%AA%E6%9D%A5%E4%B8%96%
    E7%95%8C%E4%BA%BA%E7%89%A9%E5%9C%BA%E6%99%AF%E6%8F%92%E7%94%BB'
    # 调用函数获取爬取 HTML 代码
    html = getHTML(url)
    # 定义一个文件夹命名为 img
    filepath='img/'
    # 根据获取的图片 URL 地址，使用 requests 发送 get 请求，将返回的图片二进制信息保存到文件
    for index,item in enumerate(getImage(html)):
        r2 = requests.get(item)
        with open(filepath+str(index)+'.jpg','wb+') as f:
            f.write(r2.content)
    #r.content 为获取的图片二进制内容
```

先在myProject目录下新建一个img目录，然后运行程序，很快在img目录里就下载了31张图片，这就是未来世界人物场景插画页面提供的31张图片。读者可以尝试该爬虫，然后对比一下效果（见图8-6）。

图 8-6 邑石网未来世界人物场景插画爬取保存效果

读者可以以此案例为参考，尝试爬取一下其他场景相关照片。不过需要说明的是，本案例只作为实践案例使用，对爬取到的图片仅仅示例，不得用于商业行为。

【**案例8.4**】Python爬虫体验——获取中国体彩网七星彩数据。

中国体育彩票属于国家体育总局下属的运营部门，体育彩票种类较多，本案例关注其中的七星彩。七星彩是每周二、五、日开奖，开奖号码为7个数字，如果买了彩票刮出的数字正好与开奖结果吻合，就可以中得一等奖，最高奖金可达500万元。

下面通过Python爬虫来获得七星彩历史开奖结果。该页面显示效果部分截图如图8-7所示。

图8-7　七星彩历史开奖结果数据

第一步，确定网页的URL地址。

浏览器上该网页路径为https://www.lottery.gov.cn/historykj/history.jspx?_ltype=qxc，可以直接复制下来存到代码中。

第二步，编码实现requests获得目标网页源代码。

在PyCharm的myProject目录中新建一个Python文件，命名为ex8-4.py，专门用于本案例爬取代码开发。

这一步任务内容可以直接使用ex8-2.py中的获取源代码函数，参考如下：

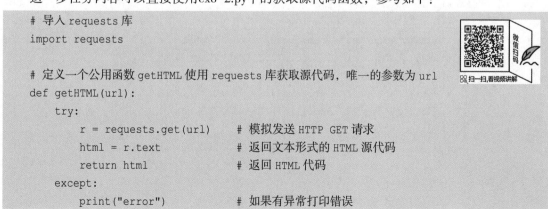

```python
# 导入 requests 库
import requests


# 定义一个公用函数 getHTML 使用 requests 库获取源代码，唯一的参数为 url
def getHTML(url):
    try:
        r = requests.get(url)        # 模拟发送 HTTP GET 请求
        html = r.text                # 返回文本形式的 HTML 源代码
        return html                  # 返回 HTML 代码
    except:
        print("error")              # 如果有异常打印错误
```

```
# 主函数里给定目标网页 URL 地址，调用 getHTML() 函数并打印输出源代码
if __name__ == '__main__':
    url = 'https://www.lottery.gov.cn/historykj/history.jspx?_ltype=qxc'
    html = getHTML(url)                # 调用函数爬取 HTML 代码
     # 定义一个文件夹命名为 img
    print(html)
```

保存代码后运行程序，终端打印出了网页源代码。由于内容较多，这里仅显示部分内容。

```
        <tr>
            <th width="30" align="center" bgcolor="#dcebfb">注数 </th>
            <th width="80" align="center" bgcolor="#dcebfb">奖金（元）</th>
            <th width="30" align="center" bgcolor="#dcebfb">注数 </th>
            <th width="75" align="center" bgcolor="#dcebfb">奖金（元）</th>
            <th width="35" align="center" bgcolor="#dcebfb">注数 </th>
            <th width="75" align="center" bgcolor="#dcebfb">奖金（元）</th>
            <th width="40" align="center" bgcolor="#dcebfb">注数 </th>
            <th width="70" align="center" bgcolor="#dcebfb">奖金（元）</th>
            <th width="45" align="center" bgcolor="#dcebfb">注数 </th>
            <th width="70" align="center" bgcolor="#dcebfb">奖金（元）</th>
            <th width="55" align="center" bgcolor="#dcebfb">注数 </th>
            <th width="70" align="center" bgcolor="#dcebfb">奖金（元）</th>
        </tr>
        </thead>
        <tbody>
        <tr>
            <td width="40" height="23" align="center" bgcolor="#f9f9f9">20011</td>
            <td align="center" bgcolor="#f9f9f9" class="c7x">7887586</td>
            <td align="center" bgcolor="#f9f9f9">0</td>
            <td align="center" bgcolor="#f9f9f9">0.00</td>
            <td align="center" bgcolor="#f9f9f9">3</td>
            <td align="center" bgcolor="#f9f9f9">48,415</td>
            <td align="center" bgcolor="#f9f9f9">77</td>
            <td align="center" bgcolor="#f9f9f9">1,800</td>
            <td align="center" bgcolor="#f9f9f9">1,122</td>
            <td align="center" bgcolor="#f9f9f9">300</td>
            <td align="center" bgcolor="#f9f9f9">13,290</td>
            <td align="center" bgcolor="#f9f9f9">20</td>
            <td align="center" bgcolor="#f9f9f9">153,752</td>
            <td align="center" bgcolor="#f9f9f9">5</td>
            <td align="center" bgcolor="#f9f9f9">
```

```
    ...
</tr>
```

第三步，编码实现BeautifulSoup解析网页源代码获得数据。

从网页源代码可以看出，数据所在的就是一个简单的table标记，单元格也没有设置class类或者id名。从开发者工具Elements面板也能监测出同样的效果（见图8-8）。

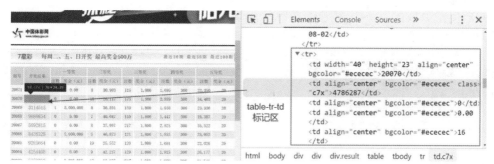

图8-8　开发者工具Elements面板定位单元格标记

结合第二步的源代码爬取结果，在ex8-4.py文件中再增加一个getQXC函数，专门用于BeautifulSoup解析源代码，返回数据结果。

最终整体案例的代码参考如下：

```
'''
案例8.4　使用requests+BeautifulSoup库爬取七星彩数据
'''
# 导入requests和BeautifulSoup库、re正则库
import requests
from bs4 import BeautifulSoup
import re

# 定义一个公用函数使用requests库获取源代码，唯一的参数为url
def getHTML(url):
    try:
        r=requests.get(url)        # 模拟发送HTTP GET请求
        html=r.text                # 返回文本形式的HTML源代码
        return html                # 返回HTML代码
    except:
        print("error")            # 如果有异常打印错误

# 定义一个函数getQXCData()，使用soup的select()方法，给定选择器来爬取
def getQXCData(html):
    # 定义一个qxcData空列表准备存储该页面的表格数据
    qxcData=[]
    # 解析网页源代码
```

```
soup = BeautifulSoup(html,'html.parser')
# 基于选择器使用 select() 方法返回解析列表结果，选择器组合为标签 tr 和 td 组合获取七星
# 彩数据，返回列表对象 targetd
targetd = soup.select('tr>td')
# 选择器组合为 th 获取七星彩表头列名，返回列表对象 targeth
targeth= soup.select('th')
targeth= soup.select('th')
# 先解析获取表头列名文本内容，使用逗号分隔拼接成字符串
# 爬取到的一等奖、二等奖等所在列时在源代码中是合并列，现在需要将注数和奖金添加到一等
# 奖后，二等奖后，等
thead=''
for item in targeth:
    # 将爬取的注数文本去除
    if "注数"in str(item.string):
        continue
    # 将爬取的奖金（元）文本去除
    if "奖金（元）"==str(item.string):
        continue
    # 如果元素中含有等奖，即一等奖，二等奖，等，在其文本后添加注数、奖金内容
    if "等奖" in str(item.string):
        item=str(item.string)+' 注数 ,'+ str(item.string)+ ' 奖金（元))'
    else:
        item=item.string
    # 拼接成字符串形成表头
    thead+=item+','
# 获取七星彩表格文本内容，存为 tdtext 数据列表
tdtext=[item.string for item in targetd]
# 使用正则库，返回带逗号的对象
strre=re.compile(',')
# 表格一共有 18 列，按行将行内 18 个元素拼接成字符串然后存入 qxcData 列表中
for num in range(0,len(tdtext),18):
    strRow = ''
    for item in tdtext[num:num+18]:
        # 利用正则对象将元素中的匹配项都替换成空格
        item=strre.sub('',str(item))
        strRow+=str(item)+','
    qxcData.append(strRow[:-1])
# 将表头数据字符串、表格数据返回
return thead,qxcData


# 主函数，调用相关函数爬取到数据并写入文件中
if __name__=='__main__':
```

```
# 给定体彩网七星彩网站页面 URL 地址
url='https://www.lottery.gov.cn/historykj/history_1.jspx?_ltype=qxc'
# 调用 getHTML() 函数获取 HTML 代码
html=getHTML(url)
# 调用 getQXCData() 函数爬取到表头数据和表格数据
thead,tdata=getQXCData(html)
# 将爬取的数据存储到 qxc20.dat 文本文件中
with open('qxc20.dat', 'w+') as f:
    # 先将表头数据写入
    f.write(thead[:-1])
    # 表头数据写完后加一个换行，准备写表格数据
    f.write('\n')
    # 表格数据按行来写入
    for item in tdata:
        # 写入文件时一行一行写入
        f.write(item)
        # 同时每行写入完成后加一个换行
        f.write('\n')
```

保存程序并运行后，目标网页上的七星彩数据就保存到本地目录的qxc20.dat文件中。打开该文件，内容显示如图8-9所示。

图 8-9 qxc20.dat 文件的内容

如果选择使用Excel打开该文件，效果如图8-10所示。

期号	开奖结果	一等奖注数	一等奖奖金(元)	二等奖注数	二等奖奖金(元)	三等奖注数	三等奖奖金(元)	四等奖注数	四等奖奖金(元)	五等奖注数	五等奖奖金(元)	六等奖注数	六等奖奖金(元)	详情	销售额(元)	奖池奖金(元)	开奖日期
20072	0193714	0	0	6	44061	104	1800	1449	300	20165	20	246421	5	None	10002036	18321656.56	2020-8-4
20071	5771134	0	0	8	30993	115	1800	1695	300	22350	20	260039	5	None	10086086	15942333.18	2020-8-2
20070	4786287	0	0	16	20117	173	1800	2889	300	34403	20	378043	5	None	14235212	13710794.75	2020-7-31
20069	3114515	1	5000000	6	36891	159	1800	1938	300	23336	20	284609	5	None	10144574	10813803.76	2020-7-28
20068	9680854	0	0	7	40047	110	1800	1447	300	18587	20	234493	5	None	10162450	13821675.13	2020-7-26
20067	5692815	0	0	8	37997	217	1800	2925	300	35522	20	384544	5	None	14165458	11298709.18	2020-7-24
20066	8438328	1	5000000	5	46873	121	1800	1833	300	23952	20	275721	5	None	10140870	8562876.2	2020-7-21
20065	9285664	0	0	10	25552	120	1800	1691	300	22026	20	243966	5	None	10079484	11453563.03	2020-7-19
20064	4254468	0	0	9	42237	129	1800	1913	300	26177	20	335038	5	None	13890284	9153795.59	2020-7-17
20063	5872330	1	5000000	17	13075	213	1800	1908	300	21546	20	253844	5	None	9956802	5732527.35	2020-7-14
20062	9364149	0	0	4	70156	69	1800	1382	300	19344	20	224155	5	None	9903460	8731923.67	2020-7-12
20061	9415711	0	0	13	26492	190	1800	2248	300	28669	20	350138	5	None	13845920	6206307.31	2020-7-10
20060	4210497	0	0	4	58518	107	1800	1597	300	17773	20	234651	5	None	9349490	3106679.59	2020-7-7
20059	5286889	2	2767162	39	5566	144	1800	1930	300	22682	20	268099	5	None	9802344	1000000	2020-7-5
20058	5338018	2	5000000	6	55795	209	1800	2456	300	32955	20	414199	5	None	14675190	3580591.9	2020-7-3
20057	8323371	0	0	6	43881	117	1800	1507	300	19779	20	236895	5	None	9950342	10567618.61	2020-6-30
20056	8265553	0	0	3	84712	143	1800	1543	300	19931	20	239617	5	None	9915088	8197997.29	2020-6-28
20055	9572046	0	0	15	21765	170	1800	2430	300	28241	20	328887	5	None	13283696	5910747.98	2020-6-26
20054	5282786	0	0	2	109581	114	1800	1506	300	22157	20	253802	5	None	9398940	2972467.54	2020-6-23
20053	8205933	1	4771842	8	32349	92	1800	1506	300	20402	20	245209	5	None	9876414	1000000	2020-6-21

图 8-10　Excel 显示 Python 爬取的七星彩历史数据

读者可以与网页显示内容对比一下，除了表格表头部分排版有所差异外，其他的都是一致的。也就是说，通过Python编码圆满实现了对表格数据的爬取。

通过使用Python第三方库requests和BeautifulSoup编码完成Python网页爬虫，两个库的使用方法较为简单，其中requests库获取网页源代码，BeautifulSoup库解析网页源代码获得爬取最终结果。requests库在体验部分只需要给定网页地址就可以完成任务，而BeautifulSoup库需要结合之前介绍的网页相关基础，包括标记和选择器知识来定位目标内容，完成爬虫目标的锁定和获取。在爬取到数据后，可以将数据以文件方式保存下来。

8.3　Python+Excel 组合爬虫体验

Python通过使用第三方库完成网页内容的爬取，Excel也可以快捷爬取。这两者如果作对比，可以说是各有所长，同时要视爬取任务而言。从体验角度来说，Excel可视化界面操作能够很快将页面上的表格数据解析并爬取成本地的工作表，这对于写代码有挑战的读者是非常便利的；Python则需要有一定编程基础，但由于其与数据存储、分析和可视化技术组件的完美融合，其可扩展性是Excel不能比的，尤其在数据达到一定量级情况下Python的优势体现得会更加明显。

Python和Excel可以联合起来使用，这里的联合还是以Python为主，在Python中通过使用与Excel操作相关的第三方库直接将爬取的数据保存为Excel工作表，然后利用Excel软件中的数据分析功能和图表功能完成后续的数据分析任务。本节将以爬取中国站长网提供的APP应用总排行榜网页为例，介绍将Python和Excel联合爬虫的体验过程。

8.3.1　安装和体验 pandas 和 openpyxl 库

扫一扫，看视频讲解

在使用Python进行数据分析时，numpy和pandas为应用最广泛的第三方库。numpy可以用于维度数组和矩阵运算，pandas是基于numpy的一种工具，它提供了大量快速便捷处理数据的函数和方法。

本案例中将会调用pandas的DataFrame模块，该模块为表格型的数据结构容器，与Excel工作表呈现样式一致，也就是说，可以使用DataFrame对象将数据直接构造成Excel工作表样式，然后使用其to_Excel方法写入Excel文件。同时需要安装一个openpyxl库，才能完成写入操作。

（1）第三方库pandas和openpyxl库安装。

在PyCharm底部的终端窗口单击Terminal面板按钮，进入命令行模式，然后使用pip工具下载安装到项目的虚拟环境中，命令如下：

```
(venv) D:\PycharmProjects\myProject>pip install -i https://mirrors.aliyun.com/pypi/
simple pandas
(venv) D:\PycharmProjects\myProject>pip install -i https://mirrors.aliyun.com/pypi/
simple openpyxl
```

（2）简单使用pandas和openpyxl将数据写入Excel表。

可以在myProject目录下新建一个pandas_test.py文件，写入如下代码：

```
'''
pandas_test 案例：使用 pandas 库输出数据到 Excel 表
'''

# 导入第三方库
import pandas as pd
import openpyxl

# 构造一个字典数据，键名对应表格模型里的列名，值对应那一列的值
data={
    '第一列': ['张三','李四','王五'],          # 第一列数据，键名为列名，值为列表
    '第二列':[88,86,65]                        # 第二列数据
}
# 调用 DataFrame 构造一个表格模型，数据为 data，返回 df 表格对象
df = pd.DataFrame(data)

# 将 df 写入 Excel 文件中
df.to_Excel('pandas_test.xlsx')
```

保存程序并执行，最后就将data数据存入Excel中，效果如图8-11所示。

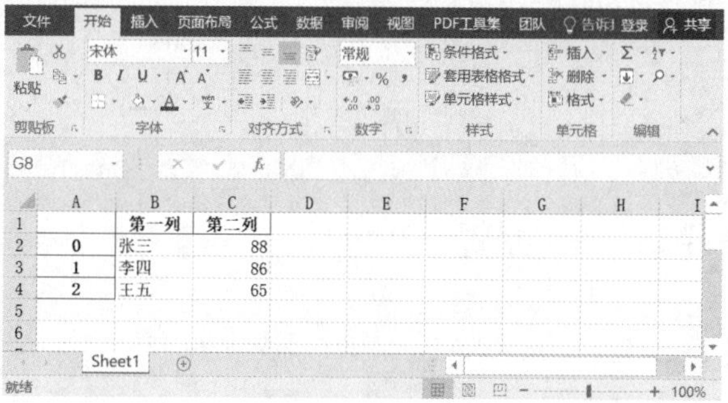

图 8-11　使用 pandas 将数据写入 Excel 示例

从该例来看，将数据通过pandas库写入Excel的关键在于构造字典类数据，字典中每个键值对里键名为表格结构中的列名，其值为一个列表，列表中的元素就是该列单元格内的数据。因此在实践时，列名可以通过程序给定，只需要准备好以列表形式存在的值即可。

8.3.2　安装和体验 xlsxwriter 库

扫一扫,看视频讲解

除了将Python处理的数据导入Excel外，Python还可以直接操作Excel表格。这里介绍第三方库xlsxwriter，使用该模块可以在Python中编码来生成Excel表格，并能实现数据插入、单元格操作以及直接绘图等Excel表格用法。

（1）第三方库xlsxwriter库安装。

在PyCharm底部的终端窗口单击Terminal面板按钮，进入命令行模式，然后使用pip工具下载安装到项目的虚拟环境中，命令如下：

```
(venv) D:\PycharmProjects\myProject>pip install -i https://mirrors.aliyun.com/pypi/
simple xlsxwriter
```

（2）简单使用xlsxwriter库生成Excel表格数据。

可以在myProject目录下新建一个xlsxwriter_test.py文件，写入如下代码：

```
'''
 xlsxwriter_testt 案例：使用 xlswriter 库生成 Excel 表
'''
#1. 导入 xlsxwrite 库
import xlsxwriter

#2. 调用其 Workbook 方法建立 Excel 表，返回 Excel 表格对象
workbook=xlsxwriter.Workbook('xlswrite_test.xlsx')

#3. 调用表格对象，新增工作表命名为 sheet1
worksheet=workbook.add_worksheet('sheet1')

#4. 准备数据写入工作表 sheet1，包括表头设置和各列数据准备
# 准备各列数据名称，以列表形式保存
headings = ['Date', 'NumberA', 'NumberB']
# 调用表格对象的写入行方法生成表头数据
worksheet.write_row('A1', headings)
# 准备各列数据，每一列都使用列表保存
data = [
    ['9.1','9.2','9.3','9.4','9.5','9.6'],
    [1,4,5,10,12,15],
    [3,6,7,5,4,9]]
# 调用表格对象的写入列方法 write_column 生成各列数据
worksheet.write_column('A2',data[0])
```

```
worksheet.write_column('B2',data[1])
worksheet.write_column('C2',data[2])
#5. 最后保存表格对象并退出
workbook.close()
```

保存代码并运行程序，在同级目录下生成了一个xlswrite_test.xlsx文件。可以使用Excel打开，内容显示如图8-12所示。

	A	B	C	D
1	Date	NumberA	NumberB	
2	9.1	1	3	
3	9.2	4	6	
4	9.3	5	7	
5	9.4	10	5	
6	9.5	12	4	
7	9.6	15	9	

图 8-12 xlswriter 模块生成的 Excel 表格

(3)简单使用xlsxwriter库生成Excel表格数据，同时绘制图表。

继续上面的xlswriter_test.py测试程序，前面已经生成了数据，可以使用表格对象的add_chart方法实现绘图，代码参考如下：

```
'''
 xlsxwriter_testt 案例 : 使用 xlswriter 库生成 Excel 表并绘图
'''
#1. 导入 xlsxwrite 库
import xlsxwriter

#2. 调用其 Workbook 方法建立 Excel 表，返回 Excel 表格对象
workbook=xlsxwriter.Workbook('xlswrite_test.xlsx')

#3. 调用表格对象，新增工作表命名为 sheet1
worksheet=workbook.add_worksheet('sheet1')

#4. 准备数据写入工作表 sheet1，包括表头设置和各列数据准备
# 准备各列数据名称，以列表形式保存
headings=['Date', 'NumberA','NumberB']
# 调用表格对象的写入行方法 write_row 生成表头数据
worksheet.write_row('A1',headings)
# 准备各列数据，每一列都使用列表保存
data = [
    ['9.1','9.2','9.3','9.4','9.5','9.6'],
    [1,4,5,10,12,15],
    [3,6,7,5,4,9]]
# 调用表格对象的写入列方法 write_column 生成各列数据
```

```
worksheet.write_column('A2',data[0])
worksheet.write_column('B2',data[1])
worksheet.write_column('C2',data[2])
```

#5. 调用表格对象的 add_chart 方法，设定图表类型为 line 折线图，返回图表对象
```
chart_line = workbook.add_chart({'type':'line'})
# 调用图表对象的 add_series 方法填充数据
chart_line.add_series(
    {
        'name':'=sheet1!$B$1',
        'categories':'=sheet1!$A$2:$A$7',
        'values':    '=sheet1!$B$2:$B$7',
        'line': {'color': 'red'},
    }
)
# 设置图的名称、X 轴和 Y 轴坐标轴标题
chart_line.set_title({'name':'NumberA 变化趋势 '})
chart_line.set_x_axis({'name':" 日期 "})
chart_line.set_y_axis({'name':' 数值 '})
chart_line.set_style(1)
# 放置图表位置
worksheet.insert_chart('A10',chart_line,{'x_offset':25,'y_offset':10})
```

#6. 最后保存表格对象并退出
```
workbook.close()
```

保存代码并运行程序，生成Excel表的同时绘制了折线图（见图8-13）。

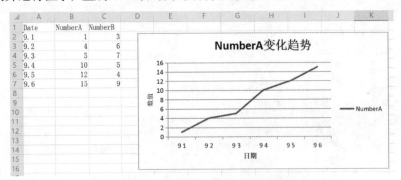

图 8-13　xlsxwriter 模块生成 Excel 图表效果

扫一扫,看视频讲解

【案例8.5】体验爬取站长网APP应用总排行榜前20。

目前智能手机APP应用非常多，几乎各个方面的应用都存在。中国站长网提供了一个APP应用排行榜，对主要的APP应用进行了排名，而且这个榜单还会实时更新。网页效果呈现如图8-14所示。

图 8-14 APP 应用排行榜网页效果

第一步，确定该网页的URL地址

直接在浏览器地址栏将地址复制下来，URL地址为https://aso.chinaz.com/appstore.html。

第二步，使用requests库获取网页源代码。

在这一步，需要在myProject目录下新建一个文件，命名为ex8-5.py。使用requests库获取源代码的函数可以直接参考之前案例中的getHTML函数。

```python
# 定义一个公用函数使用 requests 库获取源代码，唯一的参数为 url
def getHTML(url):
    try:
        r=requests.get(url)        # 模拟发送 HTTP GET 请求
        html=r.text                # 返回文本形式的 HTML 源代码
        return html                # 返回 HTML 代码
    except:
        print("error")            # 如果有异常打印错误
```

第三步，使用BeautifulSoup库解析网页源代码，爬取到排行榜数据内容。

启用网页开发者工具，使用元素监听工具聚焦到排行榜相关内容。排行榜里每一行是一个APP应用，需要抓取APP应用的名称、简介和APP的版本更新日期。对于其他的如APP图片、星级评价图片以及排名变化情况，先忽略。因为首页呈现了前20名的APP应用，本次先爬取这20名榜单（见图8-15）。

图 8-15 开发者工具定位目标所在 HTML 标记

使用BeautifulSoup库函数来解析爬取目标文本内容，在ex8-5.py中再创建一个函数getListData，负责解析网页源代码，参考如下：

```python
# 定义一个函数 getListData，使用 soup 的 select 方法，给定选择器来爬取
def getListData(html):
    # 解析网页源代码
    soup=BeautifulSoup(html,'html.parser')
    # 基于选择器使用 select 方法解析 APP 名称和简介，返回列表对象
    target_NameIntroTag=soup.select('.table_info p')
    # 遍历列表对象的元素 text 属性，获得文本内容，并存入列表
    NameIntro=[item.text for item in target_NameIntroTag]
    # 基于选择器使用 select 方法解析 APP 版本更新日期，返回列表对象
    target_VersionTag=soup.select('.table_info .table_date')
    # 遍历列表对象的元素 text 属性，获得文本内容，并存入列表
    version=[item.text for item in target_VersionTag]
    # 下面开始数据整理，将 APP 名和简介分开存储到列表里
    app_name,app_intro=[],[]
    # 整理 APP 名称和简介文本内容
    for item in NameIntro:
        # 如果元素中包含简介两个字，就使用冒号分割字符串取具体简介内容存到 app_intro 列表中
        if "简介" in item:
            intro=str(item).split(': ')[1]
            app_intro.append(intro)
        # 如果不包括简介两个字，就是 APP 的名称，直接存入 app_name 列表中
        else:
            app_name.append(item)
    version_date=[]
    # 整理版本更新日期数据，去除爬取下来的空格和扫 App Store 官方二维码下载文本
    for item in version:
        item=str(item).replace('扫 App Store 官方二维码下载','').strip()
        # 把版本日期取出来单独存入 version_date 列表中
        version_date.append(item.split(': ')[1])
    return app_name,app_intro,version_date
```

这一步中包括文本内容爬取之后的整理，因为需要获取的APP名称、简介内容和版本更新日期文本内容在爬取之后都有一些不符合要求的部分。整理过程主要用到了字符串的分割、替换方法。

第四步，将爬取并整理好的数据存入Excel，完成数据爬取及存储。

这一步的关键就是构造DataFrame对象。使用getListData函数获取到的APP名称、简介和版本更新日期来构建DataFrame数据模型。

```python
app,intro,version=getListData(html)
# 构造排名列表数据
```

```
rank=[ (i+1) for i in range(20)]
# 构建字典结构数据
data={
        ' 排名 ': rank,                    # 排名列数据
        'APP 名称 ':app,                   # APP 名称列数据
        'APP 简介 ':intro,                 # APP 简介列数据
        ' 版本更新日期 ':version            # 版本更新日期列数据
    }
df = pd.DataFrame(data)
# 将数据写入 appBoard20.xlsx 文件中，不给定 index 列号
df.to_Excel('appBoard20.xlsx',index=False)
```

下面给出完整的代码。

```
'''
案例 8.5  Python 联合 Excel 实现爬取
'''
# 导入第三方库
import requests
from bs4 import BeautifulSoup
import pandas as pd


# 定义一个公用函数使用 requests 库获取源代码，唯一的参数为 url
def getHTML(url):
    try:
        r=requests.get(url)               # 模拟发送 HTTP GET 请求
        html=r.text                       # 返回文本形式的 HTML 源代码
        return html                       # 返回 HTML 代码
    except:
        print("error")                    # 如果有异常打印错误


# 定义一个函数 getListData，使用 soup 的 select 方法，给定选择器来爬取
def getListData(html):
    # 解析网页源代码
    soup=BeautifulSoup(html,'html.parser')
    # 基于选择器使用 select 方法解析 APP 名称和简介，返回列表对象
    target_NameIntroTag=soup.select('.table_info p')
    # 遍历列表对象的元素 text 属性，获得文本内容，并存入列表
    NameIntro=[item.text for item in target_NameIntroTag]
    # 基于选择器使用 select 方法解析 APP 版本更新日期，返回列表对象
    target_VersionTag=soup.select('.table_info .table_date')
    # 遍历列表对象的元素 text 属性，获得文本内容，并存入列表
    version=[item.text for item in target_VersionTag]
```

```
        # 数据整理，将 APP 名和简介分开存储到列表里
        app_name,app_intro=[],[]
        # 整理 APP 名称和简介
        for item in NameIntro:
            # 如果元素中包含简介两个字，就使用冒号分割字符串取具体简介内容存到 app_intro 列表中
            if "简介" in item:
                intro=str(item).split(': ')[1]
                app_intro.append(intro)
            # 如果不包括简介两个字，就是 APP 的名称，直接存入 app_name 列表中
            else:
                app_name.append(item)
    version_date=[]
    # 整理版本更新日期数据，去除爬取下来的空格和扫 App Store 官方二维码下载文本
    for item in version:
        item=str(item).replace('扫 App Store 官方二维码下载','').strip()
        # 把版本日期取出来单独存入 version_date 列表中
        version_date.append(item.split(': ')[1])
    return app_name,app_intro,version_date


# 主函数，调用相关函数爬取到数据并写入 Excel 文件中
if __name__=='__main__':
    # 给定 APP 应用排行榜页面 URL 地址
    url = 'https://aso.chinaz.com/appstore.html'
    # 调用 getHTML 函数获取 HTML 代码
    html = getHTML(url)
    # 调用 getListData 函数爬取排行榜第一页前 20 名的 APP 名、APP 简介和版本更新日期
    app,intro,version=getListData(html)
    # 构造排名列表数据
    rank=[ (i+1) for i in range(20)]
    # 调用 pandas 的 DataFrame() 函数将数据写入 Excel 表中
    data={
        '排名': rank,
        'APP 名称':app,
        'APP 简介':intro,
        '版本更新日期':version
    }
    df=pd.DataFrame(data)
    df.to_Excel('appBoard20.xlsx',index=False)
```

保存代码后执行，最终将爬取完的结果存入 Excel 文件中，Excel 文件的内容如图 8-16 所示。

	A	B	C	D
1	排名	APP名称	APP简介	版本更新日期
2	1	微视-短视频创作与分享	发现更有趣	2020-08-03
3	2	剑侠情缘2：剑歌行	剑侠首款多元对战手游	2020-08-04
4	3	交管12123	"交管12123"是公安部官方互联网交	2020-07-23
5	4	拼多多-拼着买，才便宜	多实惠，多乐趣	2020-08-04
6	5	腾讯视频-三十而已独播	明日之子乐团季热播	2020-08-01
7	6	抖音短视频	记录美好生活	2020-07-29
8	7	微信	微信是一款全方位的手机通讯应用 有	2020-07-01
9	8	淘宝特价版	优选好工厂 天天批发价	2020-07-16
10	9	支付宝 - 生活好 支付宝	蚂蚁集团旗下的支付宝 是服务全球1:	2020-07-23
11	10	剪映 - 轻而易剪	全能剪辑神器	2020-07-29
12	11	QQ	——QQ•乐在沟通 √服务超过9(	2020-07-22
13	12	网易云音乐-音乐的力量	和超8亿有趣的人听歌看评论	2020-07-30
14	13	美团-吃喝玩乐 尽在美团	美食外卖买菜买药骑车首选美团App	2020-07-14
15	14	手机淘宝 - 淘到你说好	随时随地，想淘就淘	2020-07-27
16	15	爱奇艺-二十不惑独播	乐队的夏天2、漂亮书生独播	2020-07-27
17	16	百度	新闻头条热点视频	2020-07-31
18	17	江南百景图	模拟大明，经营江南	2020-07-29
19	18	得物(毒)-运动x潮流x好物	潮流生活方式平台	2020-08-04
20	19	小红书 - 标记我的生活	美好生活分享社区	2020-08-04
21	20	高德地图-精准地图，导航出行必备	实时公交、打车地铁路线智能规划	2020-07-30

图 8-16　APP 排行榜前 20 榜单爬取后存入 Excel 效果

8.4　本章小结

　　本章定位为爬虫初体验，带领读者体验Python的编码操作爬虫，介绍了常用的第三方库安装和基本操作步骤，并通过几个案例实践进行了代码编写和实战。第9章将对Python爬虫进行详细讲解。

领配套资源，
助您轻松学编程

☆本书内容配套讲解视频
☆编程基础知识直播课
☆专业老师答疑解惑

第 9 章　详解 Python 爬虫

  Python爬虫通过编码方式进行，虽然需要掌握一定的编程技术，还要熟悉网页数据传输基础，但由于Python爬虫自由度大、扩展性强、几乎无所不能爬的适应能力，在爬虫技术选择方面绝对要领先于Excel，在爬虫数据的处理、存储、分析和可视化方面也形成了一个完整的技术体系。本章将从Python爬虫常用第三方库开始，对Python爬虫技术和应用进行详细讲解，同时辅以在线网页爬取的实践操作，让读者边学习边实践，轻松完成许多网页内容的爬取。相关案例代码读者可以从本书提供的码云仓库地址直接下载。

  本章学习思维导图如下：

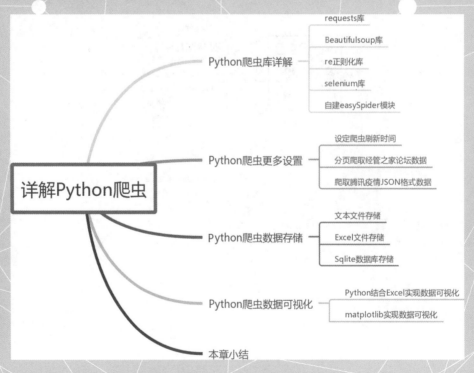

9.1 Python 爬虫库详解

Python网络爬虫主要依赖于各种第三方库的使用，也正是这些第三方库的存在和技术特色，使得Python越来越被软件开发者和相关研究人员所喜爱。下面介绍Python常用的第三方爬虫技术库。

9.1.1 requests 库

有关安装和初步使用requests库的方法在第4章已经介绍过，读者通过初步的编码实践也了解了requests库的用法和作用。其更为详细的使用方法见表9-1。

表 9-1 requests 库的基本用法及示例

requests 语句及用法	功能作用
import requests	导入 requests 库
r=requests.get(url)	给定网络 URL 地址，模拟发送 HTTP GET 请求，返回一个 response 响应对象 r
r=requests.post(url)	给定网络 URL 地址，模拟发送 HTTP POST 请求，返回一个 response 响应对象 r
r=requests.post(url,data=data)	带 data 参数发送 HTTP POST 请求
r=requests.get(url,headers=headers)	加入代理 headers 信息后发送 HTTP GET 请求
r=requests.get(url,proxies=proxies)	加入代理 IP 信息后发送 HTTP GET 请求
r=requests.get(url,timeout=30)	在请求连接网站时设定超时响应时间 timeout
r.status_code	返回请求状态码，值为 200 表示成功请求
r.encoding	返回编码格式
r.content	返回二进制 HTML 响应内容
r.text	返回文本字符串方式 HTML 响应内容
r.json()	返回 JSON 格式内容
r.raise_for_status()	抛出异常
r.headers	返回响应头信息

【案例9.1】requests的GET请求示例。

在requests官方文档中有一个网站：http://httpbin.org/，专门用于测试HTTP请求和响应服务。为便于理解表9-1中的requests语句，下面在Windows命令提示符窗口基于Python交互式编程环境实现这些用法示例。

```
>>> import requests
>>> url="http://httpbin.org"          # 目标网址
```

```
>>> r=requests.get(url+"/get")          # HTTP GET 请求返回响应对象 r
>>> print(r.text)                        # 打印响应对象 r 的 text 内容，为 JSON 格式
{
  "args": {},
  "headers": {
    "Accept": "*/*",
    "Accept-Encoding": "gzip, deflate",
    "Host": "httpbin.org",
    "User-Agent": "Python-requests/2.24.0",
    "X-Amzn-Trace-Id": "Root=1-5f300c31-2cbbeff37bff3939ce0ae654"
  },
  "origin": "42.122.48.122",
  "url": "http://httpbin.org/get"
}
>>> print(r.status_code)                 # 请求状态码，200 表示成功
200
>>> print(r.encoding)                    # 响应内容的编码方式
None
>>> print(r.content)                     # 二进制形式的响应文本内容
b'{\n  "args": {}, \n  "headers": {\n    "Accept": "*/*", \n    "Accept-Encoding": "gzip,
deflate", \n    "Host": "httpbin.org", \n    "User-Agent": "Python-requests/2.24.0", \n
"X-Amzn-Trace-Id": "Root=1-5f300c31-2cbbeff37bff3939ce0ae654"\n  }, \n  "origin":
"42.122.48.122", \n  "url": "http://httpbin.org/get"\n}\n'
>>> print(r.json())                      # 返回 JSON 格式文本内容
{'args': {}, 'headers': {'Accept': '*/*', 'Accept-Encoding': 'gzip, deflate',
'Host': 'httpbin.org', 'User-Agent': 'Python-requests/2.24.0', 'X-Amzn-Trace-Id':
'Root=1-5f300c31-2cbbeff37bff3939ce0ae654'}, 'origin': '42.122.48.122', 'url':
'http://httpbin.org/get'}
>>> print(r.headers)                     # 返回响应头信息，以字典形式显示结果
{'Date': 'Sun, 09 Aug 2020 14:46:09 GMT', 'Content-Type': 'application/json',
'Content-Length': '306', 'Connection': 'keep-alive', 'Server': 'gunicorn/19.9.0',
'Access-Control-Allow-Origin': '*', 'Access-Control-Allow-Credentials': 'true'}
```

只有status_code状态码为200时才表示请求响应成功。

如果目标网页内容为JSON格式内容，返回的也是JSON文本内容，调用r.json()方法会返回JSON格式；如果目标网页内容为HTML代码，返回的就是该网页的源代码；如果目标网页有图像、视频等非文本内容，在解析的时候需要使用响应对象的content属性，返回二进制格式内容。

【案例9.2】requests的GET带参数请求示例。

requests带参数请求时在网页地址后面通常使用符号"？"连接参数，如果有多个参数，参数之间则使用符号"&"连接。在GET请求时，带参数同时需要赋予参数值。继续使用http://httpbin.org网站进行测试。

```
>>> import requests
>>> r=requests.get("https://httpbin.org/get?name=peter&age=42")
                                        # 带两个参数发送 GET 请求
>>> print(r.status_code)
200
>>> print(r.text)                       # 返回文本内容
{
  "args": {
    "age": "42",
    "name": "peter"
  },
  "headers": {
    "Accept": "*/*",
    "Accept-Encoding": "gzip, deflate",
    "Host": "httpbin.org",
    "User-Agent": "Python-requests/2.24.0",
    "X-Amzn-Trace-Id": "Root=1-5f301409-06dc4e4825115ee0eae04168"
  },
  "origin": "42.122.48.122",
  "url": "https://httpbin.org/get?name=peter&age=42"
}
```

"https://httpbin.org/get?name=peter&age=42" 这个GET请求携带了name和age两个参数，并且都采用 "=" 符号赋值。参数之间使用符号 "&" 进行连接。返回的响应结果为JSON格式内容，可以与不带参数的结果进行对比，很明显在args对象里有了两个参数和值。

【案例9.3】requests的POST带参数请求示例。

POST请求是主动给目标网址提交请求获取结果，通常使用表单形式。在requests库的POST方法中，使用的时候需要给定POST参数data的值。示例如下：

```
>>> import requests
>>> r=requests.post("https://httpbin.org/post",data={"name":"caojianhua"})
                                        # 发送 POST 请求
>>> print(r.status_code)                # 打印响应状态码
200
>>> print(r.text)                       # 打印响应文本内容
{
  "args": {},
  "data": "",
  "files": {},
  "form": {
    "name": "caojianhua"                # 表单提交的参数信息
  },
  "headers": {
```

```
        "Accept": "*/*",
        "Accept-Encoding": "gzip, deflate",
        "Content-Length": "15",
        "Content-Type": "application/x-www-form-urlencoded",
        "Host": "httpbin.org",
        "User-Agent": "Python-requests/2.24.0",
        "X-Amzn-Trace-Id": "Root=1-5f3015f1-1d11afc97e4abeb4ef4ef4d3"
    },
    "json": null,
    "origin": "42.122.48.122",
    "url": "https://httpbin.org/post"
}
```

其中，"requests.post("https://httpbin.org/post",data={"name":"caojianhua"})"语句就是用来发送POST请求，注意的是data为发送的参数，针对这个测试网站需要使用字典形式键值对格式。

由于requests程序脚本属于模拟浏览器访问，有些网站使用程序脚本访问时，需要知晓用户所使用浏览器的具体信息，尤其想收集用户cookie数据的网站如果不加浏览器信息是无法获取数据的。这个浏览器信息通常被称为用户代理；而有的网站则使用了反爬机制，只允许一定号段的IP地址访问，或者当发现某个IP地址频繁访问时，就会禁止该IP访问，因此有些时候还需要使用代理IP。

【案例9.4】请求百度网站加浏览器用户代理信息前后效果。

例如百度搜索，用户输入关键词Python时，就是发送了一个GET请求。读者此时可以从使用的浏览器地址栏复制下来其网址，样式如下：

```
https://www.baidu.com/s?ie=utf-8&f=8&rsv_bp=1&rsv_idx=2&tn=baiduhome_
pg&wd=Python&rsv_spt=1&oq=%25E6%259B%259B%25E5%25BB%25BA%25E5%258D%258E&rsv_
pq=a4bc7505001d2ccc&rsv_t=31b4w3K0djWN0C0uNcZPqIFAqoC4edaTvMJYnHEQBKejccCJjX2d
EAt09yFVetJ7oypq&rqlang=cn&rsv_enter=1&rsv_dl=tb&rsv_btype=t&inputT=1929&rsv_
sug3=27&rsv_sug1=18&rsv_sug7=100&rsv_sug2=0&rsv_sug4=2841
```

如果细读这个网址构成，可以发现在符号"?"后面有许多"&"连接符，表明有许多参数传递，而且每个参数表示方式都是params=value，params为请求参数，value为该参数的值。可以查找一下用户输入的关键词Python，它对应的参数名wd，"wd=Python"为其表示方式。其余的参数都是百度采集用户搜索时使用的一些环境变量。因此在程序中可以将百度搜索的网址缩减为：https://www.baidu.com/s?wd=Python。

不加浏览器用户代理信息时代码如下：

```
>>> import requests
>>> r=requests.get("https://www.baidu.com/s?ie=utf-8&wd=Python")
>>> print(r.text)
<html>
<head>
        <script>
```

```
                location.replace(location.href.replace("https://","http://"));
        </script>
</head>
<body>

        <noscript><meta http-equiv="refresh" content="0;url=http://www.baidu.
com/"></noscript>
</body>
</html>
```

加了headers浏览器信息之后的代码如下：

```
>>> import requests
>>> headers={'User-Agent': 'Mozilla/5.0 (Macintosh; Intel Mac OS X 10_11_4)
   AppleWebKit/537.36 (KHTML, like Gecko) Chrome/52.0.2743.116 Safari/537.36'}
>>> r=requests.get("https://www.baidu.com/s?ie=utf-8&wd=Python",headers=headers)
>>> print(r.text)
<!DOCTYPE html>
<!--STATUS OK-->
...
<html>
        <head>
                <meta http-equiv="X-UA-Compatible" content="IE=edge,chrome=1">
                <meta http-equiv="content-type" content="text/html;charset=utf-8">
                <meta content="always" name="referrer">
        <meta name="theme-color" content="#2932e1">
        <link rel="shortcut icon" href="/favicon.ico" type="image/x-icon" />
<title>Python_百度搜索</title>
...
```

由于响应文本内容太长，这里仅显示一部分，读者可以自行实践查看效果。可以看出加了浏览器信息后，目标网址百度因为采集到了浏览器环境相关信息而做出了正确的响应反馈，因此在爬取某些网站时就需要加入用户代理headers信息。

9.1.2 BeautifulSoup 库

BeautifulSoup库常与requests库结合使用，requests可以获得目标网页的源代码，而BeautifulSoup库则可以对源代码进行精准解析提取目标数据。在第5章体验章节列举了不少案例，读者已经有了一些认识。BeautifulSoup库的更多用法见表9-2。

表 9-2 BeautifulSoup 库的主要方法

BeautifulSoup 库及其方法	用法示例
from bs4 import BeautifulSoup	导入 BeautifulSoup 库
soup=BeautifulSoup(html,'html.parser')	传入 HTML 源代码，使用 html.parser 方法解析并返回一个解析对象 soup
soup=BeautifulSoup(html,'lxml')	传入 HTML 源代码，使用 lxml 方法解析并返回一个解析对象 soup

BeautifulSoup 库及其方法	用法示例
soup.\<tag\>	获取 \<tag\> 标记所有信息（tag 泛指 HTML 标记），默认返回第一个 tag 标签对象，如果有多个，则使用循环遍历读取
soup.\<tag\>.name	获取 tab 标记的 name 属性，即标记名
soup.\<tag\>.string	获取 tab 标记包裹的文本内容
soup.\<tag\>.attrs	获取 \<tag\> 标记的属性节点，以字典形式返回
soup.\<tag\>.parent	查找 tag 标记的父节点，以列表形式返回
soup.\<tag\>.children	查找 tag 标记的子节点，以列表形式返回
soup.\<tag\>.sibling	查找 tag 标记的兄弟节点，以列表形式返回
soup.prettify()	将解析结果美观排版
soup.find_all(tag,attrs,text,**kw)	查找所有符合参数定义的标记结果，以列表形式返回，参数包括 tag 的名称、属性、文本等
soup.find(name,attrs,text,**kw)	返回第一个满足参数定义的 HTML 标记区
soup.select(tag) soup.select(tag.className)	使用 CSS 选择器查找目标 HTML 标记区，选择器包括 id 名、class 名或者 tag 名，也可以组合查找。

在使用BeautifulSoup库时，解析器选择lxml和html.parser对于普通网站效果差异不大，都是对传入的HTML代码建立文档结构树（也就是前面网页章节介绍的DOM结构），返回的soup解析对象本质上就是一个结构树对象。然后通过调用该对象的属性和方法来获取结构树上各目标节点的内容。

【案例9.5】BeautifulSoup库解析简单网页源代码。

在测试上述表中的用法时，可以使用第2章练习编写网页时使用的网页源代码，例如在Python 3.8命令提示符窗口输入案例2.8的源代码（不加样式CSS代码）。

```
>>> html= '''
... <html>
... <head>
...    <title> My Nineth Webpage </title>
...    </head>
... <body>
...    <h2> 我的第九个网页 </h2>
...    <p class="title">CSS 样式设定示例 </p>
...    <div class="box">
...         <span> 我喜欢网页设计开发，但我更向往爬虫，因为那会获得更多数据。</span>
...    </div>
... </body>
... </html>
... '''
```

导入BeautifulSoup库，并对源代码采用html.parser解析器进行解析。

```
>>> from bs4 import BeautifulSoup
>>> soup=BeautifulSoup(html,'html.parser')
```

从解析对象里获取h2标记对象信息。

```
>>> soup.h2
<h2> 我的第九个网页 </h2>
```

获取h2标记的名称。

```
>>> soup.h2.name
'h2'
```

获取h2标记包裹的文本内容。

```
>>> soup.h2.string
' 我的第九个网页 '
```

获取p标记对象信息。

```
>>> soup.p
<p class="title">CSS 样式设定示例 </p>
```

获取p标记的文本内容。

```
>>> soup.p.text
'CSS 样式设定示例 '
```

使用解析对象soup的find_all方法，查找所有div标记名称，返回ResultSet列表对象。

```
>>> soup.find_all('div')
[<div class="box">
<span> 我喜欢网页设计开发，但我更向往爬虫，因为那会获得更多数据。</span>
</div>]
>>> type(soup.find_all('div'))
<class 'bs4.element.ResultSet'>
```

使用解析对象soup的find_all方法，属性attrs用于定位所有类名为box的标记，返回ResultSet列表对象。

```
>>> soup.find_all(attrs={'class':'box'})
[<div class="box">
<span> 我喜欢网页设计开发，但我更向往爬虫，因为那会获得更多数据。</span>
</div>]
```

使用解析对象soup的find方法，查找第一个div标记名称，返回一个元素标记。

```
>>> soup.find('div')
<div class="box">
<span> 我喜欢网页设计开发，但我更向往爬虫，因为那会获得更多数据。</span>
</div>
```

使用解析对象soup的select方法，查找所有div标记名，返回ResultSet列表对象。

```
>>> soup.select('div')
[<div class="box">
<span>我喜欢网页设计开发，但我更向往爬虫，因为那会获得更多数据。</span>
</div>]
```

使用解析对象soup的select方法，使用选择器类名来定位。代码中div的类名为box，使用的时候用.符号带入select方法中，就是选择源代码中所有类名为box的HTML标记，返回ResultSet列表对象。

```
>>> soup.select('div.box')
[<div class="box">
<span>我喜欢网页设计开发，但我更向往爬虫，因为那会获得更多数据。</span>
</div>]
```

使用解析对象soup的select方法，定位到类名为box的标记内部span标记区域，返回ResultSet列表对象。

```
>>> soup.select('div.box span')
[<span>我喜欢网页设计开发，但我更向往爬虫，因为那会获得更多数据。</span>]
```

对于上述find_all和select方法解析出来的结果，由于是BeautifulSoup的ResultSet对象，直接无法读取其属性，需要采用遍历方式来获取其中元素的属性，示例如下：

```
>>> result = soup.select('div.box span')
>>> for item in result:
...     print(item.string)
...     print(item.name)
...
我喜欢网页设计开发，但我更向往爬虫，因为那会获得更多数据。
span
```

【案例9.6】对百度搜索结果进行解析。

这里要结合requests库来使用，读者可以参考9.1.1小节中requests库百度案例。在百度中搜索Python关键词，网页显示搜索结果约74600000个，第一个结果为百度的PaddlePaddle平台广告。页面效果及开发者工具定位如图9-1所示。

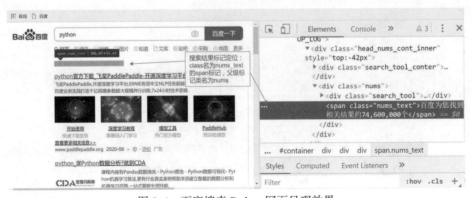

图 9-1　百度搜索 Python 网页呈现效果

打开PyCharm软件，在之前建立的myProject项目目录下新建一个ex9-1.py文件，在其中输入如下代码：

```python
'''
案例 9.6   使用 requests 和 BeautifulSoup 库爬取百度搜索结果
'''

# 导入 requests 和 BeautifulSoup 库
import requests
from bs4 import BeautifulSoup

# 定义函数基于 requests 库获取网页源代码
def getHTML(url):
    try:
        headers={'User-Agent': 'Mozilla/5.0 (Macintosh; Intel Mac OS X 10_11_4) AppleWebKit
                /537.36 (KHTML, like Gecko) Chrome/52.0.2743.116 Safari/537.36'}
        r = requests.get(url,headers=headers)
        r.raise_for_status()
        html=r.text
    except:
        print("error")
    return html

# 定义函数基于 BeautifulSoup 解析目标，参数 html 为网页源代码，selector 为选择器
def getTarget(html,selector=None):
    soup=BeautifulSoup(html,'html.parser')
    resultset=soup.select(selector)
return resultset

# 主函数，定义目标网页地址 URL、搜索关键词参数以及目标内容选择器直接获取结果
if __name__=='__main__':
    keyword='Python'
    url='https://www.baidu.com/s?wd='+keyword
    # 爬取百度搜索结果个数，其选择器为类名为 nums_text 的 span，父级容器类名为 nums，采用
    # 组合选择器
    # 调用 getTarget 函数返回解析对象 res
    res=getTarget(getHTML(url),selector='div.nums>span.nums_text')
    # 遍历解析对象元素的 string 属性生成结果列表
    targetText = [item.string for item in res]
    print(targetText)
```

保存文件，执行代码效果如下：

D:\PycharmProjects\myProject\venv\Scripts\Python.exe D:/PycharmProjects/myProject/

227

```
ex9-1.py
['百度为您找到相关结果约 74,600,000 个']

Process finished with exit code 0
```

如上获取了有关Python为关键词的搜索结果共74600000个。不过在执行的过程中，发现如果多次执行程序，也就是多次向百度网站发送数据请求，返回结果为空。这是百度一种反爬机制，这里可能需要增加浏览器的cookie信息。

如果想获得上述搜索结果里的第一个，在上述代码中只需要修改一下选择器方式即可。那如何精确定到第一个搜索结果？可以使用开发者工具元素面板里的Copy Selector操作（见图9-2）。

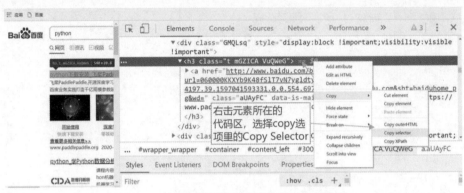

图 9-2　选择复制目标元素所在的选择器路径

复制后其选择器路径为：#\33 001 > div.GMQLsq > h3，删除其中的\33 001转义字符，将剩余的选择器组合"div.GMQLsq > h3"作为selector参数传入上述主函数代码中，不过有的时候还需要稍作修改，例如爬取搜索结果文本，使用选择器路径"#content_left>h3>a"这种递进层次更好，示例如下：

```
# 爬取百度搜索第一个结果，采用组合选择器 #content_left>h3>a
# 调用 getTarget 函数返回解析对象 res
res = getTarget(getHTML(url),selector='#content_left>h3>a')
# 遍历解析对象元素的 text 属性生成结果列表，取出 targetText 列表第一个显示
targetText = [item.text for item in res]
print(targetText[0])
```

保存文件，执行代码效果如下：

```
D:\PycharmProjects\myProject\venv\Scripts\Python.exe D:/PycharmProjects/myProject/
ex9-1.py
['Python官方下载_飞桨PaddlePaddle-开源深度学习平台']
Process finished with exit code 0
```

9.1.3　re 正则化库

观察上述HTML源代码看出，使用BeautifulSoup库解析的时候就是对HTML代码字符串进行

处理。而在Python中，re正则化模块是字符串搜索匹配处理方面的强者。对于网络爬虫处理而言，有的时候对网页源代码直接使用re正则化处理就可以获取目标内容。

1. 正则表达式的基本概念

正则表达式 (Regular Expression) 又称 RegEx，用于设定一定的字符组合模式，从字符串中搜索匹配模式的子字符串。例如源字符串为"abc123ABC456"，如何能够将中间的"123"给取出来呢？

先来看如何解决这个问题，代码如下：

```
>>> import re                           # 导入 re 模块
>>> str="abc123ABC456"                  # 给定源字符串 str
>>> re.findall("\d",str)                # 给定搜索模式 \d，匹配数字 0 ~ 9，返回所有单个数
                                        # 字字符列表
['1', '2', '3', '4', '5', '6']
>>> re.findall("\d+",str)               # 给定搜索模式 \d+，匹配数字 0 ~ 9 的组合，返回
                                        # 多个数字组合字符
['123', '456']
>>> result = re.findall("\d+",str)      # 将匹配的数字组合字符返回列表
>>> print(result[0])                    # 打印列表中的第一个元素，获得 123 数字字符
123
```

读者使用Python交互客户端可以尝试一下上述代码实践，甚至稍加思考就可以获得"456"数字字符组合。

代码中re就是Python内置的正则化模块，re.findall(pattern,string)是调用re模块的findall()函数，其中参数pattern为正则匹配模式，string为源字符串。该语句的作用就是在源字符串中寻找所有匹配的字符组合，最终将找到的字符以列表方式返回。

2. 正则匹配的主要模式

下面列出常用的匹配模式，同时给出代码实现效果。读者可以边跟着实践边理解匹配模式的用法。

（1）普通字符匹配模式。

● . 符号：点字符，默认匹配除了换行外的任意字符。

● ^ 符号：插入字符，用于匹配字符串的开头，常与其他匹配字符结合使用，如 ^1，表示匹配以 1 开头的字符串；^\d，表示匹配以任意数字开头的字符串，返回该字符。

● $ 符号：匹配字符串结尾或换行符前一个字符，也需要与其他字符组合使用，如 abc$，表示匹配以 abc 为结尾的字符串；\d$，表示匹配以数字字符结尾的字符串。

● * 符号：需要结合其他字符组合使用，表示对前面的字符匹配 0 至任意次重复，如 ab* 表示匹配 a、ab 或者 a 后面跟任意个 b。

● + 符号：需要结合其他字符组合使用，表示对前面的字符匹配 1 至任意次重复，如 ab+ 表示匹配 ab 或者 a 后面跟 1 个以上 b。

- ? 符号：需要结合其他字符组合使用，表示对前面的字符匹配 0 ~ 1 次重复，如 ab？表示匹配 a 或者 ab。
- [] 符号：表示字符集合，如 [a-z] 表示匹配任何小写字母字符、[0-9] 表示匹配 0 ~ 9 数字字符，[abc] 表示匹配 a、b、c 字符。
- {m,n} 符号：需要结合其他正则式使用，如 a{5} 表示匹配 5 个 a，a{3,5} 匹配 3 ~ 5 个 a。
- (...) 符号：表示匹配括号内的任意正则表达式，并标识出组合的开始和结尾。匹配完成后，组合的内容可以被获取。

【案例9.7】普通字符正则匹配。

下面来看一下普通字符测试效果。

```
>>> import re
>>> str="abc123ABC4569"
>>> re.findall("^a",str)              # 查询匹配开头字母为 a，存在则返回 a，不存在返回空值
['a']
>>> re.findall("9$",str)              # 查询匹配结尾字母为 9
['9']
>>> re.findall("9+",str)              # 查询匹配数字为 1 个 9，存在则返回 1 个 9
['9']
>>> re.findall("9?",str)              # 查询匹配数字为 0 ~ 1 个 9，返回空字符和 1 个 9
['','','','','','','','','','','','9','']
>>> re.findall("[0-9]",str)           # 查询匹配为 0 ~ 9 中的任意数字字符，存在则返回数字字符
['1','2','3','4','5','6','9']
>>> re.findall("a{3,5}",str)          # 查询匹配同时有 3 ~ 5 个 a，不存在返回空置
[]
>>> re.findall("a{1,5}",str)          # 查询匹配同时有 1 ~ 5 个 a，不存在返回空置
['a']
>>> re.findall("([1-5])",str)         # 查询匹配 1 ~ 5 的数字字符，不存在返回空置
['1','2','3','4','5']
```

（2）符号匹配模式。上述普通字符单个使用意义不大，更多的时候需要和其他符号或字符组合使用。常用的符号匹配模式如下：

- \d：表示任意十进制数，包括 0 ~ 9，返回单个十进制数列表，相当于 [0-9]。
- \D：表示任何非十进制数字符，与 \d 正好相反，如果设置了 ASCII 标志，就相当于 [^0-9]。
- \w：表示匹配数字、字母和下划线，如果设置了 ASCII 标志，就只匹配 [a-zA-Z0-9_]。
- \W：与 \w 正好相反，匹配任何非词语字符。如果设置了 ASCII 标志，相当于 [^a-zA-Z0-9_]。
- \s：匹配非空白字符，包括 [\t\n\r\f\v] 等转义字符。
- \S：匹配空白字符，包括 [\t\n\r\f\v] 等转义字符。

由于Python的字符串本身也用 "\" 转义，因此建议使用Python的r前缀，就不用考虑转义的问题了。

【案例9.8】符号正则匹配实践。

```
>>> str="abc123ABC456%"
```

```
>>> re.findall("\d",str)
['1','2','3','4','5','6']
>>> re.findall("\D",str)
['a','b','c','A','B','C','%']
>>> re.findall("\w",str)
['a','b','c','1','2','3','A','B','C','4','5','6']
>>> re.findall("\W",str)
['%']
```

（3）匹配函数。

re.match(pattern,string,flags)：从字符串string起始位置开始匹配，pattern为匹配模式，flags为标志位，返回第一个匹配的结果。flags默认为0，当flags为re.I时表示不区分大小写，flags=re.M表示多行文本时区分换行符；flags=re.S，表示匹配任何字符，包括换行符。

- re.search(pattern,string,flags)：扫描整个字符串string，返回第一个成功的匹配。
- re.compile(pattern)：编译正则表达式pattern，生成一个正则对象，供match和search函数使用。
- re.findall(pattern,string)：在字符串中找到正则表达式所匹配的所有子串，并返回一个列表；如果没有找到匹配的，则返回空列表。
- re.split(pattern,string)：将原有字符串string按一定模式拆分，返回列表。
- re.sub(pattern,string)：将原有字符串string按一定模式替换，返回替换后的字符。

【案例9.9】匹配函数实践。

```
>>> str="abc123ABC456%"
>>> m=re.match("[a-z]+",str)          # 从头查询由多个小写字母组合构成的子字符串
>>> m.group()                          # 调用m的group方法，获取实际内容
'abc'
>>> m=re.search("[0-9]+",str)         # 搜索字符串中由多个数字构成的子串
>>> m.group()                          # 调用m对象的group方法，获取实际内容
'123'
>>> pattern=re.compile("[0-9]+")      # 基于多个数字构成子串编译成正则模式
>>> pattern.search(str)               # 利用正则对象调用search方法搜索源字符串
<re.Match object; span=(3, 6), match='123'>     # 返回匹配对象
>>> m=pattern.search(str)             # 将匹配对象赋给m
>>> m.group()                          # 调用m的group方法，获取实际内容
'123'
>>> pattern.findall(str)              # 调用正则对象的findall方法，获取内容列表
['123', '456']
```

3. 网页字符串正则匹配实践

网页源代码就是一个长字符串，可以使用正则匹配方式来寻找目标字符内容。

【案例9.10】从网页源代码中搜索目标内容。

假设网页源代码如下：

```
<html>
<head>
    <title>demo</title>
</head>
<body>
    <p>I like Python</p>
    <p>I love webscrapy</p>
    <div class="box"><a href=''https://www.baidu.com''>去百度 </a></div>
</body>
</html>
```

任务一：获取段落P标记里的文本内容。基本思路就是构造正则表达式，采用pattern="<p>(.+?)</p>"，模式中段落标记对直接给出，(.+?)表示匹配所有一个或者多个任意字符。实践如下：

```
>>> html='''
... <html>
... <head>
...     <title>demo</title>
... </head>
... <body>
...     <p>I like Python</p>
...     <p>I love webscrapy</p>
...     <div class="box"><a href=''https://www.baidu.com''>去百度 </a></div>
... </body>
... </html>'''
>>> pattern=re.compile(r'<p>(.+?)</p>')          # 建立匹配模式对象
>>> pattern.findall(html)                         # 调用匹配模式对象的 findall 方法
['I like Python', 'I love webscrapy']             # 获得段落标记中的文本内容
```

任务二：获取超链接a标记中的内容以及链接地址。此时正则表达式pattern可以分两步，先获取a标记内容，pattern=<a>(.+)</a>，再获取链接地址，实践如下：

```
>>> pattern=re.compile(r"<a>(.+)</a>")            # 匹配超链接 a 中的文本内容
>>> pattern.findall(html)
[' 去百度 ']
>>> pattern=re.compile(r'href="(.+?)"')           # 匹配超链接 href 属性内容
>>> pattern.findall(html)
['https://www.baidu.com']
```

扫一扫，看视频讲解

【案例9.11】使用Requests库和正则表达式爬取猫眼电影TOP100中的电影信息。

实现思路：利用requests库来获得电影榜单源代码，然后将源代码作为字符串，采用正则匹配来搜索目标信息文本，并将文本打印输出。

目标网址为：https://maoyan.com/board/4，目标网页浏览效果如图9-3所示。

图 9-3 猫眼电影 TOP100 榜单页面

查看目标位置的字符标记特征：打开网页开发者工具，进入Elements面板，定位到榜单第一名活着的区域。可以看到该区域的HTML标记为<dd></dd>对，右击该标记可以将其包裹的HTML代码整体复制（见图9-4）。

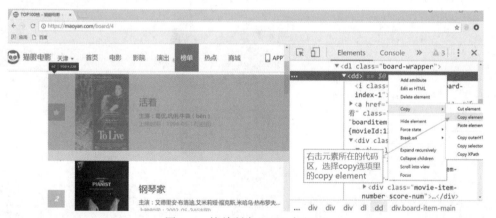

图 9-4 榜单所在 HTML 标记区

榜单第一名整体区域源代码复制如下：

```
<dd>
    <i class="board-index board-index-1">1</i>
    <a href="/films/1375" title="活着" class="image-link" data-act="boarditem-click"
    data-val="{movieId:1375}">
<imgsrc="//s3plus.meituan.net/v1/mss_e2821d7f0cfe4ac1bf9202ecf9590e67/cdn-prod/
file:5788b470/image/loading_2.e3d934bf.png" alt="" class="poster-default">
    <img alt="活着" class="board-img" src="https://p0.meituan.net/movie/4c41068e
```

```
f7608c1d4fbfbe6016e589f7204391.jpg@160w_220h_1e_1c">
    </a>
    <div class="board-item-main">
      <div class="board-item-content">
            <div class="movie-item-info">
        <p class="name"><a href="/films/1375" title="活着" data-act="boarditem-click"
data-val="{movieId:1375}">活着</a></p>
        <p class="star">
          主演：葛优，巩俐，牛犇（bēn）
        </p>
        <p class="releasetime">上映时间：1994-05-17(法国)</p>    </div>
          <div class="movie-item-number score-num">
        <p class="score"><i class="integer">9.</i><i class="fraction">0</i></p>
      </div>
      </div>
    </div>
  </dd>
```

正则匹配思路：电影名称、主演、上映时间都可以采用p段落标记区域来构建匹配表达式，获取p标记中间文本内容；电影评分则需要进一步缩小到使用字体标记i来构建匹配表达式。

具体实现：在myProject目录下新建ex9-2.py文件，写入如下代码：

```python
'''
案例 9.11  使用 requests 和 re 库爬取猫眼电影 TOP100 榜单
'''
# 导入 requests 和 re 库
import requests,re

# 定义函数基于 requests 库获取网页源代码
def getHTML(url):
    try:
        headers={
    'User-Agent': 'Mozilla/5.0 (Macintosh; Intel Mac OS X 10_11_4) AppleWebKit/537.36
(KHTML, like Gecko) Chrome/52.0.2743.116 Safari/537.36','Cookie':'__mta=149216905.
1597197668286.1597197816775.1597204560451.4; uuid_n_v=v1; uuid=AF846040DC3F11EA9B
FE43BA456BAEDEA0632615762B4C85B3CCB9191253B9BC; _csrf=33b46c094a00117b21f455bbc9
0e8e4f3cd3f9a11afc371b47818cc016748653; _lxsdk_cuid=173e0664a4ec8-0867d95a81fd6c-
37664109-280000-173e0664a4fc8; _lxsdk=AF846040DC3F11EA9BFE43BA456BAEDEA0632615762B4
C85B3CCB9191253B9BC; Hm_lvt_703e94591e87be68cc8da0da7cbd0be2=1597197667; mojo-uuid=
314539836e7f11a182f6b11ee6221d8c; mojo-session-id={"id":"a5e9eb025b8323be5867fec83e
9e5980","time":1597204560286}; mojo-trace-id=1; Hm_lpvt_703e94591e87be68cc8da0da7cb
d0be2=1597204560; _lxsdk_s=173e0cf79bc-5cd-8af-a2e%7C%7C2'
            }
```

```
            r = requests.get(url,headers=headers)
            r.raise_for_status()
            html=r.text
        except:
            print("error")
        return html
```

定义函数基于正则表达式获取目标内容，参数 HTML 为网页源代码，pattern 为匹配表达式
```
def getMatchText(html,pattern=None):
    p=re.compile(pattern)
    return p.findall(html)
```

主函数，定义目标网页地址 URL，匹配表达式获取结果
```
if __name__=='__main__':
    url='https://maoyan.com/board/4'
    # 获得猫眼榜单页面源代码
    html=getHTML(url)
    # 去除代码中的换行符
    html=re.sub(r'\n ','',html)
    # 去除代码中的空格符
    html=re.sub(r' ','',html)
    # 获取榜单电影名的正则表达式
    p_name='class="name"><a.*title="(.*?)"'
    # 获取榜单电影主演的正则表达式
    p_star=r'class="star">(.*?)</p>'
    # 获取榜单电影上映时间的正则表达式
    p_releasetime='class="releasetime">(.*?)</p>'
    # 获取榜单电影评分的正则表达式
    p_score='.*?integer">(.*?)</i>.*?fraction">(.*?)</i>'
    p_movie=[p_name,p_star,p_releasetime,p_score]
    for item in p_movie:
        print(getMatchText(html,pattern=item))
```

保存好上述代码，在程序中运行后，PyCharm控制台打印输出如下内容（未显示全）（见图9-5）。

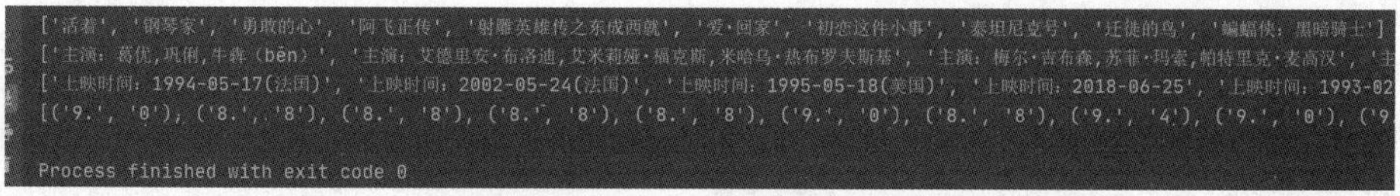

图 9-5 猫眼电影榜单相关信息正则表达式爬取结果

读者可能会问，这个猫眼榜单信息用BeautifulSoup库来爬取效果如何？下面来试试。
可以在上述ex9-2.py文件中新定义一个函数：

```
# 定义函数基于 BeautifulSoup 解析目标，参数 html 为网页源代码，selector 为选择器
def getTarget(html,selector=None):
    soup=BeautifulSoup(html,'html.parser')
    resultset=soup.select(selector)
    return resultset
```

然后确定一下CSS选择器方式即可，此时主函数代码更改为：

```
# 主函数，定义目标网页地址 URL，匹配表达式获取结果
if __name__=='__main__':
    url='https://maoyan.com/board/4'
    # 获得猫眼榜单页面源代码
    html=getHTML(url)
    se_name='p.name a'                    # 电影名称选择器
    se_star='p.star'                      # 电影主演选择器
    se_releasetime = 'p.releasetime'      # 电影上映时间选择器
    se_score='p.score'                    # 电影评分数选择器
    targetSelector=[se_name,se_star,se_releasetime,se_score]
    for item in targetSelector:
        print(getTarget(html,selector=item))
```

保存代码后运行程序，终端打印结果如图9-6所示。

图 9-6　BeautifulSoup 解析猫眼电影榜单信息结果

对比而言，在猫眼电影榜单爬取任务方面BeautifulSoup库使用起来显得更为轻松一些；而re库需要根据目标来设计正则匹配表达式，相对而言挑战更多一点。

9.1.4　selenium 库

requests库可以模拟浏览器发送HTTP请求，但遇到一些动态网页的时候就显得无能为力。所谓动态网页就是数据通过XHR资源请求获取的，然后通过JavaScript操作DOM方式将数据显示在页面上，而在Document网页文档内容中往往都是空值或测试值。

例如使用requests库获取百度学术网页（地址为https://xueshu.baidu.com/）源代码，部分结果显示如下：

```
...
<div class="index_new_subject_rank xpath-log"  data-click="{'act_block':'subjectrank',
'fm':'beha'}">
    <div class="index_new_subject_rank_meau">
        <div class="meau_title index_bold_font">高被引论文 </div>
        <div class="meau_list"></div>
```

```
                <div class="meau_btn">
                    <span>
                        <i class="new_index_icon_left"></i>
                    </span>
                    <span>
                        <i class="new_index_icon_right new_index_icon_right_active"></i>
                    </span>
                </div>
            </div>
            <div class="index_new_subject_rank_content">
                <div class="content_item content_one OP_LOG_BTN">
                </div>
                <div class="content_item content_two OP_LOG_BTN">
                </div>
            </div>
        </div>
    </div>
    ...
```

可以看到源代码中没有实际文本内容，那继续解析这类代码就没有任何意义了。

第一种解决方案就是寻找XHR请求资源的URL，然后使用requests来获取结果，比如上述百度学术首页显示的高被引论文文献在开发者工具中就可以被定位到（见图9-7）。

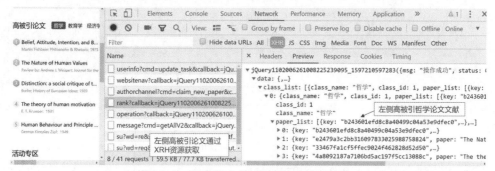

图9-7 百度学术首页被引论文资源定位

请求地址为：https://xueshu.baidu.com/usercenter/index/rank?callback=jQuery110200626 1008225239095_1597210597283&_=1597210597284&_token=00bf87fa6124ca1177b77ea45fd87efd 5a24e1877cdfbc7bf2de94ee699e07b9&_ts=01597210598&_sign=0465e9e1285fa99cd65981314858 7d48。

将这个地址输入requests请求函数中，就可以获得页面显示的文献资源了，读者可以自行尝试一下。

第二种解决方案就是本小节即将介绍的selenium库。

1. selenium 库的简介与安装

selenium是一个自动化Web测试工具，测试的时候就是运行在浏览器中，跟实际操作一样。其框架底层是使用JavaScript模拟真实用户对浏览器进行操作，可以自动按照脚本代码做出单击、输入、打开、验证等操作。

安装较为简单，直接使用pip工具就可以完成安装，如下在PyCharm软件中使用终端来完成安装。

```
(venv) D:\PycharmProjects\myProject>pip install -i https://mirrors.aliyun.com/pypi/
simple selenium
```

2. 浏览器驱动下载安装

selenium本质上是通过驱动浏览器完全模拟浏览器的操作来获取网页渲染之后的结果。它可支持多种浏览器，包括Chrome、Firefox、IE等。一般在使用的时候需要先确认调用哪种浏览器，同时如果使用该浏览器，就需要首先安装其驱动程序。

由于本书一直使用Chrome浏览器，这里就介绍Chrome浏览器驱动下载安装过程。

第一步，确认当前浏览器的版本。在Chrome浏览器地址栏输入chrome://version/，浏览器就会输出当前浏览器版本，如：

```
Google Chrome  84.0.4147.105 （正式版本） （32 位）
修订版本  a6b12dfad6663f13a7e16e9a42a6a4975374096b-refs/branch-heads/4147@{#943}
操作系统  Windows 10 OS Version 1703 (Build 15063)
JavaScript  V8 8.4.371.22
Flash  32.0.0.414
C:\Users\Administrator\AppData\Local\Google\Chrome\User
Data\PepperFlash\32.0.0.414\pepflashplayer.dll
用户代理  Mozilla/5.0 (Windows NT 10.0; WOW64) AppleWebKit/537.36 (KHTML, like Gecko)
Chrome/84.0.4147.105 Safari/537.36
```

第二步，根据浏览器版本下载对应的驱动。驱动下载地址为：http://chromedriver.storage.googleapis.com/index.html，如上版本为84.0.4147.105，就可以在下载网页（见图9-8）找到对应版本驱动文件夹，下载Windows版本的驱动即可。

Index of /84.0.4147.30/

Name	Last modified	Size	ETag
Parent Directory		-	
chromedriver_linux64.zip	2020-05-28 21:05:07	5.06MB	beffb1bca07d8f4fd23213b292ef963b
chromedriver_mac64.zip	2020-05-28 21:05:09	6.99MB	b2ff30e148ae11a78e0f13e93b29f271
chromedriver_win32.zip	2020-05-28 21:05:11	4.63MB	3bf0e106a93382efd7a5bb3b55b182a6
notes.txt	2020-05-28 21:05:15	0.00MB	a505de7f878e415f1b06a44935f109bf

图 9-8　chromedriver 下载页面

第三步，下载完成后将chromedriver.exe放到Python安装路径的scripts目录中即可。

3. selenium 测试使用

在myProject目录下新建一个ex9-3.py文件，输入如下代码：

```
#1.导入selenium库中的浏览器驱动
from selenium import webdriver
import time
#2.使用Chrome驱动器，返回浏览器对象
wb=webdriver.Chrome()
#3.调用浏览器对象的get方法，传入网页URL地址
wb.get("https://www.baidu.com")
#4.等待60s后关闭驱动器
time.sleep(60)
wb.close()
```

保存上述代码，然后运行该程序。此时会弹出Chrome浏览器，并打开get方法中传入的网页。例如测试案例中打开的为百度首页，效果如图9-9所示。

图 9-9　selenium 模拟浏览器访问网页

4. selenium 网络爬虫案例

上述测试代码可以模拟浏览器打开网页，selenium的强大之处在于可以模拟键盘的操作，如输入、单击按钮、跳转、执行JavaScript程序等，同时可调用浏览器对象的一系列检索方法来获取网页上的内容。

（1）模拟浏览器操作体验。

【案例9.12】selenium运行百度搜索获取搜索结果。

在上述ex9-3.py文件中按步骤输入如下代码：

1）需要导入selenium浏览器驱动的相关操作模块。

```
from selenium import webdriver
```

2）调用Chrome浏览器驱动，返回Chrome浏览器对象并模拟打开百度网页。

```
chrome=webdriver.Chrome()
chrome.get("https://www.baidu.com")
```

3）搜索输入框定位。

启用开发者工具使用CSS选择器方式来定位，即使用元素监听工具定位输入框所在的HTML标记区（见图9-10）。

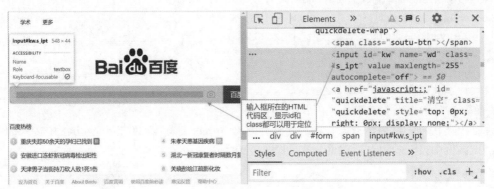

图 9-10　精确定位输入框选择器

可以看到，百度首页的输入框可以使用id为kw定位，也可以使用class为s_ipt来定位，然后模拟键盘输入"曹鉴华"。

```
# 使用 find_element_by_id 方法定位，这里定位到输入框
element_kw=chrome.find_element_by_id('kw')
# 使用 send_keys 方法，给输入框传递参数
element_kw.send_keys(' 曹鉴华 ')
```

4）定位到"百度一下"按钮，并模拟单击操作。

用与图9-10相同的方法可以得到定位按钮的CSS选择器，这里还是继续使用id，该按钮的id名为su。

```
# 定位到 " 百度一下 " 按钮，模拟单击操作
chrome.find_element_by_id('su')
```

5）在搜索结果列表中定位列表区，可以使用id选择器定位或者CSS组合选择器方式。

百度搜索结果中对广告和自然搜索结果有不同的选择器表示方式，一般搜索结果显示的div标记区采用自然数字作为id属性，而广告结果则采用了其他表示方式。

```
# 获得单击搜索按钮后网页中 id 名为 1 的结果
result=chrome.find_element_by_id('1')
```

6）获取文本内容。

```
# 打印 id 名为 1 的文本内容
print(result.text)
```

7）退出浏览器，结束程序。

```
chrome.quit()
```

上述7个步骤组合起来就是一个selenium程序执行百度搜索的过程，在体验的时候可以看到程序执行后浏览器打开、输入关键词、呈现搜索结果、最后关闭，与实际操作浏览器无异。终端输出结果如图9-11所示。

图 9-11　selenium 浏览器的模拟输出结果

完整的程序代码如下：

```
'''
案例 9.12  使用 selenium 库爬取百度搜索结果
'''
# 导入 selenium 库
from selenium import webdriver

# 使用 Chrome 驱动器，返回浏览器对象
chrome=webdriver.Chrome()
# 调用浏览器对象的 get 方法，传入网页 URL 地址
chrome.maximize_window()              # 设置窗口最大化

chrome.implicitly_wait(3)             # 设置等待 3 秒后打开目标网页
url="https://www.baidu.com"
# 使用 get 方法访问网站
chrome.get(url)
# 使用 find_element_by_id 方法定位，这里定位到输入框
element_kw=chrome.find_element_by_id('kw')
# 使用 send_keys 方法，给输入框传递参数
element_kw.send_keys(' 曹鉴华 ')
# 定位到 " 百度一下 " 按钮，模拟单击操作
chrome.find_element_by_id('su')
# 获得点击搜索按钮后网页中 id 名为 1 的结果
result=chrome.find_element_by_id('1')
# 打印 id 名为 1 的 div 标记内文本内容
print(result.text)
# 退出浏览器
chrome.quit()
```

值得注意的是，由于网页加载所有资源需要一定时间，所以在使用selenium库模拟浏览器打开网页时，需要一定的时间延迟，待所有资源文件加载完毕后才能开始后续的DIV定位和内容抓

取，所以完整代码中增加了如下代码：

```
chrome.implicitly_wait(3)        #设置等待3秒后打开目标网页
```

（2）浏览器网页对象定位方式。

在模拟使用浏览器操作后得到的结果中，如何精确定位进而获取内容也是需要考虑的问题。好在之前的案例中介绍过许多相似的方法，可以用标记名tag、标记的ID属性、标记的class类名、关联的选择器路径、xpath路径等。

selenium库中提供了8种单个目标定位方法，如果是多目标，则将下列方法中的element修改为elements即可。

- find_element_by_id：使用 id 名来定位，通常可以实现精确定位到某条记录或内容。
- find_element_by_name：使用标签的 name 来定位，如表单内容部分。
- find_element_by_xpath：使用 xpath 来定位。
- find_element_by_link_text：使用文字链接来定位。
- find_element_by_partial_link_text：使用部分文字链接来定位。
- find_element_by_tag_name：使用标签名来定位。
- find_element_by_class_name：使用类名来定位。
- find_element_by_css_selector：使用 CSS 选择器组合来定位。

扫一扫,看视频讲解

【案例9.13】selenium爬取马蜂窝旅游北京必游景点TOP5。

马蜂窝旅游网站提供了旅游一系列相关服务，包括景点、旅行机票酒店等业务。其网站的robots.txt协议中限定了许多目录不能爬取。本案例仅仅模拟单次请求其景点网页，呈现效果如图9-12所示。

图 9-12　马蜂窝北京景点 TOP5 页面

任务一：获取该页面的必游景点TOP5所有文本内容。

关键分析：使用选择器定位，打开开发者工具在Elements面板里聚焦目标文本，可以使用选择器组合来精确锁定（见图9-13）。

图 9-13　目标文本选择器定位

代码如下：

```
'''
案例 9.13　使用 selenium 库爬取马蜂窝网站北京景点 TOP5
'''
# 导入 selenium 库
from selenium import webdriver

# 使用 Chrome 驱动器，返回浏览器对象
chrome=webdriver.Chrome()
# 调用浏览器对象的 get 方法，传入网页 URL 地址
chrome.maximize_window()              # 设置窗口最大化


chrome.implicitly_wait(3)            # 设置等待 3 秒后打开目标网页
url="http://www.mafengwo.cn/jd/10065/gonglve.html"
# 使用 get 方法访问网站
chrome.get(url)
# 使用 CSS 选择器方式搜索所有满足条件的元素对象，返回列表
result=chrome.find_elements_by_css_selector('.info>.middle')
# 调用列表对象的 text 属性获取所有文本内容并存入一个列表
targetText=[item.text for item in result]
# 打印 TOP5，一个一个打印出来
for top in targetText:
    print(top)
# 退出浏览器
chrome.quit()
```

将上述代码保存为ex9-4.py文件，然后单击执行，在模拟浏览器加载完所有网页元素后开始抓取目标文本内容，最终运行结果如图9-14所示（显示第一条）。

> 1
> 故宫
> 12597 条点评
> 中国乃至世界上保存最完整、规模最大的木质结构古建筑群，在这里感受中华文明的历代传承。
> 这里还包含景点： 乾清宫 故宫博物院-御花园 故宫博物院-珍宝馆 角楼 故宫九龙壁 午门 金水桥 文华殿（陶瓷馆） 太和殿

图 9-14　程序运行效果

任务二： 模拟单击分页链接获取全部景点名称。

在该页面下部有一个北京全部景点区域，右下部为分页链接，现在模拟单击"后一页"链接获取所有分页上的景点名称（见图9-15）。

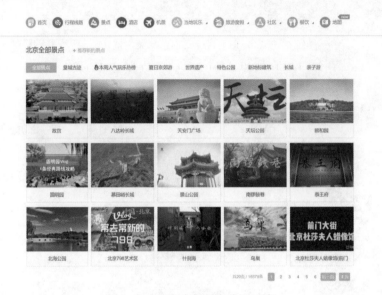

图 9-15　北京全部景点分页区域

关键分析： 获取右下部分页链接选择器定位和景点名称文本定位，还是使用开发者工具元素监听工具，在目标文本区可以按照DOM层次关系来确定，也可以右击copy里的copy selector进行复制（见图9-16）。

图 9-16　目标文本内容定位

244

代码如下：

```
'''
案例 9.13　使用 selenium 库爬取马蜂窝网站北京所有景点
'''

# 导入 selenium 库和 time 模块
from selenium import webdriver
import  time
# 使用 Chrome 驱动器，返回浏览器对象
chrome=webdriver.Chrome()
# 调用浏览器对象的 get 方法，传入网页 URL 地址
chrome.maximize_window()              # 设置窗口最大化

chrome.implicitly_wait(3)             # 设置等待 3 秒后打开目标网页
url="http://www.mafengwo.cn/jd/10065/gonglve.html"
# 使用 get 方法访问网站
chrome.get(url)

# 获取分页总数对象
pageTotal=chrome.find_element_by_css_selector('div._j_tn_pagination > div > span.
count > span:nth-child(1)')
# 定义空列表准备将所有景点名称存入
spotNames=[]
# 模拟单击 " 后一页 " 时，抓取当页景点列表名称保存起来
for i in range(eval(pageTotal.text)-1):
    # 获取当前页里的景点名称并添加到列表
    spotName=chrome.find_elements_by_css_selector('div.bd > ul > li > a > h3')
    for item in spotName:
        spotNames.append(item.text)
    # 获取后一页链接
    atag=chrome.find_element_by_css_selector('div.m-pagination>a.pg-next')
    # 模拟单击后一页
    atag.click()
    # 每次单击后等待 2 秒钟
    time.sleep(2)

# 输出爬取的所有景点名称
print(spotNames)
# 退出浏览器
chrome.quit()
```

将上述代码保存为ex9–5.py文件，运行程序后在终端输出结果如图9–17所示。

```
['故宫', '八达岭长城', '天安门广场', '天坛公园', '颐和园', '圆明园', '慕田峪长城', '景山公园', '南锣鼓巷', '恭王府',
[]

Process finished with exit code 0
```

图 9-17　景点名称分页爬取效果

【案例9.14】爬取百度学术首页引文列表。

在本小节开头列举了requests无法获得百度学术首页网页源代码，而是需要获得XHR资源解析地址才能得到结果。selenium因为直接抓取浏览器上呈现的内容，所以可以直接从当前页面上爬取到高被引文列表，还可以模拟单击其他链接获得新的内容。

百度学术网页地址为https://xueshu.baidu.com/，在Chrome浏览器中打开，呈现效果如图9-18所示。

图 9-18　百度学术首页

关键分析：对高被引论文所在区的精准定位。启用开发者工具，在Elements面板使用元素监听工具。定位到论文名称后，可以右击选择Copy菜单里的Copy Xpath或者Copy Selector命令，将路径复制下来读取（见图9-19）。

图 9-19　目标被引论文所在 HTML 代码区

代码如下：

```
'''
案例 9.14  使用 selenium 库爬取百度文库哲学引文列表
'''

# 导入 selenium 库
from selenium import webdriver
# 使用 Chrome 驱动器，返回浏览器对象
chrome=webdriver.Chrome()

# 调用浏览器对象的 get 方法，传入网页 URL 地址
chrome.implicitly_wait(3)  # 设置等待 3 秒后打开目标网页
url="https://xueshu.baidu.com/"
# 使用 get 方法访问网站
chrome.get(url)

# 定位到当前哲学引文列表
paperHTML=chrome.find_elements_by_css_selector('div.content_item_info > a ')
# 获取所有定位区元素的 text 文本内容存入列表中
paperLists=[item.text for item in paperHTML]
# 输出爬取内容
for index,item in enumerate(paperLists):
    print(' 这是第 '+str(index+1)+' 篇文章信息: ')
    print(item)
    print('.............................')
# 退出浏览器
chrome.quit()
```

将上述代码保存为ex9-6.py文件，运行后结果如图9-20所示。

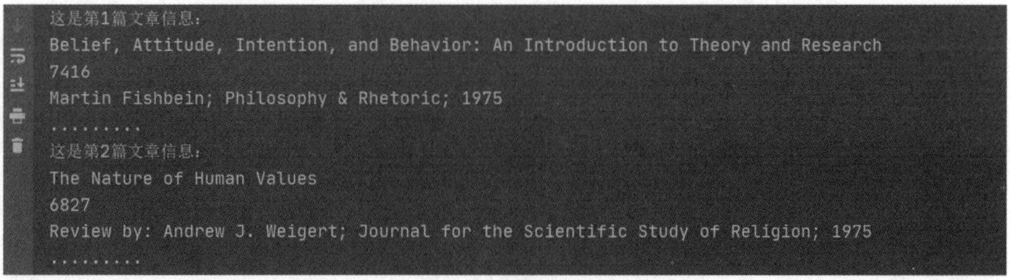

图 9-20 爬取高被引论文输出效果

　　selenium库还有许多强大的功能，例如可以模拟执行JavaScript效果、跳过验证环节等。在上述案例执行过程中，读者可能发现每次运行都需要打开Chrome浏览器，而且等待页面所有元素加载完成后才能开始爬取。有没有办法可以不打开Chrome浏览器直接执行呢？有的，而且有一个非常有名的软件PhantomJS经常和selenium配合使用。PhantomJS俗称无头浏览器，可以不用打开浏

览器而模拟完成网页内容的加载和渲染。除了在打开目标网页方面不一致外，其他操作包括目标定位和爬取与上述过程完全一样。不过由于PhantomJS不用打开浏览器，属于无界面模式，能够节省内存，速度相对还是要快一些。感兴趣的读者可以查阅PhantomJS和selenium组合使用相关文献，本书限于篇幅不再展开介绍。

9.1.5　自建 easySpider 模块

本节介绍了多种用于爬虫的第三方库，在使用过程中也发现这些库封装得很好，只需要用于给定目标网址URL和定位目标的标记组合或选择器组合就可以完成爬虫。可以尝试自己来构建一个easySpider模块，将几个库的使用组合到一起。

在myProject目录下新建一个easySpider.py文件，然后通过创建类来实现爬虫库的组合与封装，代码如下：

```
'''
    easySpider 案例：开发自定义爬虫模块
'''
# 导入第三方库
import requests,re,time
from bs4 import BeautifulSoup
from selenium import webdriver


# 创建自定义爬虫 Spider 类
class Spider():
# 给定目标网页的 URL 地址
# 如果需要，指定 headers 如用户代理、cookie、代理 IP 等信息
    def __init__(self,url=None,headers=None):
        self.url=url

        # 定义一个使用 requests 库获取网页源代码的方法，返回网页源代码
        def requests_getHtmlSource(self,):
            try:
                r=requests.get(self.url,headers=self.headers)
                r.raise_for_status()
                html=r.text
            except:
                html="error"
            Return html

        # 定义一个基于 BeautifulSoup 库获得目标文本内容的方法，selector 为选择器组合
        # 返回目标文本内容列表
        def beautifulsoup_getTarget(self,selector=None):
            soup = BeautifulSoup(self.requests_getHtmlSource, 'html.parser')
```

```
resultset=soup.select(selector)
res=[item.text for item in resultset]
return res


# 定义一个使用 re 正则匹配获取目标文本内容的方法，pattern 为匹配模式，flags 为标识位
# 返回目标文本内容列表
def re_getTarget(self,pattern=None,flag=None):
    targetPattern=re.compile(pattern,flags=flag)
    res=targetPattern.findall(self.requests_getHtmlSource)
    return res


# 定义一个使用 selenium 库获取目标文本内容的方法，selector 为选择器组合
# 返回目标文本内容列表
def selenium_scrapy(self,selector=None):
    chrome=webdriver.Chrome()
    chrome.implicitly_wait(3)
    chrome.get(self.url)
    target_elements=chrome.find_elements_by_css_selector(selector)
    res=[item.text for item in target_elements]
    return res
```

【**案例9.15**】爬取今日热榜——百度实时热点。

今日热榜有一个板块为百度实时热点榜单，其内容与百度首页热点榜单一致。浏览器显示效果如图9-21所示。

图 9-21 百度实时热点网页显示

关键分析： 榜单列表的选择器定位方式可通过使用开发者工具来确定，最终可以使用选择器组合div.jc-c >table> tr> td定位到单元格。

爬取代码： 在自建easySpider模块文件的同级目录新建一个ex9-7.py文件，输入如下代码用于测试构建的爬虫模块爬取今日热榜之百度实时热点。

```
'''
案例 9.15  使用自定义爬虫模块 easySpider
```

```
'''
# 技术选择：requests 和 BeautifulSoup 组合
# 爬取目标：爬取今日热榜之百度实时热点
# 目标网址：https://tophub.today/n/Jb0vmloB1G
#1. 导入 easySpider 类
import easySpider
#2. 实例化 easySpider，返回 bdHot 对象
url='https://tophub.today/n/Jb0vmloB1G'
headers={
    'User-Agent': 'Mozilla/5.0 (Macintosh; Intel Mac OS X 10_11_4)
    AppleWebKit/537.36 (KHTML, like Gecko) Chrome/52.0.2743.116 Safari/537.36'
}
bdHot=easySpider.Spider(url=url,headers=headers)
#3. 调用 bdHot 对象的爬虫方法，给定 css 选择器组合爬取目标内容
# 热点新闻定位的选择器路径为：div.jc-c >table> tr> td
newsList=bdHot.beautifulsoup_getTarget(selector='div.jc-c td')
for item in newsList:
    print(item)
```

保存代码并运行程序，终端输出结果如图9-22所示。

图 9-22　爬取百度实时热点新闻效果

可以对比一下，除了排版问题之外，实时热点文本内容已经被爬取下来了。案例测试说明自建的easySpider模块在requests和BeatifulSoup组合爬取网站文本内容方面已经获得了成功，当然有些细节还需要去完善。

【案例9.16】爬取京东每日特价商品相关信息。

京东每日特价商品信息网页显示了多种促销力度较大的商品，分为精选、美食、百货、个护等板块，如图9-23所示。

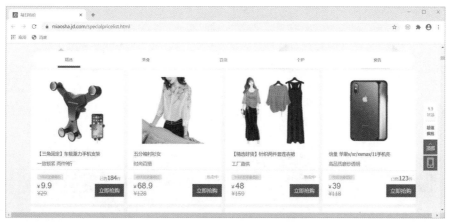

图9-23 京东每日特价网页

爬虫关键点：

目标网址：https://miaosha.jd.com/specialpricelist.html。

单元格定位：在开发者工具Elements面板里聚焦到单元格，选定其选择器路径，如图9-24所示。

图9-24 启用开发者工具定位单元格商品名和价格

在自建easySpider模块文件的同级目录新建一个ex9-8.py文件，输入如下代码用于测试构建的爬虫模块爬取京东特价商品信息。

```
'''
案例 9.16　使用自定义爬虫模块 easySpider
'''

# 技术选择：selenium 库
# 爬取目标：爬取京东特价商品信息
# 目标网址：https://miaosha.jd.com/specialpricelist.html
#1. 导入 easySpider 类
import easySpider
#2. 实例化 easySpider，返回 jdSpecial 对象
```

```
url='https://miaosha.jd.com/specialpricelist.html'
headers={
    'User-Agent': 'Mozilla/5.0 (Macintosh; Intel Mac OS X 10_11_4)
    AppleWebKit/537.36 (KHTML, like Gecko) Chrome/52.0.2743.116 Safari/537.36'
}
jdSpecial=easySpider.Spider(url=url,headers=headers)
#3.调用jdSpecial对象的爬虫方法，给定css选择器组合爬取目标内容
# 精选版面的单元格里商品名称爬取
goodsList=jdSpecial.selenium_scrapy(
    selector='div.quark-5eb8fdb29216fbd73919f642__goods-item__title')
# 精选版面的单元格里商品价格爬取
priceList=jdSpecial.selenium_scrapy(
    selector='div.quark-5eb8fdb29216fbd73919f642__goods-item__price_box')
# 4.打印爬取内容
for goods,price in zip(goodsList,priceList):
    print(goods,price)
```

保存代码并运行程序，终端输出结果如图9-25所示。

图9-25　京东特价商品信息爬取终端运行结果

　　读者可以尝试一下，这个案例如果选用requests库技术直接访问其网页是获取不到目标文本源代码的，因为网页的内容是动态的、实时变化的。变通思路就是找传递这些商品信息的XHR资源请求地址，然后使用requests库来获取JSON格式数据。

　　通过以上两个案例的实践，可以发现自建的easySpider爬虫模块具有了一定的通用性和可行性。但是自由度还不够，后续还可以补充完善。

9.2　Python 爬虫更多设置

　　对于Python爬虫而言，因为有许多第三方库可以选择，在技术选型方面读者可以根据需要和掌握程度来决定。requests配合BeautifulSoup库或者re库适合处理静态内容网页，而对于动态网页内容则建议选择selenium库来处理。到目前为止介绍的都是单个网页爬取，对于整个网站多网页的爬取则是一个系统工程，也需要更有耐心的Python编程处理。本节将继续补充网页爬取注意事项，完善网络爬虫细节。

9.2.1　设定爬虫刷新时间

在Python时间管理方面有一个内置库time，前文部分案例中已经使用过。

在设置刷新方面，主要思路是使用time.sleep()方法，就是让当前进程暂停，语法格式为：

```
import time
time.sleep(seconds)
```

代码中sleep方法后面参数为seconds，表示以秒为单位的整数。如time.sleep(10)表示休眠10秒，time.sleep(100)表示休眠100秒。

【案例示例】测试3秒更新一下数字计算结果。

在myProject目录下新建ex9-9.py文件，输入如下代码：

```
'''
案例示例　使用time模块实现更新计算
'''

# 导入time模块
import  time
# 定义一个计算平方数的函数
def cal(i):
    return i*i

# 计算1到10的平方数结果
for i in range(1,10):
    print(" 当前数及平方结果为 :",i,cal(i))
    time.sleep(3)
print(" 过 3 秒后 ...")
```

保存代码并运行程序，终端输出结果如图9-26所示。

图 9-26　程序 ex9-9.py 运行结果

如果要实现爬虫刷新，可以对自建的easySpider模块爬虫实例方法设置一定的休眠时间，如每隔30分钟爬取一次，或者每隔2小时爬取一次。不过这种思路必须是目标网页有一定的内容更新才有意义。但刷新频率过密，又会给对方网站服务器带来压力，比如每秒钟发送一次请求，或者更小的时间间隔，不建议这么做，在访问的时候尽量先查看一下对方的robots.txt协议里有没有相关限制。

【案例9.17】爬取"值值值！"网站首页。

目前有不少网站对电商网站进行爬虫，按一定时间采集商品优惠信息，然后汇聚到自己网站上来。"值值值！"网站就是其中一个，其网址为：www.zhizhizhi.com。

首先需要查看一下其制定的robots.txt协议，在浏览器地址栏输入：www.zhizhizhi.com/robots.txt，按回车键后浏览器显示许多文本，这里摘出允许爬取的目录信息，内容如下：

```
Allow: /hot/2h/$
Allow: /hot/6h/$
Allow: /hot/12h/$
Allow: /hot/today/$

Allow: /tag/page/*
Allow: /shop/page/*
Allow: /brand/page/*
Allow: /tshop/page/*
```

根据其规则，本案例就尝试爬取网站首页显示的6小时版。这一类有更新频率的网页内容都是动态的，所以采用requests库直接请求网页获取不到信息，需要选用easySpider里的selenium爬虫方法（见图9-27）。

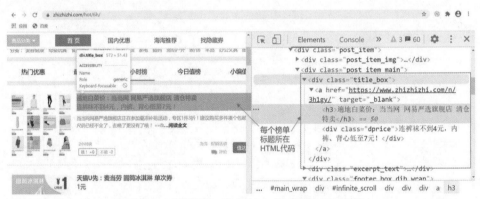

图 9-27　"值值值！"网站 6 小时榜单文本定位

关键分析：确定目标文本内容如何在网页上定位。启用开发者工具，选用Elements面板上的元素监听工具，定位到HTML代码区，然后制定选择器组合路径。

在自建easySpider模块文件的同级目录下新建一个ex9-10.py文件，输入如下代码：

```
'''
案例9.17　使用自定义爬虫模块easySpider爬取"值值值！"网站6小时榜单商品信息
'''
# 目标网址：https://www.zhizhizhi.com/hot/6h/
#1. 导入easySpider类和time模块
import easySpider,time
#2. 实例化easySpider, 返回zzSpecial对象
url='https://www.zhizhizhi.com/hot/6h/'
headers={
    'User-Agent': 'Mozilla/5.0 (Macintosh; Intel Mac OS X 10_11_4)
```

```
      AppleWebKit/537.36 (KHTML, like Gecko) Chrome/52.0.2743.116 Safari/537.36'
}
zzSpecial=easySpider.Spider(url=url,headers=headers)
#3.调用 zzSpecial 对象的爬虫方法，给定 CSS 选择器组合爬取目标内容，设置 2 小时刷新一次
while(1):
    # 榜单列表里商品名称爬取
    goodsList=zzSpecial.selenium_scrapy(selector='div.post_item_main > div.title_
box > a > h3')
    # 榜单列表里商品来源爬取
    sourceList=zzSpecial.selenium_scrapy(selector='div.post_item_main div.post_
misc.dib > div.upper.list > span.right_align')
    # 打印爬取内容
    for goods,source in zip(goodsList,sourceList):
        print(" 榜单商品 :"+goods," 来源 :"+source)
    print("2 小时后再查看更新信息 .....")
    # 设定刷新频率为 7200 秒
    time.sleep(7200)
```

保存代码并运行程序，终端输出结果如图9–28所示。

榜单商品:遍地白菜价：当当网·网易严选旗舰店 清仓特卖 来源:当当促销活动
榜单商品:天猫U先：麦当劳 圆筒冰淇淋 单次券 来源:天猫特价冰淇淋
榜单商品:京东国际 199-150元东券 来源:京东商城东券
榜单商品:限尺码： adidas 阿迪达斯 BS2884 男士运动长裤 来源:苏宁易购运动长裤阿迪达斯
榜单商品:15日16点、促销活动：喜马拉雅会员买1得13,实现会员自由！来源:促销活动数字商品
榜单商品:同运 一次性医用口罩 50只 来源:天猫特价口罩清洁工具
榜单商品:ISIDO 艾思度 iPhone系列 菜刀造型手机壳 来源:天猫特价手机壳菜刀造型

图 9–28 爬取信息终端输出内容

代码中设置了2小时刷新一次程序，也就是每隔2小时重新爬取一次网页获取更新的内容。这种设置方式要求当前爬虫程序进程一直运行，不能关闭。

9.2.2 分页爬取经管之家论坛数据

分页在许多网页很常见，同时之前不少案例中也有遇到。对于Python爬虫而言，解决分页的方案就是找到目前网页分页时采用的方式。比如有的网页是通过构造URL地址后面加上分页参数实现，有的则是通过XHR局部刷新获取。对于可以依靠构造URL地址增加分页参数实现的网页，直接采用更新URL地址就可以完成分页爬取；如果是XHR局部刷新方式的分页，可以定位XHR资源请求的URL地址或者采用Selenium模拟单击分页按钮来抓取。

【案例9.18】使用Python爬虫实现经管之家论坛最新主题爬取。

本书在第6章Excel爬虫时使用过经管之家论坛最新主题板块案例，读者可以对比着学习Python如何实现分页爬取。

关键分析：定位最新主题列表区以及分页链接。

对于最新主题列表区的定位，启用开发者工具，在Elements面板区找到列表区所在的HTML

标记。网页使用的是表格table标记来显示主题列表，每个列表一个单元格。如果每个单元里的文本内容都爬取，可以在每个tr标记区右击选择copy→copy selector命令来确定CSS选择器路径（见图9-29）。

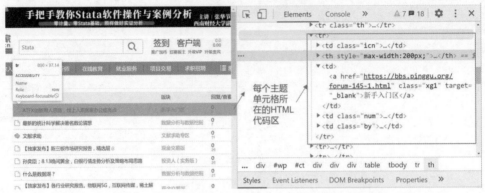

图 9-29　经管之家论坛最新主题列表所在 HTML 代码区

对于分页链接，在Excel爬虫案例中已经确定了其URL构造方式为https://bbs.pinggu.org/z_index.php?type=1&page=num。其中，num为实际页数位置，当page为1时就是首页，当page为38页时就是最后一页。

在自建easySpider模块文件的同级目录下新建一个ex9-11.py文件，输入如下代码：

```
'''
案例 9.18　使用自定义爬虫模块 easySpider 爬取经管之家论坛最新主题板块所有主题列表
'''

# 目标网址: https://bbs.pinggu.org/z_index.php?type=1&page=num
#1. 导入 easySpider 类
import easySpider,re
#2. 实例化 easySpider, 根据 URL 分页构造循环爬取网页内容
headers={
'User-Agent': 'Mozilla/5.0 (Macintosh; Intel Mac OS X 10_11_4) AppleWebKit/537.36
 (KHTML, like Gecko) Chrome/52.0.2743.116 Safari/537.36'
}
ForumTopic={}
#3. 设定分页总数为 38, 循环爬取
for num in range(1,39):
    # 构造分页的 URL 地址
    url='https://bbs.pinggu.org/z_index.php?type=1&page={}'.format(num)
    # 实例化爬虫模块
    jgForum=easySpider.Spider(url=url,headers=headers)
    # 调用 jgForum 对象的爬虫方法, 给定 CSS 选择器组合爬取目标内容
    # 主题列表标题的选择器路径为: div.tl tr th
```

```
TopicList=jgForum.beautifulsoup_getTarget(selector='div.tl tr th')
# 主题列表版块的选择器路径为 div.tl tr td:nth-child(3)
panelList=jgForum.beautifulsoup_getTarget(selector='div.tl tr td:nth-child(3)')
# 主题列表评论回复的选择器路径为 div.tl tr td.num
reviewList=jgForum.beautifulsoup_getTarget(selector='div.tl tr td.num')
# 主题列表最后回复的选择器路径为 div.tl tr td.by
LastList=jgForum.beautifulsoup_getTarget(selector='div.tl tr td.by')
# 对每一页建一个空字典，将每行内容连接到一起存入字典
currentPageTopic={}
for i in range(0,len(LastList)):
    LastList[i]=re.sub('\s','',LastList[i])
    currentPageTopic[i]=TopicList[i]+";"+panelList[i]+";"+reviewList[i]+";"+LastList[i]
# 保存当前页所有主题为一个字典
ForumTopic[num]=currentPageTopic
```

```
#4. 查看所有爬取结果
for item in ForumTopic.keys():
    print("第 {} 页内容为 {}".format(item,ForumTopic[item]))
```

保存代码后运行程序，终端输出结果如图9–30所示。

图9–30　经管之家论坛最新主题版块分页爬取结果显示

读者可以复制上述代码测试一下，整个38页分页数据全部爬取完总共耗时53秒左右，速度还在合理范围。

9.2.3　爬取腾讯疫情 JSON 格式数据

目前许多网站采用前后端分离技术，网页端显示的内容不是静态的，而是实时从服务器端通过XHR请求方式传输过来，数据主要为JSON格式。对于这类数据网页，使用selenium技术直接爬取目标网页即可；但使用requests技术时，从目标网页上获取不到JSON数据，需要定位到XHR资源的URL地址直接获取JSON数据，然后使用Python对JSON数据的处理函数完成解析。

【案例9.19】基于requests和Python完成对腾讯疫情数据的爬取。

腾讯疫情JSON数据爬取在第7章Excel案例中实现过，下面使用Python爬虫来获取疫情数据，读者也可以对比两种工具爬虫的差异。

关键分析：由于无法从网页上直接获取数据，因此无须分析网页上的数据目标定位。这里需要腾讯疫情数据的XHR资源请求地址，直接使用第7章Excel案例中分析过

的腾讯疫情全球数据请求地址即可，复制如下：https://api.inews.qq.com/newsqa/v1/automation/modules/list?modules= FAutoGlobalStatis,FAutoContinentStatis,FAutoGlobalDailyList,FAutoCountryConfirmAdd

在自建easySpider模块文件的同级目录下新建一个ex9-12.py文件，输入如下代码：

```
'''
案例 9.19   使用自定义爬虫模块 easySpider 爬取腾讯疫情全球数据
'''

#1. 导入 easySpider 类和 json 模块
import easySpider
import json

#2. 实例化 easySpider，根据 URL 爬取 JSON 数据，返回字符串格式的数据
headers={
'User-Agent': 'Mozilla/5.0 (Macintosh; Intel Mac OS X 10_11_4) AppleWebKit/537.36
 (KHTML, like Gecko) Chrome/52.0.2743.116 Safari/537.36',
    }
url='https://api.inews.qq.com/newsqa/v1/automation/modules/list?modules=
FAutoGlobalStatis,FAutoContinentStatis,FAutoGlobalDailyList,FAutoCountryConfirmAdd'
txData=easySpider.Spider(url=url,headers=headers)
resultStr=txData.requests_getHtmlSource()

#3. 使用 json 的 loads 方法将字符串格式转换为 Python 字典
resutDict=json.loads(resultStr)

#4. 对字典进行操作，疫情数据保存在 data 子字典中
for item,value in resutDict['data'].items():
print(item,value)

#5. 取出其中全球每日统计数据显示
for item in resutDict['data']['FAutoGlobalDailyList']:
    print(item)
```

保存程序代码并运行，在终端输出结果如图9-31所示。

图 9-31　腾讯疫情全球数据 JSON 格式爬取

9.3 Python 爬虫数据存储

前面几乎所有的爬虫案例演示的时候都是直接将结果输出在控制台上，以便于即时查看效果，不过很多情况下需要将爬取的数据存储下来为自己所用。存储的方式包括存成文本文件、Excel文件以及存储到数据库中。

9.3.1 文本文件存储

文本文件很常见，在存储爬虫数据的时候依据网络数据格式和自身存储需求可以在行内数据之间使用空格分隔，也可以采用逗号分隔。具体实现可以在获得行内数据时，将一行数据转换为字符串拼接，中间加入逗号或空格，然后写入文件。

【案例9.20】爬取腾讯疫情全球每日统计数据并保存为文本文件。

关键分析： 读取到腾讯提供的全球每日统计数据后，使用文件操作方式写入文件。

数据样例：

```
{'date': '01.28','all':{'confirm': 57,'dead':0,'heal':3,'newAddConfirm':0, 'deadRate'
   :'0.00','healRate':'5.26'}}
{'date': '01.29','all': {'confirm':74,'dead':0,'heal':3,'newAddConfirm':13,'deadRate'
   :'0.00','healRate':'4.05'}}
{'date':'01.30','all':{'confirm':98,'dead':0,'heal':6,'newAddConfirm':22,'deadRate':'
   0.00','healRate':'6.12'}}
```

在自建easySpider模块文件的同级目录下将ex9-12.py文件另存为ex9-13.py，增加如下输出处理代码：

```
'''
案例 9.20  使用自定义爬虫模块 easySpider 爬取腾讯疫情全球数据输出到文件
'''

#1. 导入 easySpider 类和 json 模块
import easySpider
import json

#2. 实例化 easySpider, 根据 URL 爬取 JSON 数据, 返回字符串格式的数据
headers={
'User-Agent':'Mozilla/5.0 (Macintosh; Intel Mac OS X 10_11_4) AppleWebKit/537.36
  (KHTML, like Gecko) Chrome/52.0.2743.116 Safari/537.36',
    }
url='https://api.inews.qq.com/newsqa/v1/automation/modules/list?modules=
FAutoGlobalStatis,FAutoContinentStatis,FAutoGlobalDailyList,FAutoCountryConfirmAdd'
txData = easySpider.Spider(url=url,headers=headers)
```

```
resultStr=txData.requests_getHtmlSource()
```

#3. 使用 json 的 loads 方法将字符串格式转换为 Python 字典
```
resutDict=json.loads(resultStr)
```

#4. 取出其中全球每日统计数据显示并写入文本文件中
```
with open('txGloablDailyRecord.dat',mode='w+') as f:
    # 先将标题拼接后写入
    titleList=' '.join(['date','confirm','dead','heal','newAddConfirm','deadRate','healRate'])
    f.write(titleList+'\n')
    # 将每行数据拼接后写入
    for item in resutDict['data']['FAutoGlobalDailyList']:
        strLine=' '.join([item['date'],str(item['all']['confirm']),
                        ,str(item['all']['dead']),
                        str(item['all']['heal']),str(item['all']['newAddConfirm']),
                        str(item['all']['deadRate']),str(item['all']['healRate'])])
        f.write(strLine+'\n')
```

保存代码后运行程序，数据都被写入同级目录下的 txGloablDailyRecord.dat 文件中。可以打开查看一下头几行保存效果。

```
date confirm dead heal newAddConfirm deadRate healRate
01.28  57 0 3 0 0.00 5.26
01.29  74 0 3 13 0.00 4.05
01.30  98 0 6 22 0.00 6.12
01.31  124 0 11 20 0.00 8.87
02.01  139 0 11 13 0.00 7.91
02.02  149 1 11 10 0.67 7.38
02.03  154 1 12 5 0.65 7.79
02.04  177 1 19 22 0.56 10.73
02.05  201 1 21 14 0.50 10.45
02.06  225 1 25 24 0.44 11.11
...
```

如果要保存为 csv 逗号分隔文件，只需要将上述代码第 4 步中拼接时使用的空格修改为逗号
","即可，读者可以自行尝试一下。关键代码样例如下：

```
titleList=','.join(['date','confirm','dead','heal','newAddConfirm','deadRate','healRate'])
```

🖥 9.3.2 Excel 文件存储

将爬虫数据保存为 Excel 文件主要是为了后续的数据分析和可视化，因为 Excel 中有许多界面数据图表可以直接使用。不过受限于 Excel 本身存储容量大小，在遇到较大数据记录行操作的时候就显得缓慢而笨重了。

对于爬取数据存储为Excel文件，在第8章Python与Excel联合使用体验章节已经做过介绍。基本思路就是使用pandas库，将构造的字典数据通过pandas的to_Excel方法存入Excel文件中，关键就在于构造好字典数据。

【案例9.21】爬取腾讯疫情全球每日统计数据并保存为Excel文件。

直接将ex9-13.py另存为同级目录下的ex9-14.py文件，只需要修改代码中的第4步即可，代码如下：

```
'''
案例 9.21  使用自定义爬虫模块 easySpider 爬取腾讯疫情全球数据并存储到 Excel
'''

#1. 导入 easySpider 类和 json 模块、pandas 库、openyxl 库
import easySpider
import json
import pandas as pd
from pandas import DataFrame
import openpyxl

#2. 实例化 easySpider，根据 URL 爬取 JSON 数据，返回字符串格式的数据
headers={
'User-Agent': 'Mozilla/5.0 (Macintosh; Intel Mac OS X 10_11_4) AppleWebKit/537.36
 (KHTML, like Gecko) Chrome/52.0.2743.116 Safari/537.36',
    }
url='https://api.inews.qq.com/newsqa/v1/automation/modules/list?
modules=FAutoGlobalStatis,
FAutoContinentStatis,FAutoGlobalDailyList,FAutoCountryConfirmAdd'
txData=easySpider.Spider(url=url,headers=headers)
resultStr=txData.requests_getHtmlSource()
#3. 使用 json 的 loads 方法将字符串格式转换为 Python 字典
resutDict=json.loads(resultStr)

#5. 取出其中全球每日统计数据显示并写入 Excel 文件中
# 先定义 7 个空列表
dates,confirm,dead,heal,newAddConfirm,deadRate,healRate=[],[],[],[],[],[],[]
# 将对应的数据存入列表中
for item in resutDict['data']['FAutoGlobalDailyList']:
    dates.append(item['date'])
    confirm.append(item['all']['confirm'])
    dead.append(item['all']['dead'])
    heal.append(item['all']['heal'])
    newAddConfirm.append(item['all']['newAddConfirm'])
    deadRate.append(item['all']['deadRate'])
```

```
        healRate.append(item['all']['healRate'])
# 构造字典类数据
dataStat = {
    'date':dates,
    'confirm':confirm,
    'dead':dead,
    'heal':heal,
    'newAddConfirm':newAddConfirm,
    'deadRate':deadRate,
    'healRate':healRate
}
# 调用 pandas 的 to_Excel 方法输出到 Excel 文件中
df=pd.DataFrame(dataStat)
df.to_Excel('txYQGlobalData.xlsx',index=False)
```

　　保存代码并运行程序，最终将结果保存到同级目录下的txYQGlobalData.xlsx文件中。可以使用Excel打开浏览一下，部分结果截图如图9-32所示。

	date	confirm	dead	heal	newAddConfirm	deadRate	healRate
1	date	confirm	dead	heal	newAddConfirm	deadRate	healRate
2	01.28	57	0	3	0	0.00	5.26
3	01.29	74	0	3	13	0.00	4.05
4	01.30	98	0	6	22	0.00	6.12
5	01.31	124	0	11	20	0.00	8.87
6	02.01	139	0	11	13	0.00	7.91
7	02.02	149	1	11	10	0.67	7.38
8	02.03	154	1	12	5	0.65	7.79
9	02.04	177	1	19	22	0.56	10.73
10	02.05	201	1	21	14	0.50	10.45
11	02.06	225	1	25	24	0.44	11.11
12	02.07	273	1	27	48	0.37	9.89
13	02.08	299	1	29	26	0.33	9.70
14	02.09	313	1	30	14	0.32	9.58
15	02.10	385	1	36	72	0.26	9.35
16	02.11	397	1	44	12	0.25	11.08

图 9-32　腾讯疫情全球每日数据存入 Excel 文件显示效果

　　另外在使用pandas时，还可以调用df的to_csv方法、to_sql方法等将数据直接输出为逗号分隔文本文件以及输出到关系数据库中。

9.3.3　Sqlite 数据库存储

　　使用Python编码将网站目标内容爬取后还可以保存到数据库中进行存储和管理。

　　数据库类型较多，包括关系型和非关系型两大类，典型的关系型数据库如MySQL、Sqlite、Oracle等，非关系型数据库如Redis、HBase、Mongo等。Python对这些数据库类型都有第三方库可以实现连接和操作。

　　对数据库相关操作需要读者了解相关基础知识，尤其是对数据库的数据定义和数据操作等基本步骤。如果读者较为陌生，请先行阅读数据库相关文献、了解数据库基本操作步骤，尤其是

SQL编程语法。

下面以Python内置的Sqlite数据库为例，介绍爬取数据存入数据库的过程和方法。

【**案例9.22**】Sqlite数据库基本操作示例。

在myProject目录下新建一个ex9–15.py文件，按如下步骤来实践Sqlite轻量型数据库的基本操作。

第一步，导入sqlite3库。

```
import sqlite3
```

第二步，在本地创建连接，调用sqlite3的connect方法，参数为存储的数据库路径。

```
conn=sqlite3.connect("txYQBase.db")
```

第三步，获取游标对象cursor。

```
cursor = conn.cursor()
```

第四步，执行SQL语句创建数据表。

```
sql = 'create table userinfo(pno integer primary key autoincrement,pname varchar(50),page
    integer)'
try:
cursor.execute(sql)
except Exception as e:
    pass
```

第五步，插入示例数据。

```
sql="insert into userinfo values(null,?,?)"
try:
    cursor.execute(sql,('zhangsan',25))
    conn.commit()
    print("插入成功! ")
except Exception as e:
    pass
```

第六步，查询示例数据。

```
sql ="select * from userinfo"
try:
    cursor.execute(sql)
    result = cursor.fechtall()
    print(result)
except Exception as e:
    pass
```

第七步，关闭游标，关闭数据库连接。

```
cursor.close()
conn.close()
```

　　上述步骤中第四步建表操作只能进行一次，因为建表属于表结构定义设置，一旦设置好后，后续就不能重复操作了。

　　仔细观察各个步骤之间的语法，为了更为通用，可以尝试建立一个使用Sqlite模块。在myProject目录下新建一个easySqlite.py模块，在其中输入如下代码：

```python
'''
    创建一个通用的 Sqlite 使用模块，唯一需要传入的参数就是 SQL 语句
'''
import sqlite3
# 建立一个 SqliteBase 类
class SqliteBase():
    # 初始化函数里给定数据库名，建立连接对象和游标
    def __init__(self):
        self.conn=sqlite3.connect('txYQBase.db')
        self.cursor=self.conn.cursor()


    # 实现数据表结构创建
    def ddlTool(self,sql):
        try:
            self.cursor.execute(sql)
            msg=" 建表成功！ "
        except Exception as e:
            msg="error"
        return msg


    # 实现数据插入操作
    def dmlTool(self,sql):
        flag=0
        try:
            self.cursor.execute(sql)
            self.conn.commit()
            flag=1
        except Exception as e:
            pass
        return flag
        self.quitTool()


    # 实现数据查询操作
    def queryTool(self,sql):
        try:
            self.cursor.execute(sql)
            result=self.cursor.fetchall()
```

```
            return result
        except Exception as e:
            pass
        self.quitTool()


    # 关闭数据库连接
    def quitTool(self):
        self.cursor.close()
        self.conn.close()
```

接下来在同级目录下新建一个ex9-16.py文件，测试一下这个easySqlite.py模块，代码如下：

```
'''
案例 9.22  测试自建的 easySqlite 模块创建表结构
'''
import easySqlite

# 实例化 easySqlite，返回腾讯疫情数据库对象
txYQ_db=easySqlite.SqliteBase(dbName='txYQBase.db')
# 测试建表结构，创建一个每日统计全球疫情数据表
schemaSql="create table dailyGlobalStat ( dates varchar(20), confirm varchar(20), \
dead varchar(20), heal varchar(20),newAddConfirm varchar(20), \
deadRate varchar(20),healRate varchar(20) )"
# 创建每日全球疫情数据表
print(txYQ_db.ddlTool(sql=schemaSql))
```

保存代码后运行程序，在终端打印出建表成功提示，表明自建的Sqlite数据库操作模块可以实际运行，后续案例也会使用这个模块。

【案例9.23】爬取腾讯疫情全球每日统计数据并存储到sqlite数据库。

将爬取到的疫情数据存入sqlite数据库，数据库名为txYQBase.db。上面的测试已经建好了表结构，下面调用easySqlite模块实现数据的存储与读取，同时需要参考ex9-12爬虫程序使得爬虫获取数据与数据存储成为一个完整的流程。

在myProject目录下新建一个ex9-17.py文件，同时导入easySpider模块和easySqlite模块，将爬取数据过程与数据存储、查询测试放在同一段代码程序中。

代码如下：

```
'''
案例 9.23  测试自建的 easySqlite 模块存储腾讯疫情全球数据
'''
# 导入自建爬虫 easySpider 模块和数据库存储 easySqlite 模块、json 模块
import easySqlite
import easySpider
import json
```

```python
# 1.实例化 easySqlite，返回腾讯疫情数据库对象
txYQ_db=easySqlite.SqliteBase(dbName='txYQBase.db')

# 2.实例化 easySpider，根据 URL 爬取腾讯疫情 JSON 数据，经过 json 方法处理获得疫情数据字典
headers={
'User-Agent': 'Mozilla/5.0 (Macintosh; Intel Mac OS X 10_11_4) AppleWebKit/537.36
 (KHTML, like Gecko) Chrome/52.0.2743.116 Safari/537.36',
    }
url='https://api.inews.qq.com/newsqa/v1/automation/modules/list?modules=
FAutoGlobalStatis,FAutoContinentStatis,FAutoGlobalDailyList,FAutoCountryConfirmAdd'
txData=easySpider.Spider(url=url,headers=headers)
resultStr=txData.requests_getHtmlSource()
resutDict=json.loads(resultStr)

# 3.构造 sql 语句，连接所有行记录，准备实现数据存储
sql_dailyData="insert into dailyGlobalStat values"
for item in resutDict['data']['FAutoGlobalDailyList']:
    sql_dailyData += "('{}','{}','{}','{}','{}','{}','{}'),".format(item['date'],\
item['all']['confirm'],item['all']['dead'],item['all']['heal'],
item['all']['newAddConfirm'],item['all']['deadRate'],item['all']['healRate'])
sql_dailyData = sql_dailyData[:-1]
# 4.将数据存入 sqlite 数据库中
if txYQ_db.dmlTool(sql=sql_dailyData):
    print("疫情数据存储成功！")

# 5.查询数据库中共有多少条记录
sql_count="select count(dates) from dailyGlobalStat"
print(txYQ_db.queryTool(sql=sql_count))
```

保存代码并运行程序，很快就将爬取的疫情数据存入了sqlite数据库中，最终查询到共有199条记录。

对于其他类型数据库，如常见的MySQL数据库，Python提供了pymsql第三方库可以实现对MySQL数据库的远程操作和管理；对于Redis键值型数据库，Python提供redis第三方库实现Redis非关系型数据库的操作和管理。这些读者都可以搜索相关库的使用方法，将其纳入爬虫整个流程中来。

9.4 Python 爬虫数据可视化

数据可视化是采用图表形式显示数据分布特征和关联关系。对于Python爬虫数据可视化任务，可以采用两种方案：一个是将Python爬虫数据输出到Excel工作表，利用Excel来实现图表展示；另一个是利用可视化第三方库，如matplotlib、seaborn、ggplot等来实现数据的图形展示。

9.4.1　Python 结合 Excel 实现数据可视化

Excel爬虫后可以直接在工作表里实现图表显示，非常直观快捷，而且由于图表类型丰富，用户可以根据分析的需要来选择不同模板进行显示。很显然，Python可以和Excel一起使用，通过Python编码爬虫获得数据存入Excel表中，然后使用Excel图表来展示数据特征；也可以直接使用Python的第三方库xlsxwriter完成Excel表及图形制作。

【案例9.24】 实现腾讯疫情全球每日记录数据可视化。

关键分析：完成疫情数据的爬取，并使用pandas和openpyxl库输出到Excel工作表，这部分任务可以参考9.3.2小节中Excel文件存储案例，本案例就直接使用输出的txYQGlobalData.xlsx工作表来进行数据可视化。

扫一扫，看视频讲解

数据Excel表截图如图9-33所示。

	A	B	C	D	E	F	G
1	date	confirm	dead	heal	newAddConfirm	deadRate	healRate
2	01.28	57	0	3	0	0.00	5.26
3	01.29	74	0	3	13	0.00	4.05
4	01.30	98	0	6	22	0.00	6.12
5	01.31	124	0	11	20	0.00	8.87
6	02.01	139	0	11	13	0.00	7.91
7	02.02	149	1	11	10	0.67	7.38
8	02.03	154	1	12	5	0.65	7.79
9	02.04	177	1	19	22	0.56	10.73
10	02.05	201	1	21	14	0.50	10.45
11	02.06	225	1	25	24	0.44	11.11
12	02.07	273	1	27	48	0.37	9.89
13	02.08	299	1	29	26	0.33	9.70
14	02.09	313	1	30	14	0.32	9.58
15	02.10	385	1	36	72	0.26	9.35
16	02.11	397	1	44	12	0.25	11.08
17	02.12	444	1	50	47	0.26	11.26
18	02.13	505	2	56	61	0.40	11.09

图 9-33　数据 Excel 表截图

下面展示全球疫情可视化图表制作。

（1）选择A列日期与B列确诊总数、E列每天新增确诊人数制作折线图，反映随时间确诊总数一直增加趋势，而每日新增人数在4月和5月变化相对平稳，进入5月末后就一直呈波浪形增长趋势，在8月初到达顶峰，然后不断波动（见图9-34）。

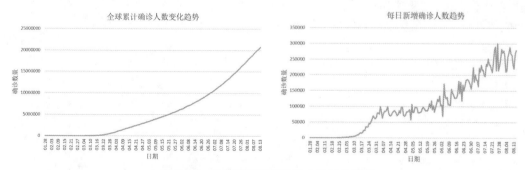

图 9-34　全球疫情数据确诊人数变化趋势

（2）选择A列日期与C列死亡人数、D列治愈人数制作柱状图，可以对比当天日期内两者的数据分布特征。总体特征是治愈人数远比死亡人数多，不过两者都是累计值。同时将A列日期与F列死亡率、G列治愈率数据形成柱状对比图（见图9-35）。

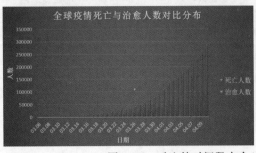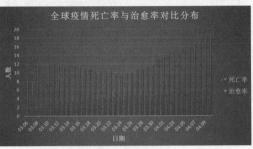

图9-35　对比某时间段内全球疫情死亡与治愈统计情况组图

选择Excel实现图表可视化的优点很明显，方便快捷，图的各种设置包括颜色、字体、坐标轴、数据标签、趋势线等可以随时调整。还能根据分析需求制作饼图、雷达图、透视图等。不过由于其实现环境与Python脱离，如果有实时更新的数据可视化任务，Excel就显得不合时宜了。

9.4.2　matplotlib 实现数据可视化

matplotlib是一个Python数据可视化的第三方库，已经成为Python中公认的最佳数据可视化工具。通过matplotlib你可以很轻松地画一些简单或复杂的图形，几行代码即可生成线图、直方图、功率谱、条形图、错误图、散点图等。

（1）matplotlib安装。matplotlib的安装较为简单，直接使用pip工具就可以完成，如在PyCharm软件中使用终端来完成安装：

```
(venv) D:\PycharmProjects\myProject>pip install -i https://mirrors.aliyun.com/pypi/
simple matplotlib
```

（2）matplotlib基本使用方法。matplotlib属于第三方库，其绘图主要模块为pyplot。不过因为它只是用于绘图，数据还是提供给它。可以自定义数据，也可以结合numpy分析数据来实现绘图。

【案例9.25】使用matplotlib绘制折线图、散点图、柱状图、直方图。

在myProject目录下新建ex9-18.py文件，并输入如下代码：

```
'''
案例9.25　使用matplotlib绘图库实现基本图形绘制
'''
#1. 导入pyplot绘图模块
from matplotlib import pyplot as plt

#2. 准备数据，以列表形式保存
x_data=[1,2,3,4,5]
y_data=[20,25,30,23,18]
```

```
#3.开始绘制图形，划分 2 行 2 列
# 使用 plt 对象的 subplot 方法设定图像位置，放在 221（第 1 行第 1 列）
ax1=plt.subplot(2,2,1)
ax1.set_title('scatter')
# 绘制散点图，使用 plt 对象的 scatter 方法
plt.scatter(x_data,y_data)

# 绘制折线图，放在 222（第 1 行第 2 列）
ax2=plt.subplot(2,2,2)
ax2.set_title('line')
plt.plot(x_data,y_data,color='r')

# 绘制柱状图，放在 223（第 2 行第 1 列）
ax3=plt.subplot(2,2,3)
ax3.set_title('bar')
plt.bar(x_data,y_data,color='g')

# 绘制直方图，放在 224（第 2 行第 2 列）
ax4=plt.subplot(2,2,4)
ax4.set_title('histogram')
plt.hist(y_data,color='b')

#4.将所有图形显示出来
plt.show()
```

保存代码并运行程序，此时会弹窗显示绘制的图形效果，如图 9-36 所示。

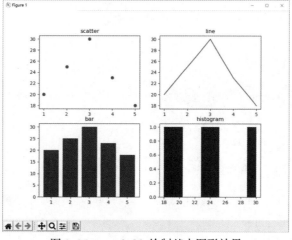

图 9-36　matplotlib 绘制基本图形效果

【**案例9.26**】爬取腾讯疫情全球各大洲统计数据并可视化展示。

对于各大洲疫情数据腾讯网站也提供了数据接口，可以直接爬取下来使用。请求网址与之前的全球每日统计数据是一样的，如下：

https://api.inews.qq.com/newsqa/v1/automation/modules/list? modules=FAutoGlobalStatis, FAutoContinentStatis,FAutoGlobalDailyList,FAutoCountryConfirmAdd

本案例就是处理其中的FAutoContinentStatis属性数据。因此整个代码结构完全可以参考ex9-17.py文件。

在myProject目录下新建ex9-19.py文件，分两步来实施。

1）首先完成数据的爬取与预览。

```
'''
案例 9.26   使用 easySpider 和 matplotlib 绘图库实现腾讯疫情数据可视化
'''
#1. 导入 easySpider 类和 json 模块、matplotlib
import easySpider
import json
from matplotlib import pyplot as plt

#2. 实例化 easySpider，根据 URL 爬取 JSON 数据，返回字符串格式的数据
headers={
    'User-Agent': 'Mozilla/5.0 (Macintosh; Intel Mac OS X 10_11_4)
    AppleWebKit/537.36 (KHTML, like Gecko) Chrome/52.0.2743.116 Safari/537.36',
    }
url='https://api.inews.qq.com/newsqa/v1/automation/modules/list?modules=
FAutoGlobalStatis,FAutoContinentStatis,FAutoGlobalDailyList,FAutoCountryConfirmAdd'
txData=easySpider.Spider(url=url,headers=headers)
resultStr=txData.requests_getHtmlSource()
#3. 使用 json 的 loads 方法将字符串格式转换为 Python 字典
resutDict=json.loads(resultStr)


#4. 打印输出数据
for item in resutDict['data']['FAutoContinentStatis']:
    print(item)
```

保存代码并运行程序，此时终端输出结果如下：

```
{'date':'02/16','statis':{' 亚洲 ':247,' 其他 ':355,' 北美洲 ':23,' 大洋洲 ':15,' 欧洲 ':4
7},'nowConfirm':600,'rate':0,'range':''}
{'date':'02/23','statis':{' 亚洲 ':969,' 其他 ':691,' 北美洲 ':42,' 大洋洲 ':17,' 欧洲 ':1
76},'nowConfirm':1718,'rate':186,'range':'02/17-02/23'}
{'date':'03/01','statis':{' 亚洲 ':4938,' 其他 ':712,' 北美洲 ':94,' 南美洲 ':3,' 大
洋 洲 ':29,' 欧 洲 ':1564,' 非 洲 ':2},'nowConfirm':6210,'rate':261,'range': '02/24-
03/01'}
```

```
{'date':'03/08','statis':{'亚洲':15145,'其他':696,'北美洲':528,'南美洲':55,'大洋
 洲':81,'欧洲':10373,'非洲':81},'nowConfirm':23190,'rate':273,'range': '03/02-
 03/08'}
...(省略)
```

2）接下来根据matplotlib的使用方式准备数据绘图，直接在上述代码增加绘图部分代码：

```
#5.取出其中全球各大洲每周统计数据存入列表
# 先定义 7 个空列表
dates,Asia,NorthAmerica,Oceania,Europe,Africa,SouthAmerica=[],[],[],[],[],[],[]
# 将对应的数据存入列表中
for item in resutDict['data']['FAutoContinentStatis']:
    dates.append(item['date'])
    Asia.append(item['statis']['亚洲'])
    NorthAmerica.append(item['statis']['北美洲'])
    Oceania.append(item['statis']['大洋洲'])
    Europe.append(item['statis']['欧洲'])
    # 前两周非洲和南美洲数据为空，这里补为 0
    if item['date'] > '02/23':
        Africa.append(item['statis']['非洲'])
        SouthAmerica.append(item['statis']['南美洲'])
    else:
        Africa.append(0)
        SouthAmerica.append(0)


#6. 绘制各大洲疫情数据增长折线图
plt.title("全球各大洲疫情数据变化图")
plt.xlabel('时间')
plt.ylabel('疫情人数')
plt.xticks(rotation=45)
plt.gca().yaxis.get_major_formatter().set_scientific(False)    # y轴不使用科学计数法
plt.rcParams['font.sans-serif'] = ['SimHei']                   # 用来正常显示中文标签
plt.plot(dates,Asia,label="亚洲")
plt.plot(dates,NorthAmerica,label="北美洲")
plt.plot(dates,Oceania,label="大洋洲")
plt.plot(dates,Europe,label="欧洲")
plt.plot(dates,Africa,label="非洲")
plt.plot(dates,SouthAmerica,label="南美洲")
plt.legend()
plt.show()
```

保存上述代码并运行程序，最终绘图效果如图9-37所示。

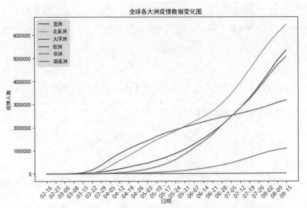

图 9-37 全球各大洲疫情数据变化趋势图

可以继续使用全球各大洲数据绘制出疫情分布饼图，代码如下：

```
#7.绘制4个月全球各大洲疫情数据分布饼图
labels=[' 亚洲 ',' 北美洲 ',' 欧洲 ',' 南美洲 ',' 非洲 ',' 大洋洲 ']
for i in range(1,3):
    ax=plt.subplot(1,2,i)
    ax.set_title(" 倒数第 {} 周全球疫情数据分布对比 ".format(i))
    numbers=[Asia[-i],NorthAmerica[-i],Europe[-i],SouthAmerica[-i],Africa[-i],
Oceania[-i]]
    plt.pie(numbers,labels=labels,autopct='%.1f%%')
plt.show()
```

保存代码后运行程序，由于#7和#6绘图需要分设子窗口，因此先把#6绘制折线图代码注释掉，然后执行程序，最终绘图效果如图9-38所示。

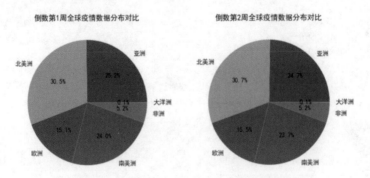

图 9-38 全球各大洲疫情统计饼图分布

9.5 本章小结

本章较为详细地介绍了Python爬虫常用的第三方库，同时基于第三方库自建了easySpider模块和easySqlite模块，通过多个案例实践爬取到了网页上的数据，并实现了存储和可视化。

第10章 Python 爬虫案例

有了前述主流的第三方库使用操作经验后，就可以完成许多网站内容的爬取任务了。本章将通过两个实战案例（包括爬取武侠小说网金庸全部作品集存储到本地、爬取链家天津地区二手房房源信息存储并实现可视化分析）对Python处理网络爬虫数据的整体流程进行演示和说明。读者也可以从本书提供的码云代码仓库地址直接下载案例代码，然后动手实践体验。

本章学习思维导图如下：

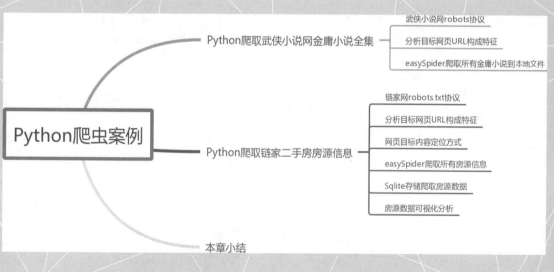

10.1 Python 爬取武侠小说网金庸小说全集

【案例10.1】Python爬取金庸小说全部作品。

扫一扫,看视频讲解

　　　　金庸先生的小说系列对于武侠迷而言就是珍本,估计大部分武侠小说爱好者有几本金庸先生的小说,同时看过许多次基于小说翻拍的影视剧。接下来基于Python编码爬虫技术,将武侠小说网上金庸先生的小说全集爬取下来并保存到本地磁盘的文本文件中,供以后慢慢欣赏。

1. 武侠小说网 robots 协议

第3章使用网页开发者工具对武侠小说网部分页面进行了目标聚焦定位分析,同时在第8章讲述BeautifulSoup案例时对金庸先生小说系列网页进行了解析,获取到了所有金庸小说的网页链接地址。现在目标变成了要爬取网页上的内容并存储下来,所以需要先了解一下武侠小说网是否制定有机器人爬取协议。

在浏览器地址栏输入http://www.wuxia.net.cn/robots.txt,然后按回车键,浏览器显示如图10-1所示。

图 10-1　查看武侠小说网 robots.txt 协议

图10-1中显示该文件不存在,说明网站并没有制定robots.txt协议,其他人可以放心地爬取网站里的任何内容。不过鉴于学习使用,而且许多内容是静态文本,在编码爬虫时可以不用设置刷新,一次性爬取即可。

2. 分析目标网页 URL 构成特征

如图10-2所示为武侠小说网提供的所有金庸小说列表网页。

图 10-2　金庸小说列表网页

（1）小说列表链接地址获取。读者可以参考第8章BeautifulSoup案例对金庸小说列表的解析。本小节使用自建的easySpider模块来实现这部分功能。

在myProject目录下新建一个ex10-1.py文件，完成获取小说列表链接地址的任务，最终保存为列表。对于图10-2网页的开发者工具元素监听过程请参考第3章相关案例，这部分任务的代码如下：

```
'''
案例10.1　使用easySpider模块爬取武侠小说中所有金庸小说
'''
# 1. 导入easySpider模块
import easySpider,re

#2. 调用easySpider模块，实例化爬虫类
headers={
    'User-Agent': 'Mozilla/5.0 (Macintosh; Intel Mac OS X 10_11_4)
AppleWebKit/537.36 (KHTML, like Gecko) Chrome/52.0.2743.116 Safari/537.36',
    }
url = 'http://www.wuxia.net.cn/author/jinyong.html'
jyBookSpider=easySpider.Spider(url=url,headers=headers)
#3. 调用jyBookSpider对象的BeautifulSoup解析方法，获得小说名
jyBookNames = jyBookSpider.beautifulsoup_getTarget(selector='.co3 a')
#4. 调用jyBookSpider对象的re正则匹配表达式，获得小说网页链接
jyBookLinks = jyBookSpider.re_getTarget(pattern='href="(.*?)">.*?</a></li>')
print(jyBookNames)
print(jyBookLinks[6:])
```

运行程序，获得结果如下：

```
['飞狐外传', '雪山飞狐', '连城诀', '天龙八部', '射雕英雄传', '白马啸西风', '鹿鼎记',
'笑傲江湖', '书剑恩仇录', '神雕侠侣', '侠客行', '倚天屠龙记', '碧血剑', '鸳鸯刀',
'越女剑', '袁崇焕评传']
['/book/feihuwaizhuan.html','/book/xueshanfeihu.html','/book/lianchengjue.html',
'/book/tianlongbabu.html','/book/shediaoyingyiongzhuang.html','/book/
baimaxiaoxifeng.html','/book/ludingji.html','/book/xiaoaojianghu.html','/book/
shujianenchoulu.html','/book/shendiaoxialv.html','/book/xiakexing.html','/book/
yitiantulongji.html','/book/bixuejian.html','/book/yuanyangdao.html','/book/
yuenvjian.html','/book/yuanchonghuanpingzhuan.html']
```

（2）获得各部小说各章回URL地址及内容定位。使用浏览器打开武侠小说网金庸小说列表里的"飞狐外传"网页，可以看到网页主体主要包括两部分内容：小说简介以及各章回题目及链接地址（见图10-3）。

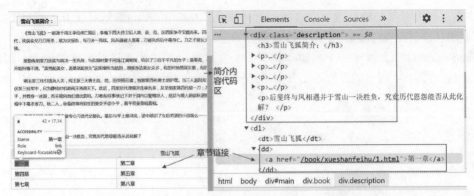

图 10-3 开发者工具定位目标内容区及链接

可以看出，小说内容简介采用段落<p>标记来包裹，而各章回链接则使用了数字来直接命名。如"雪山飞狐"第一章链接地址为: /book/xueshanfeihu/1.html；第二章链接地址为/book/xuehanfeihu/2.html。这种命名就很有规律，对于爬取内容定位URL地址就便捷多了。

单击图 10-3 中"第一章"，进入"第一章"页面，同样使用开发者工具Elements面板分析一下文字段落的标记方式，主要采用了段落标记<p>来包裹（见图 10-4）。

图 10-4 各章网页内容定位

分析结论如下：

①小说链接首页：内容简介区定位CSS选择器方式为div.description p，即在一个类名为description的div块的<p>标记区；各章节链接直接使用数字来关联，即小说首页地址URL+'/[number]'，其中number从1开始，最大值需要通过程序读取获得。

②小说各章节具体内容:CSS选择器方式为div.text p，即在一个类名为text的div块的<p>标记区。

③特殊情况:《鸳鸯刀》和《越女剑》两部小说在武侠小说网里没有章节分页，所有内容都在一个页面里，也没有内容简介和分页链接。

3. easySpider 爬取所有金庸小说到本地文件

爬取策略：按小说列表顺序遍历爬取，每部小说保存成一个文件夹，文件夹名为小说名，每章回保存成一个文本文件。

疑难点：各页面层级关系以及保存目录层级关系；需要仔细构建目标页面的URL地址，同时保存内容到文件时注意增加换行，编码格式设置为utf-8。在代码中间注意加入终端输出语句监控过程。

下面给出整体代码，每一步都进行了详细注解，读者可以边阅读边理解，同时代码文件可以直接下载后运行。

```
'''
案例10.1完整代码  使用easySpider模块爬取武侠小说中所有金庸小说
'''
# 1.导入easySpider模块
import easySpider
import os,time


#2.调用easySpider模块，实例化爬虫类jyBookSpider
headers={
'User-Agent': 'Mozilla/5.0 (Macintosh; Intel Mac OS X 10_11_4) AppleWebKit/537.36
 (KHTML, like Gecko) Chrome/52.0.2743.116 Safari/537.36',
    }
jyurl='http://www.wuxia.net.cn/author/jinyong.html'
jyBookSpider=easySpider.Spider(url=jyurl,headers=headers)


#3.调用jyBookSpider对象的beautifulsoup解析方法，获得小说名
jyBookNames=jyBookSpider.beautifulsoup_getTarget(selector='.co3 a')
#4.调用jyStory对象的re正则匹配表达式，获得小说网页链接
jyBookLinks=jyBookSpider.re_getTarget(pattern='href="(.*?)">.*?</a></li>')
jyBookUrls=jyBookLinks[6:]


#5.在当前myProject目录下创建小说总目录
root_path='金庸小说'
if not os.path.exists(root_path):
    os.mkdir('金庸小说')


#6.遍历爬取所有小说
print(time.asctime())
root_url='http://www.wuxia.net.cn'
for url,item in zip(jyBookUrls,jyBookNames):
    #BookUrl为每部小说的首页链接地址
    BookUrl = root_url+url
    # 给每部小说创建一个爬虫实例jyBookListSpider
    jyBookListSpider = easySpider.Spider(url=BookUrl, headers=headers)

    # 爬取首页内容简介，并保存到每部小说目录中去
```

```
StoryBrief=jyBookListSpider.beautifulsoup_getTarget(selector='div.description p')
# 为每部小说设定以小说名为名称的目录，如果不存在就创建一个
Bookpath=root_path + '/' + item
if not os.path.exists(Bookpath):
    os.mkdir(Bookpath)

#《鸳鸯刀》和《越女剑》两部小说只有首页，文本就在这个页面，没有内容简介和章回
# 因此获取到的内容简介肯定为空，策略是直接将首页的内容爬取下来保存
if not StoryBrief:
    print(" 开始爬取 {} 小说 ".format(item))
    StoryDetail=jyBookListSpider.beautifulsoup_getTarget(selector='div.text > p')
    with open(Bookpath+'/'+item+'.dat','w') as f:
        for paragraph in StoryDetail:
            f.write(paragraph)
            f.write('\n')
    print("{} 小说内容爬取完毕 !".format(item))

# 将爬取到的内容简介文本保存到每部小说目录下内容简介 .dat 文件中
with open(Bookpath+'/ 内容简介 .dat','w') as f:
    for text in StoryBrief:
        f.write(text)
        f.write('\n')
print(" 当前小说 {} 的内容简介保存完毕！ ".format(item))

# 爬取每回的标题 ChapterTitle，确定一共多少回数目 ChapterNumbers
ChapterTitle=jyBookListSpider.beautifulsoup_getTarget(selector='div.book dd')
ChapterNumbers=len(ChapterTitle)
print(" 当前小说 {} 共 {} 回 ".format(item,ChapterNumbers))

print(" 开始爬取当前小说每回内容 ......")
for number in range(1,ChapterNumbers+1):
    # 每部小说章节 URL 构建方式是小说名 / 章节数
    BookChapterUrls = BookUrl[:-5] + '/' + str(number)+'.html'

    # 为每次爬取章节构建一个 easySpider 爬虫实例
    ChapterSpider=easySpider.Spider(url=BookChapterUrls,headers=headers)

    print(" 开始爬取第 {} 回 ...".format(number))
    ChapterText=ChapterSpider.beautifulsoup_getTarget(selector='div.text > p')

    # 将爬取到的内容保存到每部小说目录下，文件以章回标题命名
    with open(Bookpath+'/ 第 '+str(number)+' 回 .dat','w',encoding='utf-8') as f:
```

```
        for paragraph in ChapterText:
            f.write(paragraph)
            f.write('\n')


        print(" 当前小说 {} 第 {} 回保存完毕 ...".format(item,number))


    print(' 当前小说爬取完毕! 休息 5 秒后开始爬取下一部小说 \n')
    print(time.asctime())
    time.sleep(5)
```

　　整个程序耗时10分钟左右，就可以将金庸小说爬取下来并保存到本地。其中《鸳鸯刀》和《越女剑》两部小说在代码中也进行了单独处理。爬取完成后可以在myProject目录里打开查看效果，如图10-5和图10-6所示。

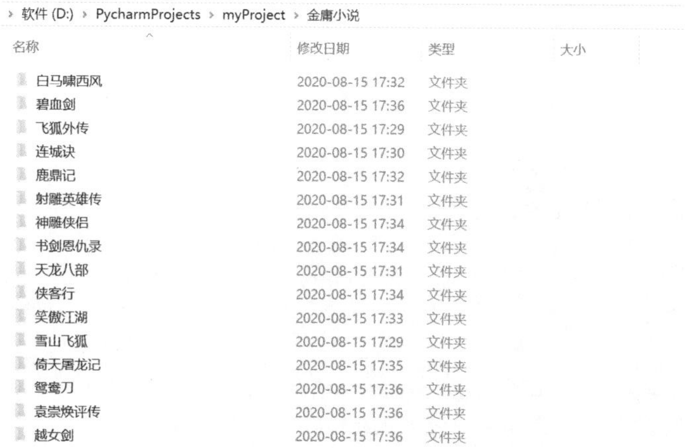

图 10-5　金庸小说爬取保存到本地磁盘效果

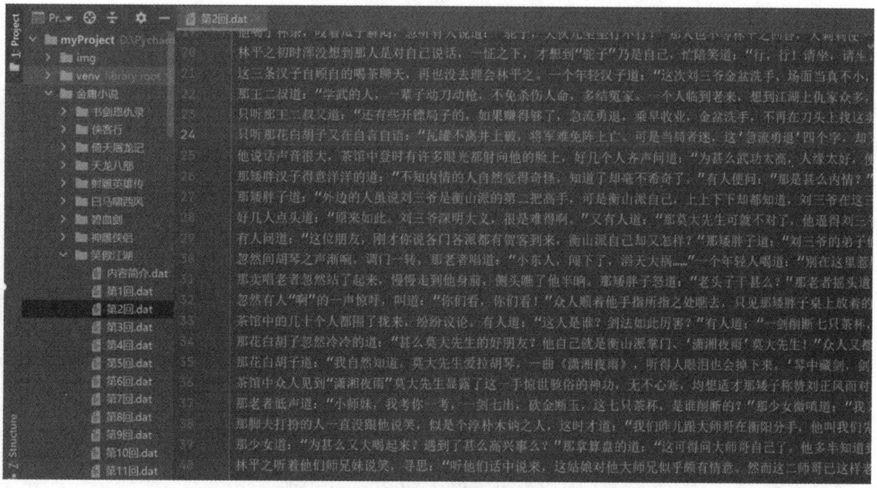

图 10-6　金庸小说《笑傲江湖》第 2 回内容显示

10.2 Python 爬取链家二手房房源信息

【案例10.2】Python爬取链家天津二手房全部房源信息。

房价在近二十年一直都是人们讨论的话题，这也在一定程度上反映了国家经济发展强劲和人民生活幸福指数不断提高。链家网是提供房产中介交易信息的网站，在国内有较高的知名度。网站上提供了各个地区新房、二手房和租房等多类型房产相关信息。如果有房产交易方面的需求，可以去链家网上查询相关地段房产价格信息，辅助决策自己的行为。本案例将爬取链家网上呈现的天津地区二手房信息，同时声明仅作本书学习使用（见图10-7）。

图 10-7　链家天津地区二手房网页样例

1. 链家网 robots.txt 协议

链家网是专业从事房产中介交易的网站，链家宣称所有房源信息包括价格都是真实的，所以作为案例，爬取之前需要查看一下网站的robots协议。

在浏览器地址栏输入链家网天津地区网址链接：https://tj.lianjia.com/robots.txt，查看其robots协议。浏览器显示的信息如图10-8所示。

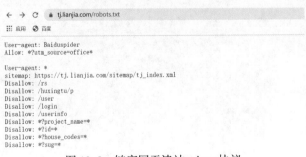

图 10-8　链家网天津站 robots 协议

从其声明的robots协议来看，对于其二级目录ershoufang资源并没有相关限定，可以正常爬取。

2. 分析目标网页 URL 构成特征

从网页上看到目前链家网天津地区二手房信息共计141156套，网页上每套房源信息需要一个列表来呈现。要把这么多信息显示出来，需要使用分页技术。网页底部有分页导航，当把鼠标移动到数字2上方时，左下角显示其链接方式为https://tj.lianjia.com/ershoufang/pg2；当把鼠标移动到分页数字100时，链接方式变为https://tj.lianjia.com/ershoufang/pg100。因此对于各个页面的链接URL地址，其格式如下：https://tj.lianjia.com/ershoufang/pg[x]。其中，[x]为列表，x数值为1～100。

也可以在浏览器端按快捷键F12启用开发者工具，进入Elements面板定位到导航区域，观察导航数字链接所在的HTML代码区特征（见图10-9）。

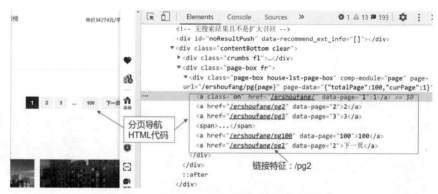

图 10-9　底部分页导航链接 HTML 代码定位

3. 网页目标内容定位方式

对于二手房信息而言，信息肯定越丰富越好，包括房源图像、位置、价格、户型、面积、楼层、朝向等。这些信息都在每套房源列表区域内，需要启用开发者工具进行定位，尤其是确定采用CSS选择器定位路径（见图10-10）。

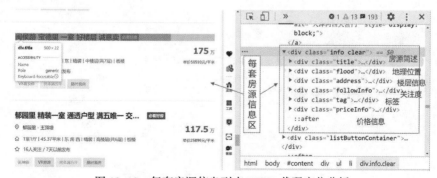

图 10-10　每套房源信息列表 HTML 代码定位分析

如此可以将每套房源信息区文本内容采用CSS选择器方式定位好，其中的最外层是类名为info的div块，表示方式为div.info；然后按节点的树形结构，依次定位好房源简述、房源位置、房屋楼层信息、关注度信息、标签、房屋总价和单价所在的CSS选择器路径。

有关价格信息部分，网页上显示包括两部分，上面红色字体为总价，下面小黑字体为单价，可以在开发者工具Elements面板上右击价格信息标签，然后选择copy菜单里的copy element复制如下：

```html
<div class="priceInfo">
    <div class="totalPrice"><span>175</span> 万 </div>
    <div class="unitPrice" data-hid="101108757542" data-rid="1211045504801" data-price="50593">
        <span> 单价 50593 元 / 平米 </span>
    </div>
</div>
```

最终将每套房源区目标爬取内容定位方式列举如下：

房源简述定位：div.info>div.title

地理位置信息定位：div.info>div.flood

楼层信息定位：div.info>div.address

关注度信息定位：div.info>div.followInfo

标签信息定位：div.info>div.tag

总价信息定位：div.info>div.priceinfo>div.totalPrice

单价信息定位：div.info>div.priceinfo>div.unitPrice

4. 使用 easySpider 模块爬取所有房源信息

爬取策略：分页爬取，每一页里按房源出现顺序依次爬取。直接使用requests和BeautifulSoup技术组合即可。

案例中使用自建的easySpider模块实现网络爬虫。在easySpider模块同级目录下新建一个ex10-2.py文件，用于编写本案例的爬虫代码。

下面给出整体代码，每一步都进行了详细注解，读者可以边阅读边理解，同时代码文件可以直接下载后运行。

```python
'''
案例 10.2    使用 easySpider 模块爬取链家天津地区二手房房源信息
'''
# 1. 导入 easySpider 模块和其他库
import easySpider
import sys,os,io,time

#2. 设定输出编码简体中文正常显示
sys.stdout = io.TextIOWrapper(sys.stdout.buffer,encoding='gb18030')
```

```
#3.给定目标网页根目录和爬虫用户代理信息
root_url='https://tj.lianjia.com/ershoufang/pg'
headers={'User-Agent': 'Mozilla/5.0 (Macintosh; Intel Mac OS X 10_11_4) \
AppleWebKit/537.36 (KHTML, like Gecko) Chrome/52.0.2743.116 Safari/537.36'}

#4.准备创建空字典存储爬取下来的数据
pageHouseInfo={}

print("开始爬取时间：",time.asctime())
#5.目前确定共100页，爬取所有数据
for page in range(1,101):
    # 构建分页 URL 地址
    page_url = root_url + str(page)
    # 每一页爬取都构建一个 easySpider 爬虫实例
    pageSpider = easySpider.Spider(url=page_url, headers=headers)

    # 计算每页一共多少套房源
    HouseUnits = pageSpider.beautifulsoup_getTarget(selector='div.info.clear')
    pageHouseNumbers=len(HouseUnits)

    print("开始爬取第 {} 页的数据了 ".format(page))
    # 开始爬取每页里的房源，按出现的先后次序爬取
    # 爬取房源简述 HouseIntro 列表
    pageHouseIntro = pageSpider.beautifulsoup_getTarget(selector='div.info>div.title)

    # 爬取地理位置信息 HouseFlood 列表
    pageHouseFlood = pageSpider.beautifulsoup_getTarget(selector='div.info>div.flood')

    # 爬取楼层相关信息 HouseAddress 列表
    pageHouseAddress = pageSpider.beautifulsoup_getTarget(selector='div.info>div.address')

    # 爬取房源关注信息 HouseFollow 列表
    pageHouseFollow = pageSpider.beautifulsoup_getTarget(selector='div.info>div.followInfo')

    # 爬取房源标签信息 HouseTag 列表
    pageHouseTag = pageSpider.beautifulsoup_getTarget(selector='div.info>div.tag')

    # 爬取房源总价信息 HousePrice 列表
    pageHouseTotalPrice = pageSpider.beautifulsoup_getTarget(selector='div.
     priceInfo>div.totalPrice')
```

```
# 爬取房源单价信息 HouseUnitPrice 列表
pageHouseUnitPrice = pageSpider.beautifulsoup_getTarget(selector='div.
    priceInfo>div.unitPrice')

    # 设定一个 pageHouseList 空列表，准备将当前页每套房源抓取的信息连接在一起后存储下来，
    # 也就是一套房源的所有信息连接在一起后存储到这个列表里
    pageHouseList=[]
    for i in range(len(pageHouseNumbers)):
        # 将各信息列表里的元素转换为字符串后使用分号拼接在一起
        strList=str(pageHouseIntro[i])+';'+str(pageHouseFlood[i])+';'
+str(pageHouseAddress[i])+';' +str(pageHouseFollow[i])+';'
+str(pageHouseTag[i])+';'+str(pageHouseTotalPrice[i])+';'
+str(pageHouseUnitPrice[i])

        # 追加到 pageHouseList
    pageHouseList.append(strList)

    # 将该页所有房源信息的列表存入 pageHouseInfo 字典，page 为键，pageHouseList 为对应的值，
    # 构成字典里的一个键值对。这样每一页房源信息一个键值对
    pageHouseInfo[page] = pageHouseList

    print(" 第 {} 页的数据爬取完毕，等待 3 秒进入下一页爬取 ...\n".format(page))
    time.sleep(3)

print(" 所有页的房源信息抓取完毕 ...")
print(" 结束时间为: ",time.asctime())
```

保存代码然后运行程序，大概耗时 10 分钟左右爬取完 100 页的数据。最终结果在终端可以打印出来，显示效果如图 10-11 所示。

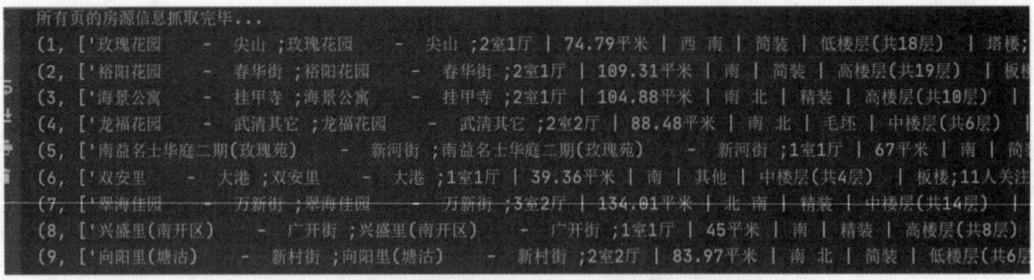

图 10-11　链家网天津地区二手房源爬取结果显示

5. 使用 sqlite 模块存储爬取房源数据

上一步中爬取了数据，并在终端进行了显示预览，不过数据并没有保留下来，后续的分析和可视化也无法进行。下面在 ex10-2.py 代码基础上增加使用前面自建的 easySqlite 模块，将爬取到

的每套房源数据都存到数据库中。

读者可能会有疑问，为什么选sqlite数据库，不选MySQL或者其他数据库？笔者主要考虑sqlite属于Python内置模块，无须下载和安装。如果选用MySQL数据库，就得先安装好数据库然后才能使用，读者如果有兴趣完全可以尝试使用MySQL数据库。

第一步，建立数据表结构。

要存储爬取结果，首先需要建立数据库及表结构。定义数据库名为LJHouse，同时参照房源信息解析，设定结构见表10-1。

表 10-1 二手房源信息存储表 ershoufang

字段名	含 义	数据类型
House_ID	房源编号	整型 integer
House_mj	房屋面积	实型 real
House_zj	房屋总价	实型 real
House_name	房屋小区名或楼名	字符型 varchar(20)
House_addr	房屋所在街道或地区	字符型 varchar(20)
House_hx	房屋户型	字符型 varchar(20)
House_cx	房屋朝向	字符型 varchar(20)
House_zx	房屋装修情况	字符型 varchar(20)
House_lc	房屋楼层情况	字符型 varchar(20)
House_gz	房屋关注人数	整型 integer
House_pdate	房屋发布日期	字符型 varchar(20)
House_intro	房源广告	字符型 varchar(20)

在自建的easySqlite模块同级别目录下新建一个ex10-3.py文件，完成数据库和数据表结构的建立，代码如下：

```
'''
案例10.2  使用easySqlite模块完成二手房房源信息数据表建立
'''

# 导入自建的easySqlite模块
import easySqlite

# 创建一个数据库名为LJHouse.db，返回ljBase实例
ljBase = easySqlite.SqliteBase(dbName='LJhouse.db')

# 组织建表的SQL语句
sql_table = "create table ershfang(House_ID int primary key, House_mj real,House_zj real,
           House_name varchar(20),House_addr varchar(20),
        House_hx varchar(20),House_cx varchar(20),House_zx varchar(20),
```

```
            House_lc varchar(20),House_gz int,House_pdate varchar(20),
            House_intro varchar(100))"
```

```
# 调用 liBase 实例的 ddltool 方法完成表结构的创建
print(ljBase.ddlTool(sql=sql_table))
```

保存代码并运行程序，终端输出"建表成功"表明完成了上述表结构的建立。接下来就可以往里面存入数据了。

第二步，与爬取过程结合，实现数据边爬边存储。

在原来单独爬取数据程序ex10-2.py基础上修改，增加存储语句后另存为ex10-4.py。同时根据表结构，还需要对爬取到的数据进行拆分处理然后存储。

下面给出完整代码，读者可以边阅读边理解，也可以直接下载代码进行实践。

```
'''
案例 10.2    使用自建 easySpider 和 easySqlite 模块爬取存储链家天津地区二手房房源信息
'''
# 1. 导入 easySpider 模块、easySqlite 和其他库
import easySpider
import easySqlite
import sys,os,io,time


#2. 设定输出编码简体中文正常显示
sys.stdout = io.TextIOWrapper(sys.stdout.buffer,encoding='gb18030')


#3. 给定目标网页根目录和爬虫用户代理信息
root_url='https://tj.lianjia.com/ershoufang/pg'
headers={'User-Agent': 'Mozilla/5.0 (Macintosh; Intel Mac OS X 10_11_4) \
AppleWebKit/537.36 (KHTML, like Gecko) Chrome/52.0.2743.116 Safari/537.36'}


print(" 开始爬取时间 :",time.asctime())
#4. 调用 easySqlite 模块实例化 easySqlite 类，返回 ljHouseData 类
ljHouseData = easySqlite.SqliteBase(dbName='LJHouse.db')


#5. 设定只爬取第 1 ~ 60 页数据
for page in range(1,61):
    # 构建分页 URL 地址
    page_url = root_url + str(page)
    # 每一页爬取都构建一个 easySpider 爬虫实例
    pageSpider = easySpider.Spider(url=page_url, headers=headers)

    # 计算每页一共多少套房源
    HouseUnits = pageSpider.beautifulsoup_getTarget(selector='div.info.clear')
    pageHouseNumbers=len(HouseUnits)
```

```
print(" 开始爬取第 {} 页的数据了 ".format(page))
# 开始爬取每页里的房源，按出现的先后次序爬取
# 爬取房源简述存为 pageHouseIntro 列表
pageHouseIntro = pageSpider.beautifulsoup_getTarget(selector='div.info>div.title')

# 爬取地理位置信息存为 pageHouseFlood 列表
pageHouseFlood = pageSpider.beautifulsoup_getTarget(selector='div.info>div.flood')

# 爬取楼层相关信息存为 pageHouseAddress 列表
pageHouseAddress = pageSpider.beautifulsoup_getTarget(selector='div.info>div.address')

# 爬取房源关注信息存为 pageHouseFollow 列表
pageHouseFollow = pageSpider.beautifulsoup_getTarget(selector='div.info>div.followInfo')

# 爬取房源标签信息存为 pageHouseTag 列表
pageHouseTag = pageSpider.beautifulsoup_getTarget(selector='div.info>div.tag')

# 爬取房源总价信息存为 pageHousePrice 列表
 pageHouseTotalPrice = pageSpider.beautifulsoup_getTarget(selector='div.
 priceInfo>div.totalPrice')

# 爬取房源单价信息存为 pageHouseUnitPrice 列表
pageHouseUnitPrice=pageSpider.beautifulsoup_getTarget(selector='div.
priceInfo>div.unitPrice')

# 准备将当前页每套房源抓取的信息按表结构属性连接成 SQL 语句字符串
sql_page = "insert into ershfang values "
for i in range(pageHouseNumbers):
    # 对每套房源信息开始处理
    # 设定房源编号，即分页数上加 i
    House_ID= (page-1)*30+i+1

    # 获得总价，将爬取到的总价文本去除万字、去除两侧空格后转成数值
    House_zj = eval(str(pageHouseTotalPrice[i]).split(' 万 ')[0].strip())

    # 将爬取到的房源地理位置信息使用 "|" 分拆，返回列表 HouseDetail
    HouseDetail=str(pageHouseAddress[i]).split('|')
    # 分拆后的第一个元素去除空格后为房源户型文本
    House_hx = HouseDetail[0].strip()
    # 分拆后的第二个元素去除 "平米" 以及两侧空格后转成数值，为房屋面积
    House_mj = eval(HouseDetail[1].replace(' 平米 ',' ').strip())
```

```python
# 分拆后的第三个元素去除两侧空格后为房屋朝向
House_cx = HouseDetail[2].strip()
# 分拆后的第四个元素去除两侧空格后为房屋装修情况
House_zx = HouseDetail[3].strip()
# 分开后的第五个元素去除两个空格后为房屋楼层
House_lc = HouseDetail[4].strip()


# 将爬取到的房源小区和街道信息使用"-"分拆，返回列表 HouseLoc
HouseLoc = str(pageHouseFlood[i]).split('-')
# 分拆后的第一个元素去除两侧空格后为房屋小区名或楼盘名
House_name = HouseLoc[0].strip()
# 分拆后的第二个元素去除两侧空格后为房屋所在街道或地区
House_addr = HouseLoc[1].strip()


# 将爬取到的房屋关系信息使用"/"分拆，返回列表 HouseFocus
HouseFocus = str(pageHouseFollow[i]).split('/')
# 分拆后的第一个元素去除"人关注"文本和空格后转换为数值为房屋关注人数
House_gz = eval(HouseFocus[0].replace('人关注',' ').strip())
# 分拆后的第二个元素去除空格后为房屋发布时段
House_pdate =HouseFocus[1].strip()


# 将爬到的房屋简述广告语去除空格
House_intro = pageHouseIntro[i].strip()


# 对上述获得的各字段属性进行拼接
sql_page+="({},{},{},'{}','{}','{}','{}','{}','{}',{},'{}','{}'),".format
(House_ID,House_mj,House_zj,House_name,House_addr,House_hx,
House_cx,House_zx,House_lc,House_gz,House_pdate,House_intro)


# 将当前页的 sql 语句去除末尾的逗号
sql_page = sql_page[:-1]


# 将当前页的数据存储到 sqlite 中
if ljHouseData.dmlTool(sql=sql_page):
    print("第 {} 页的数据爬取完毕，等待 3 秒进入下一页爬取 ...\n".format(page))
time.sleep(3)

print("所有页的房源信息抓取完毕 ...")
print("所有房源信息已经存储到 sqlite 数据库中 ...")
print("结束时间为: ",time.asctime())
```

保存代码并运行程序，大概耗时5分钟，第1～60页的房源信息都爬取并存储到本地的sqlite数据库中了。

第三步，使用SQLiteStudio查看爬取结果。

SQLiteStudio是sqlite数据库的可视化操作软件，可以在该软件中使用操作菜单完成sqlite数据库的表结构定义、数据操作等任务。

其官网下载地址为https://www.sqlitestudio.pl/。读者可以直接在其官网页面单击Download按钮下载到本地，然后解压缩后运行其中的sqlitestudio.exe文件，就可以进入软件界面。添加本案例数据库文件LJHouse.db后，就可以看到数据库的数据表和爬取存储的数据了（见图10-12）。

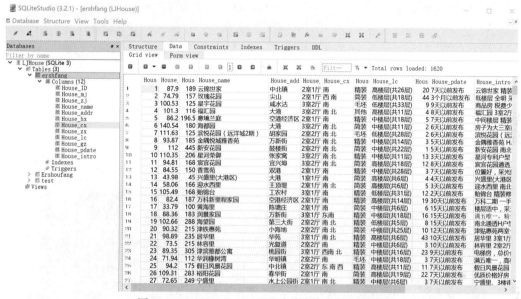

图10-12　SQLiteStudio 显示本案例数据存储情况

6. 房源数据可视化分析

分析二手房价格信息可以了解某个地区的房价水平，也可以了解一些房子与位置、朝向、装修、楼层等其他因素之间的关联规律。下面联合使用pandas与matplotlib模块完成部分数据的可视化分析。

第一步，pandas读取sqlite数据库中的数据。

pandas是非常强大的数据分析第三方库，其主要数据结构包括Series和DataFrame。其中Series类似于一维数组，而DataFrame则与Excel表格结构相似，与sqlite数据库的交互也非常简便。下面使用pandas库完成对房源数据库LJHouse.db的数据读取。

在myProject目录下新建ex10-5.py文件，在其中输入如下代码，具体各步骤代码也进行了详细注释。

```
'''
案例10.2  pandas 读取 sqlite 数据库中的数据
```

```
'''
#1. 导入 sqlite3、pandas 库以及 pandas 提供的 read_sql 函数
import sqlite3
import pandas as pd
from pandas.io.sql import read_sql

#2. 建立与 sqlite 数据库的连接，返回连接对象
conn = sqlite3.connect('LJHouse.db')

#3. 调用 pandas 的 read_sql 方法，参数包括 sql 查询语句和连接对象 conn，返回 Dataframe 对象
rows=pd.read_sql("select * from ershfang",con=conn)
print(type(rows))

#4. 调用 pandas 的 Dataframe 方法，构造 DataFrame 结构数据
df=pd.DataFrame(rows)

# 打印预览数据
print(df)
```

保存代码并运行程序，终端输出效果如图 10-13 所示。

```
<class 'pandas.core.frame.DataFrame'>
      House_ID  House_mj ...  House_pdate              House_intro
0            1     87.90 ...    7天以前发布       云锦世家 精装两室 楼层好 采光充足 业主诚心出售必看好房
1            2     74.79 ...   3个月以前发布    低楼层 全明 采光极好 满五唯一税费低 出行方便带车位必看好房
2            3    100.53 ...    9天以前发布          商品房 税费少 采光好楼层佳 咸水沽繁华地段必看好房
3            4    101.30 ...    8天以前发布               福汇园 3室2厅 116万必看好房
4            5     86.20 ...    7天以前发布       ·中间楼层 精装修 满两年 诚意出售必看好房
...        ...       ... ...       ...                       ...
2035      2156     56.28 ...   2个月以前发布          老城厢 精装修 东南向 温馨一室必看好房
2036      2157     51.78 ...   2个月以前发布    调富里一梯三户 南北通透 偏独户型 明厨明卫必看好房
2037      2158     73.81 ...   2个月以前发布    过两年, 精装, 南北通透, 中间楼层, 私产无贷款必看好房
2038      2159     88.11 ...   2个月以前发布       棕榈苑两室 全阳户型 采光充足 适合居住业必看好房
2039      2160     84.74 ...   2个月以前发布    朝阳两居 毛坯房万科物业环境好 诚心急售 价比超高! 必看好房

[2040 rows x 12 columns]
```

图 10-13　pandas 读取 sqlite 数据库数据显示

第二步，pandas 联合 matplotlib 实现数据可视化。

由于 pandas 的 DataFrame 具有表格类似结构，可以采用列读取方式来取得某一列数据，因此可以在这里计算所有的房屋单价添加到 df 数据中。

```
df['House_unitPrice']=df['House_zj']/df['House_mj']*10000
```

在代码中计算后可以取前 5 行看一下，结果如下：

```
#5. 计算房屋单价列
df['House_unitPrice']=df['House_zj']/df['House_mj']*10000
# 使用 iloc 函数给定前 5 行，i 表示 index，即行索引
print(df['House_unitPrice'].iloc[0:5])
0     21501.706485
```

```
1     20992.111245
2     12434.099274
3     11451.135242
4     22795.823666
Name: House_unitPrice, dtype: float64
```

（1）按房屋单价排序，取前10名所在小区和街道绘制条形图。

在ex10-5.py文件中继续添加如下代码：

```
#6.对所有数据列按单价降序排序
df.sort_values('House_unitPrice',inplace=True,ascending=False)

#7.制作条形图，x轴为单价，y轴为所在的小区和街道或地区
x_data=df['House_unitPrice'][:20]
y_data=+df['House_addr'][:20]+'-'+df['House_name'][:20]
# 调用plt的subplot方法，返回ax轴和fg图对象
fg,ax = plt.subplots()
# 绘制横向的柱状图
ax.barh(y_data,x_data,color="orange")
#y轴刻度翻转
ax.invert_yaxis()
# 设置图标题和x轴标题
ax.set_title(' 天津地区房屋单价前20名 ')
ax.set_xlabel(' 房屋单价（元）')
plt.show()
```

执行代码后绘制图效果如图10-14所示。

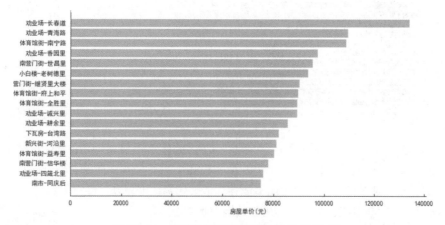

图 10-14 天津地区二手房单价排名前 20 名

决定房价的第一要素是地段，图中显示了单价前20名都是位于天津核心地区。这些房源大多与学区房、商业核心地带有关，前20名里有6套房源来自劝业场，4套来自体育馆街。

（2）按房屋关注度排序，取前10名所在小区和街道绘制条形图。

在ex10-5.py文件中继续添加如下代码：

```
#8. 对所有数据列按关注度降序排序
df.sort_values('House_gz',inplace=True,ascending=False)

#9. 制作条形图，x 轴为单价，y 轴为所在的小区和街道或地区
x_data=df['House_gz'][:20]
y_data=+df['House_addr'][:20]+'-'+df['House_name'][:20]
# 调用 plt 的 subplot 方法，返回 ax 轴和 fg 图对象
fg,ax = plt.subplots()
# 绘制横向的柱状图
ax.barh(y_data,x_data,color="green")
#y 轴刻度翻转
ax.invert_yaxis()
# 设置图标题和 x 轴标题
ax.set_title(' 天津地区二手房关注度前 20 名 ')
ax.set_xlabel(' 关注人数 ')
plt.show()
```

执行代码后绘制的图形如图10-15所示。

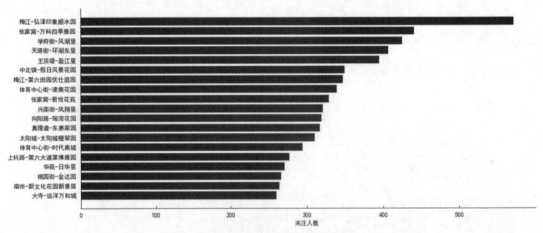

图 10-15　天津地区二手房关注度前 20 名

房屋关注度是一个累计因素，即许多人都关注但尚未成交，而且挂出来的时间相对较长。前20名里第一名是梅江地区的，也可以说明天津梅江地区的热点度较高，许多人关注。

（3）按房屋关注度与房屋总价交汇分析，绘制散点图。

在ex10-5.py文件中继续添加如下代码：

```
#10. 制作交会图，x 轴为关注度，y 轴为房屋总价
x_data=df['House_gz']
```

```
y_data=df['House_zj']
# 调用 plt 的 subplot 方法，返回 ax 轴和 fg 图对象
fg,ax = plt.subplots()
# 绘制横向的柱状图
ax.scatter(x_data,y_data,color="blue")
# 设置图标题和 x 轴标题
ax.set_title(' 天津地区二手房关注度与房屋总价交汇 ')
ax.set_xlabel(' 关注人数 ')
ax.set_ylabel(' 总房价（万元）')
plt.show()
```

执行代码后绘制图形如图 10-16 所示。

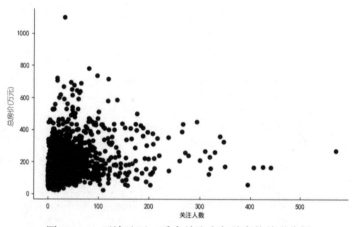

图 10-16　天津地区二手房关注度与总房价关联分析

从图中可以分析，大多数房源总房价在 400 万元以下，关注度高的房源房价也都不是最高的，属于中等。

10.3　本章小结

本章就使用自建的 easySpider 和 easySqlite 两个模块在实践案例进行了应用，圆满完成了网络爬虫任务和目标。本章案例都是在线网站，希望读者能认真阅读相关代码和说明，同时辅以实践，以便熟练掌握这些基本的爬虫技术和数据处理方法。不过 Python 里爬虫相关第三方库还有不少，同时有一些异步爬虫技术、分布式爬虫技术，读者有兴趣可以在本章基础上继续探索，力争掌握更多知识。

第 11 章　Scrapy 爬虫框架

单个网页爬虫工作量并不大，只要定义好目标数据定位方式就可以使用requests或selenium实现爬取。如果针对整个网站进行爬取，由于网站通常有许多子目录和子网页，再来使用requests或selenium库单线程爬取，占用资源会较多，耗时也会比较长。此时就需要高效率的爬虫工具，Scrapy就是最为知名的Python爬虫框架。本章将介绍Scrapy框架的功能和架构，同时辅以实践案例说明其基本操作步骤。案例代码读者可以直接从本书提供的码云仓库地址下载，便于快速上手实践。

本章学习思维导图如下：

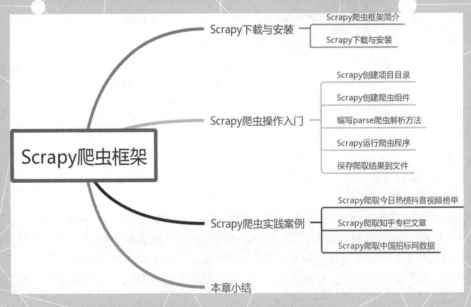

11.1 Scrapy 下载与安装

11.1.1 Scrapy 爬虫框架简介

Scrapy是一个为了爬取网站数据，提取结构性数据而编写的应用框架。它可以应用在包括数据挖掘、信息处理或存储历史数据等一系列的程序中。所谓框架就是有一系列的模块集合，各自负责一部分任务，然后结合在一起完成爬虫作业。相对于 requests、BeautifulSoup、selenium等模块而言，其功能更为全面，爬虫效率更高，同时使用起来也相对复杂。

Scrapy的基本架构组件包括Downloader下载器、Scheduler调度器、Spiders爬虫、ItemPipeline管道和核心Scrapy Engine引擎，同时在下载、爬虫和调度环节还提供一些中间件。图11-1 显示了随爬虫工作流Scrapy各组件所在的位置。

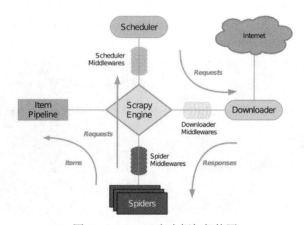

图 11-1 Scrapy 爬虫框架架构图

各个组件的基本功能如下：

- Downloader 下载器：负责接收 Scrapy 引擎发过来的 requests 请求，并将获取到的 Responses 响应结果交由 Scrapy 引擎给 Spiders 来完成解析。
- Spiders 爬虫：完成对 responses 响应的解析，将解析结果存入 Items 发送给 Pipeline 处理。如果解析的结果是进一步的 requests，则交由 Scrapy 引擎给调度器进行下一个请求。
- ItemPipeline 管道：负责对解析结果 Item 进行处理，包括分析、过滤和存储输出。
- Scheduler 调度器：负责接收引擎发送过来的 requests 请求，并按照一定的方式进行整理排列入队，等待引擎指令传输给引擎。
- Scrapy Engine 引擎：从上面四个组件各自功能定位来看，都与 Scrapy 引擎有关，因此引擎是整个爬虫的核心，实现组件之间的通信、信号、数据传递等。

如果简单理解上述组件搭配使用爬虫任务，那就是Scrapy引擎负责发送requests爬取请求给Scheduler，然后Scheduler按照一定次序交由Downloader实施发送requests请求，Dowloader获得响应后将结果交给Spiders组件来解析，如果解析结果为数据items，则传给Item Pipeline进行后续的数据存储、分析处理；如果解析结果为requests，则进入下一个爬取循环。

假设读者对Python爬虫库已经较为熟悉，可以将Scrapy框架里的Downloader看作requests库，Spiders爬虫组件角色与BeautifulSoup类似。但与前两种库独立使用不同的是，Scrapy则将这些功能集成起来，可以异步实现多网址多页面的数据爬取，效率要比独立第三方库组合高很多。

11.1.2　Scrapy 下载与安装

Scrapy是爬虫框架，同时是一个Python第三方库，因此其下载和安装与其他第三方库无异，直接使用pip工具安装即可。

继续使用PyCharm软件，在myProject目录下使用pip来安装Scrapy框架。

1. 安装 twisted 依赖库

Scrapy使用twisted异步方式，因此需要先安装twisted依赖库。

进入https://www.lfd.uci.edu/~gohlke/Pythonlibs/#twisted网页，先手动下载该库的whl安装文件。本书一直使用的Python 3.8，操作系统为Windows 64位，因此在下载时选用文件为Twisted-20.3.0-cp38-cp38-win_amd64.whl。

读者可以根据自己安装的Python软件及操作环境来选择下载。

下载到本地后，将其复制到myProject目录下，使用pip工具安装。

```
(venv) D:\PycharmProjects\myProject>pip install -i Twisted-20.3.0-cp38-cp38-win_amd64.whl
```

2. 安装 Scrapy 框架

下载到本地后，将其拷贝到myProject目录下，使用pip工具安装。

```
(venv) D:\PycharmProjects\myProject>pip install -i https://mirrors.aliyun.com/pypi/
simple scrapy
```

3. 测试安装效果

直接在终端命令行输入scrapy version，如果能够返回版本信息，则表示安装成功。

```
(venv) D:\PycharmProjects\myProject>scrapy version
Scrapy 2.3.0
```

11.2　Scrapy 爬虫操作入门

在Scrapy框架安装成功之后，就可以开始使用了。与Python的其他爬虫库不同，在应用Scrapy框架时需要使用到项目目录终端命令行，也就是上述使用pip工具安装Scrapy工具所在的命令行窗口。

【案例11.1】Scrapy爬取国家统计局首页新闻列表。

11.2.1　Scrapy 创建项目目录

在终端命令行输入如下格式命令：

```
scrapy startproject [爬虫项目名]
```

命名爬虫项目时常用的命名规则是域名+Spider，如爬取今日热榜网页数据，可以命名为topTodaySpider；爬取国家统计局网站数据，则命名为statsSpider。

【案例示例】创建爬取国家统计局数据爬虫项目。

在myProject目录下创建一个爬虫项目，用于爬取国家统计局网页数据。在PyCharm终端窗口命令行输入如下创建项目命令。

```
(venv) D:\PycharmProjects\myProject>scrapy startproject statsSpider
New Scrapy project 'statsSpider', using template directory
'd:\pycharmprojects\myproject\venv\lib\site-packages\scrapy\templates\project',
created in: D:\PycharmProjects\myProject\statsSpider
You can start your first spider with:
 cd statsSpider
 scrapy genspider example example.com
```

执行命令后，就在myProject目录下创建一个爬虫项目目录statsSpider。

此时回到myProject目录打开statsSpider文件夹，发现已经自动创建了多个文件，这是启用Scrapy的startproject命令执行的结果，如图11-2所示。

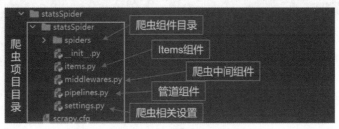

图 11-2　爬虫项目目录及文件作用释义

爬虫项目目录如下：

- statsSpider：爬虫项目的 Python 模块。
- statsSpider/spiders：爬虫组件，用于开发爬虫代码。
- statsSpider/items.py：创建容器 item 的文件，用于设置爬取数据存放的列表容器名。
- statsSpider/middlewares.py：中间组件，可以设置一些过滤方式。
- statsSpider/piplines.py：管道组件，设置数据处理方式，如输出为文件或存储到数据库。
- statsSpider/settings.py：设置爬虫设置文件，如设置代理、字符编码等。
- scrapy.cfg：为项目的配置文件。

11.2.2　Scrapy 创建爬虫组件

在终端命令行使用cd命令进入项目目录，然后输入如下格式命令：

```
scrapy genspider [爬虫名] [目标网址域名]
```

爬虫常用的命名规则是域名简写，如爬取今日热榜网页数据，可以命名为topToday；爬取国家统计局网站数据，则命名为stats。而目标网址域名参数则需要填写完整的域名地址。

允许该行命令后会自动在spiders目录下创建一个爬虫文件，名称就是上述命令中的爬虫名。在整个项目中这个爬虫名一定是唯一的。

在熟悉该文件格式后，可以直接在spiders目录下创建该文件，而不使用命令行来创建。

【案例示例】创建国家统计局数据爬虫组件。

在终端命令行使用cd命令进入statsSpider项目目录，然后输入创建爬虫组件命令，示例如下：

```
(venv) D:\PycharmProjects\myProject\statsSpider>scrapy genspider stats www.stas.gov.cn
Created spider 'stats' using template 'basic' in module: statsSpider.spiders.stats
```

执行时Scrapy使用basic模板在项目目录里的spiders组件文件夹下创建了一个stats.py文件，在PyCharm中显示如图11-3所示。

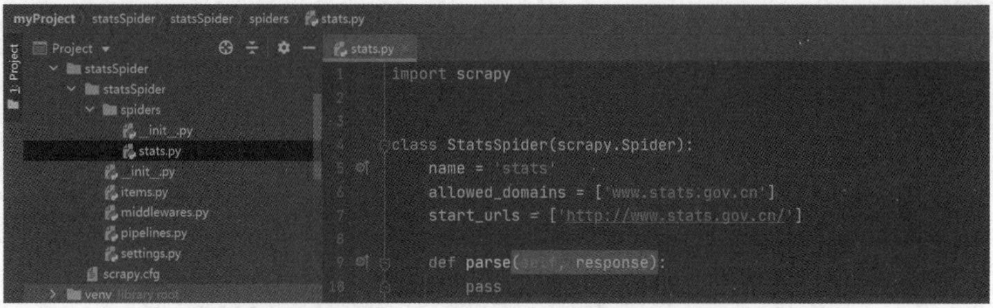

图 11-3　Scrapy 创建爬虫文件示例

从图中可以看到，stats爬虫文件自动创建了一个Scrapy的继承类statsSpider，确定了三个主要的属性和一个方法：

● name属性：为genspider时输入的爬虫名，这是唯一的，在不同爬虫中必须定义不同的名字。

● allowed_domains：爬取的域名地址。

● start_urls：爬取的 URL 列表。

● parse()：爬虫的方法，调用时传入从每一个 URL 传回的 Response 对象作为参数，response 将会是 parse 方法的唯一一个参数，这个方法负责解析返回的数据、匹配抓取的数据（解析为 item）并跟踪更多的 URL。

爬虫的代码编写主要放在parse方法里，包括如何对response进行解析以及返回解析的结果。

11.2.3　编写 parse 爬虫解析方法

parse方法中的唯一参数为response，就是目标网页响应结果对象。该对象具有如下常用属性：

● response.status：HTTP 响应的状态码。

● response.headers：HTTP 响应头部信息。

● response.body：HTTP 响应正文。

● response.text：文本形式的 HTTP 响应源码。

- response.selector：使用选择器 selector 方法来解析响应结果，在 scrapy 中 selector 默认选择使用 xpath，也可以使用 CSS 方式。
- response.selector.extract()：使用选择器 selector 方法来解析响应代码并将结果取出。
- response.selector('path/text()').extract()：使用选择器 selector 方法来解析响应代码并将结果取出。

到这里读者可以与requests和BeautifulSoup技术组合类比理解。在parse方法里就是给出解析响应源网页代码的方式，并将结果提取出来存入列表容器，或者直接输出成文件或输出到终端显示。

【案例示例】爬取国家统计局网站上最新发布与解读新闻列表。

在国家统计局官网首页上部有一个区域，专门发布最新新闻或统计结果列表。这里也需要使用到网页开发者工具，寻找该区域新闻列表如何使用Xpath或CSS来定位。Xpath为寻找XML节点里的路径定义方式，有关Xpath的基础语法在后续案例中再介绍。由于Scrapy默认使用Xpath方式来定位目标内容，所以本示例环节先使用一下。

在浏览器中进入国家统计局网站后，启用开发者工具进入Elements面板，定位到新闻列表所在li标记后，右击选择Copy→Copy Xpath命令，将Xpath路径复制下来（见图11-4）。

图 11-4　国家统计局官网首页新闻列表 Xpath 定位

复制下来列表li标记的xpath为：

```
//*[@id="con_two_1"]/li[1]
```

xpath路径表达式中：

- //：从匹配选择的当前节点选择文档中的节点。
- *：匹配任何元素节点。
- [@id="con_two_1"] 表示所有具有 id 属性为 con_two_1 的元素。
- /li[1]：子节点为 li 标记的元素，[1] 表示第一个。

组合起来（//*[@id="con_two_1"]/li[1]）表示定位到当前节点中所有具有id属性为con_two_1的元素里的第一个li元素。

上述li[1]去除索引号就表示所有的li列表，而新闻文本都在超链接a标记里，可以增加一个text()方法提取列表里超链接a的文本。

```
//*[@id="con_two_1"]/li/a//text()
```

下面修改本案例爬虫parse方法，增加xpath定位代码，示例如下：

```
#spiders 爬虫目录的 stats 爬虫器类
import scrapy


class StatsSpider(scrapy.Spider):
    name = 'stats'
    allowed_domains = ['www.stats.gov.cn']
    start_urls = ['http://www.stats.gov.cn/']


    def parse(self, response):
        # 通过 xpath 定位解析提取所有新闻列表文本返回给 news 列表容器
        news1 = response.xpath('//*[@id="con_two_1"]/li/a//text()').extract()
        # 在终端打印爬取结果
        print(news1)
```

11.2.4　scrapy 运行爬虫程序

由于在parse方法里将爬取结果输出到终端，因此可以直接使用运行爬虫程序的语句来查看结果。

```
scrapy crawl [ 爬虫名 ]
```

爬虫名就是之前定义的唯一爬虫名称。输入完成后按回车键，终端就开始执行Scrapy爬虫了。结果以日志形式输出到终端。读者可以仔细观察日志记录，也可以逐步理解Scrapy爬虫的运行过程。

【案例示例】终端显示国家统计局最新发布新闻列表爬取结果。

将11.2.3小节中的parse方法代码补充完整后保存，然后在Terminal终端命令行窗口输入上述执行命令，效果如下：

```
(venv) D:\PycharmProjects\myProject\statsSpider>scrapy crawl stats
2020-08-20 21:54:20 [scrapy.utils.log] INFO: Scrapy 2.3.0 started (bot:
statsSpider)
2020-08-20 21:54:20 [scrapy.utils.log] INFO: Versions: lxml 4.5.2.0, libxml2 2.9.5,
cssselect 1.1.0, parsel 1.6.0, w3lib 1.22.0, Twisted 20.3.0, Python 3.8.5 (tags/
v3.8.5:580fbb0, Jul 20 2020, 15:57:54) [MSC v.1924 64 bit (AMD64)], pyOpenSSL 19.1.0
(OpenSSL 1.1.1g  21 Apr 2020), cryptography 3.0, Platform Windows-10-10.0.15063-SP0
2020-08-20 21:54:20 [scrapy.utils.log] DEBUG: Using reactor: twisted.internet.
selectreactor.SelectReactor
...
```

在日志中部显示了爬取的文本列表，如图11-5所示。

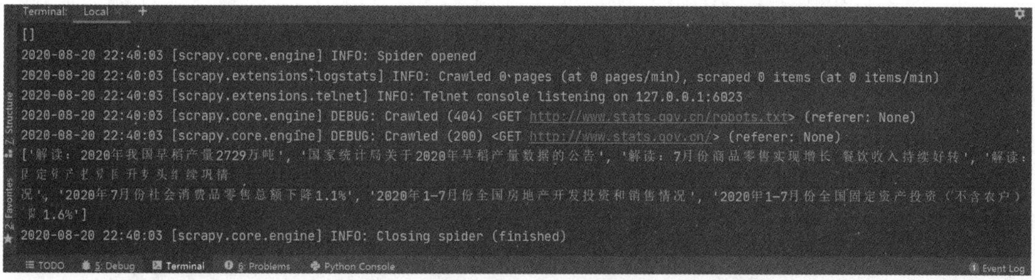

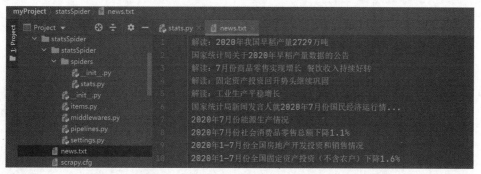

图 11-5 国家统计局新闻列表终端输出

11.2.5 保存爬取结果到文件

要将爬取结果输出到文件保存，有两种方式：一种是在parse方法里获取的结果同时就设置输出文件方法和路径；一种则按照Scrapy基本架构，使用items和pipelines组件完成爬取结果的输出。

【案例示例】完成国家统计局首页新闻列表内容的文件输出。

这里演示两种方法完成列表内容输出到文件中存储。

第一种方法，直接在parse方法里使用文件输出，即将爬虫器里的parse方法代码修改如下：

```python
def parse(self, response):
    # 通过 xpath 定位解析提取所有新闻列表文本返回给 news 列表容器
    news1 = response.xpath('//*[@id="con_two_1"]/li/a//text()').extract()
    # 将爬取结果存入 news.txt 文件
    with open('news.txt','w') as f:
        for item in news1:
            f.write(item+'\n')
```

然后使用运行爬虫程序命令执行爬虫，很快就将结果存入了当前目录下的news.txt文本文件中（见图11-6）。

图 11-6 直接在 parse 方法里设置爬取结果输出到文件效果

第二种方法，使用Scrapy提供的items和pipelines组件。在items里定义好数据容器，在parse方法里导入该容器类，然后将爬取结果保存到容器，最后在pipelines里使用文件输出方式保存。

先打开statsSpider爬虫目录下的items.py文件，在StatsspiderItem类里根据提示定义一个名为newsTitle的item容器。代码如下：

```
import scrapy

class StatsspiderItem(scrapy.Item):
# 定义一个 newsTitle 的 item 容器
    newsTitle=scrapy.Field()
```

然后修改爬虫器里的parse方法，将爬取结果存入Item容器中，代码如下：

```
import scrapy
from ..items import StatsspiderItem                        # 导入 StatsspiderItem 类

class StatsSpider(scrapy.Spider):
    name = 'stats'
    allowed_domains = ['www.stats.gov.cn']
    start_urls = ['http://www.stats.gov.cn/']

    def parse(self, response):
        # 实例化 item 容器类
        item=StatsspiderItem()
        # 通过 xpath 定位解析提取所有新闻列表文本返回给 news 列表容器
        news1 = response.xpath('//*[@id="con_two_1"]/li/a//text()').extract()
        # 将爬取结果存入 newsTitle 容器中
        item['newsTitle']=news1
        # yield 生成器方法返回 item
        yield item
```

最后修改pipelines.py文件，设置处理方式完善process_item方法，代码如下：

```
class StatsspiderPipeline:
    def process_item(self, item, spider):
        with open('itemsNews.txt','w',encoding='utf-8') as f:
            for content in item['newsTitle']:
                f.write(content+'\n')
        return item
```

在运行该方法之前，需要将pipelines里的StatsspiderPipeline类注册到Item_Pipelines中。也就是在settings.py文件中将中部的Configure item pipelines有关StatsspiderPipeline的注释取消掉，就完成了配置。

```
# Configure item pipelines
# See https://docs.scrapy.org/en/latest/topics/item-pipeline.html
ITEM_PIPELINES = {
    'statsSpider.pipelines.StatsspiderPipeline': 300,
}
```

经过以上四步，再来终端执行爬虫命令Scrapy crawl stats，就顺利地将爬取结果保存到itemNews.txt文件中了，读取效果如图11-7所示。

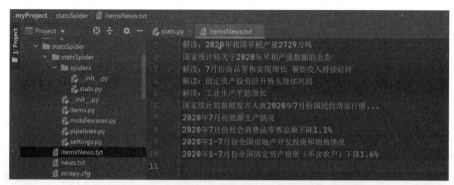

图 11-7　通过 scrapy 容器管道方式爬取结果存储效果

11.3　Scrapy 爬虫实践案例

通过介绍Scrapy爬虫的基本步骤，完成了一个国家统计局首页新闻列表内容的爬取案例，相信读者对Scrapy框架有了一些认识。下面介绍几个使用Scrapy来爬取网站数据的案例，通过实际操作来帮助读者更进一步熟悉Scrapy。

11.3.1　scrapy 爬取今日热榜抖音视频榜单

【案例11.2】Scrapy爬取今日热榜抖音视频榜。

今日热榜网站里有许多榜单排名，本案例来实践一下使用Scrapy爬取其提供的抖音视频榜，其网址为https://tophub.today/n/DpQvNABoNE。

其中的视频榜就是本次爬取的目标，同时所有爬虫步骤均与上一小节中相同，读者可以继续按照基本步骤方式进行。

其网页呈现效果如图11-8所示。

图 11-8　今日热榜抖音视频榜网页

（1）创建Scrapy爬虫项目。在myProject目录下创建一个douyinSpider爬虫项目。

```
(venv) D:\PycharmProjects\myProject>scrapy startproject douyinSpider New Scrapy project
'douyinSpider', using template directory 'd:\pycharmprojects\myproject\venv\lib\site-
packages\scrapy\templates\project', created in: D:\PycharmProjects\myProject\douyinSpide
```

（2）创建票房榜爬虫器douyin。进入新创建的douyinSpider爬虫项目目录，创建douyin爬虫器。

```
(venv) D:\PycharmProjects\myProject\douyinSpider>scrapy genspider douyin tophub.today
Created spider douyin using template 'basic' in module:
douyinSpider.spiders.douyin
```

执行完成后，可以进入创建的douyinSpider目录下的spiders目录，打开douyin.py爬虫文件，自动创建信息如下：

```python
import scrapy


class DouyinSpider(scrapy.Spider):
    name = 'douyin'
    allowed_domains = ['tophub.today']
    start_urls = ['http://tophub.today/']


    def parse(self, response):
        pass
```

（3）分析视频榜数据xpath定位方式。使用浏览器打开今日热榜的抖音视频榜，按快捷键F12启用开发者工具，进入Elements面板，查找视频榜单所在的HTML代码区，以便于精确定位（见图11-9）。

图 11-9　抖音视频榜单所在 HTML 代码定位

可以看到榜单列表都采用了表格标记来包裹，内容放在单元格td内。如果选择使用CSS选择器来定位，也是没问题的。不过Scrapy默认采用Xpath方式，因此这里继续使用Xpath方式来定位。

在Elements面板里选择榜单列表所在的td标记，右击选择菜单中的Copy Xpath就可以将其所在的Xpath路径复制下来，格式如下：

```
//*[@id="page"]/div[2]/div[2]/div[1]/div[2]/div/div[1]/table/tbody/tr[1]/td[2]
```

其中：

- //*[@id="page"]：表示匹配当前文档中 id 属性为 page 的节点元素。
- /div[2]：表示子节点中的第二个 div 元素，2 表示 div 的节点位置。
- /table/tbody/tr[1]/td[2]：表示表格标记内的层次，一直到 td 单元格。

将上述路径中的tr和td中的数字序号去除，就表示所有的tr行和td列。由于在HTML源代码中，抖音榜单名位于tr行内的第二个td单元格，关注人数位于tr行内的第三个td单元格，因此最终确定获取这两个内容的xpath路径如下：

```
榜单名：//*[@id="page"]/div[2]/div[2]/div[1]/div[2]/div/div[1]/table/tbody/tr/td[2]
关注人数：//*[@id="page"]/div[2]/div[2]/div[1]/div[2]/div/div[1]/table/tbody/tr/td[3]
```

（4）修改items.py文件，设定爬取内容保存容器列表topName和topFocus。

```
import scrapy

class DouyinspiderItem(scrapy.Item):
    topName=scrapy.Field()          #抖音视频榜单名
    topFocus=scrapy.Field()         #该榜单名关注人数
```

（5）将settings.py文件中的item pipelines配置项去除注释。

```
# Configure item pipelines
# See https://docs.scrapy.org/en/latest/topics/item-pipeline.html
ITEM_PIPELINES = {
    'douyinSpider.pipelines.DouyinspiderPipeline': 300,
}
```

（6）修改douyin.py代码，在爬虫器文件修改parse方法，完成网页内容的爬取和解析。

```
import scrapy
from ..items import DouyinspiderItem

class DouyinSpider(scrapy.Spider):
    name = 'douyin'
    allowed_domains = ['tophub.today']
    start_urls = ['https://tophub.today/n/DpQvNABoNE']          #抖音视频榜网址

    def parse(self, response):
        #定义爬取榜单名称路径
        topNamePath=response.xpath('//*[@id="page"]/div[2]/div[2]/div[1]/div[2]/div/div[1]
                        /table/tbody/tr/td[2]/a//text()')
        #定义爬取榜单关注人数路径
        topFocusPath=response.xpath('//*[@id="page"]/div[2]/div[2]/div[1]/div[2]/div/div[1]
                        /table/tbody/tr/td[3]//text()')
        #实例化容器
```

```
item=DouyinspiderItem()
# 将提取出来的榜单名称文本存入 item 中
item['topName']=topNamePath.extract()
# 将提取出来的关注人数文本存入 item 中
item['topFocus']=topFocusPath.extract()
yield item
```

（7）修改pipelines.py文件，定义爬取数据处理方式，这里直接将其输出到文本文件中。代码如下：

```
class DouyinspiderPipeline:
    def process_item(self, item, spider):
        with open('douyinTop.txt','w',encoding='utf-8') as f:
            for topName,topFocus in zip(item['topName'],item['topFocus']):
                f.write(topName+';'+topFocus+'\n')
        return item
```

（8）在终端命令行执行Scrapy crawl douyin命令，启动爬虫任务，最终将结果输出到文本文件douyinTop.txt中（见图11-10）。

```
douyinTop.txt
1   李克强重庆实地考察水灾；2609.0万
2   武汉开水上Party引外国网友震惊。赵立坚：希望大家用镜头告诉世界中国的真实情况。；2570.9万
3   #凌霄吃安眠药NBSP#贺子秋车祸 住院被查出吃了凌霄的安定，大家得知凌霄失眠严重担心；1720.4万
4   #以家人之名 尖尖收到贺子秋车祸消息，着急不知所措#我在抖音追剧#谭松韵；1117.7万
5   爸爸的足疗初体验 @老外家庭 @老外雅谷布 #老外 #海外；985.1万
6   过程来了！上个视频有宝宝说我在😀请的本人😄多谢这么高的夸奖！#伪狗；682.8万
7   #以家人之名 子秋#张新成 表白尖尖#谭松韵 ，尖尖吓到怒骂子秋有病😂#我在抖音追剧；643.6万
8   骑洋马，跨羊刀，呱唧呱唧就是撩！#兄弟想你了越南版；563.0万
9   大弟，这龙虾还香吗？@威希弟；444.3万
10  有时候强忍眼泪，比放声大哭更难受。#我在时间尽头等你 #李鸿其；444.0万
11  这都要哭着演的，小可爱许子言马上回答我每一次都哭呢！真的很不错，导演都夸好😂 #拍戏现场# #小宝贝；382.6万
12  #音乐 你是我一个人的专利；345.2万
13  噢？爸爸吧？没有了！！！做个孩子真好，天真可爱；341.2万
14  最残酷的事情，就是你面对亲人有危险，还无法去救他的境况了。#八佰；320.2万
15  《魔幻时刻》（1）#解说电影 #搞笑 #魔幻时刻 #抖音小助手 #我的观影报告；300.8万
16  这首不好唱 搞笑的作业我也批哦~；299.3万
17  官方授权：游戏科学《黑神话:悟空》13分钟实机演示@黑神话之悟空 #黑神话悟空；281.8万
18  无美颜无滤镜的高清镜头下化妆，看完以后你还会说化妆就是涂墙名@抖音小助手；262.6万
19  你们见过高兴到飞的鸭鸭吗？当东邻居家小白鸭看到我家鸭鸭出门了的时候......#萌宠出道计划 #网红十一只鸭子；253.4万
20  还是稳稳当当的吧~这zhao对女王来说不好使😂；212.4万
```

图 11-10 抖音热榜爬取结果

📺 11.3.2 Scrapy 爬取知乎专栏文章

【案例11.3】Scrapy爬取知乎专栏文章。

知乎是一个非常知名的知识问答型网站，在网站上可以发问题，也可以解答，同时可以发布个人专栏。"知识就是力量"在知乎网站上体现得非常明显。下面使用Scrapy框架来爬取知乎专栏文章。

某专栏文章列表页面显示效果如图11-11所示。

图 11-11　知乎专栏文章列表显示效果

　　与上一个案例不同的是，知乎专栏文章列表是动态显示的，在网页源代码中无法直接获取。文章列表使用的是异步加载XHR方式，因此对于爬虫，如果不采用selenium方式就需要定位到异步加载的网址。

　　在图11-11基础上启用开发者工具，进入Network面板，查看XHR相关资源，如图11-12所示。

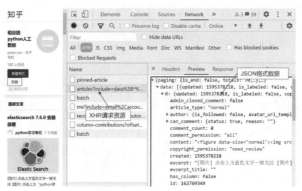

图 11-12　知乎专栏文章列表 XHR 请求资源

　　在XHR资源列表第二项就是专栏文章列表数据资源，此时再单击其Headers响应头，可以获得请求网址信息（见图11-13）。

图 11-13　定位到文章列表 XHR 请求 URL 地址

　　如此就确定了爬取的目标地址URL，接下来就可以按照正常步骤组织Scrapy框架开始爬取。

（1）创建Scrapy爬虫项目。在myProject目录下创建一个zhihuSpider爬虫项目。

```
 (venv) D:\PycharmProjects\myProject>scrapy startproject zhihuSpider
New Scrapy project zhihuSpider, using template directory 'd:\pycharmprojects\
myproject\venv\lib\site-packages\scrapy\templates\project', created in:
D:\PycharmProjects\myProject\zhihuSpider
```

（2）创建票房榜爬虫器zhihu。进入新创建的zhihuSpider爬虫项目目录，创建zhihu爬虫器。

```
(venv) D:\PycharmProjects\myProject\zhihuSpider>scrapy genspider zhihu zhuanlan.zhihu.com
Created spider zhihu using template 'basic' in module:
  zhihuSpider.spiders.zhihu
```

执行完成后，可以进入创建的zhihuSpider目录下的spiders目录，打开zhihu.py爬虫文件，自动创建信息如下：

```
import scrapy

class ZhihuSpider(scrapy.Spider):
    name = zhihu
    allowed_domains = ['zhuanlan.zhihu.com']
    start_urls = ['http://zhuanlan.zhihu.com/']

    def parse(self, response):
        pass
```

（3）修改zhihu.py代码，在爬虫器文件修改parse方法，完成网页内容的爬取和解析。

```
import scrapy,json
import re

class ZhihuSpider(scrapy.Spider):
    name = 'zhihu'
    allowed_domains = ['zhuanlan.zhihu.com']
    # 设置爬取的 XHR 路径地址
    start_urls = ['https://zhuanlan.zhihu.com/api/columns/c_1141766675178422272/articles']

    def parse(self, response):
        # 使用 json.loads 方法将 JSON 字符串转变为 Python 字典
        articleDict=json.loads(response.body)
        # 建立正则匹配模式，取出段落 p 标记中的内容
        articleStr=re.compile('<p>(.*?)</p>')
        # 将字典元素中的 content 内容取出来存入空字典 result
        result={}
        for item in articleDict['data']:
            result[item['title']]=articleStr.findall(item['content'])
        yield result
```

（4）可以直接将爬取结果以JSON格式输出，也可以修改上述parse方法将结果保存到文件或数据库。这里介绍JSON格式输出方法。

首先在settings.py配置文件里增加输出内容编码为UTF-8，写法如下：

```
SPIDER_MODULES = ['zhihuSpider.spiders']
NEWSPIDER_MODULE = 'zhihuSpider.spiders'
FEED_EXPORT_ENCODING='UTF8'
```

然后在终端命令行输入如下命令：

```
scrapy crawl zhihu -o aritcle.json
```

将输出的结果直接输出到article.json文件中。执行后发现在爬虫项目目录下就生成了该JSON文件，由于直接查看时内容较长，可以将其内容复制到JSON在线解析网站实现格式化显示，效果如图11-14所示。

图 11-14　爬取知乎专栏文章列表效果

11.3.3　Scrapy 爬取知乎中国招标网数据

【案例11.4】Scrapy爬取中国招标网数据。

中国招标网是一个中国招标投标公共服务平台，每天都有不同行业招投标项目公示（见图11-15），信息量较大，内容较多。在首页公告公示区域有招标项目、招标公告、开标记录、评标公示和中标公告等5个栏目链接，单击各栏目时就有该栏目的信息显示出来。

图 11-15　中国招标网公告公示信息

本案例将使用Scrapy框架来爬取公告公示"招标项目"栏目一周内的数据，并将数据存储到sqlite数据库中，所以案例任务相对前几个例子更为复杂。下面介绍Scrapy在处理该任务时的思路和技巧，进而完成爬取任务。

本案例爬取实施步骤如下：

（1）创建Scrapy爬虫项目。在myProject目录下创建一个cebpubSpider爬虫项目。

```
(venv) D:\PycharmProjects\myProject>scrapy startproject cebpubSpider
New Scrapy project cebpubSpider, using template directory 'd:\pycharmprojects\
myproject\venv\lib\site-packages\scrapy\templates\project', created in:
D:\PycharmProjects\myProject\cebpubSpider
```

（2）创建票房榜爬虫器cebpub。进入新创建的cebpubSpider爬虫项目目录，创建cebpub 爬虫器。

```
(venv) D:\PycharmProjects\myProject\cebpubSpider>scrapy genspider cebpub www.
cebpubservice.com

Created spider cebpub using template 'basic' in module:
  cebpubSpider.spiders.cebpub
```

执行完成后，可以进入创建的cebpubSpider目录下的spiders目录，打开cebpub .py爬虫文件，自动创建信息如下：

```python
import scrapy


class CebpubSpider(scrapy.Spider):
    name = 'cebpub'
    allowed_domains = ['www.cebpubservice.com']
    start_urls = ['http://www.cebpubservice.com/']


    def parse(self, response):
        pass
```

（3）各栏目数据XHR请求来源分析。目标板块几个栏目数据在网页源代码中不存在，说明网页内容属于动态的，数据通过XHR异步加载的方式传输到网页端渲染显示。这种方式下采用原有的xpath或者CSS定位方式就没有必要了，直接去开发者工具的Network窗口寻找XHR资源即可（见图11-16）。

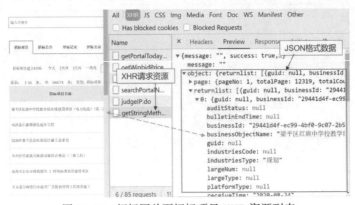

图11-16 招标网首页招标项目 XHR 资源列表

从图11-6中可以看到，招标项目第一条名称就是通过异步加载方式传输到网页端的。对于该类XHR请求，可以单击其响应头Headers，获取相关请求信息（见图11-17）。

图11-17 招标项目资源请求头信息

招标项目栏目数据请求头关键信息如下：

请求地址：http://www.cebpubservice.com/ctpsp_iiss/searchbusinesstypebeforedooraction/getStringMethod.do。

请求方式：HTTP POST。

请求参数FormData：searchName=&searchArea=&searchIndustry=&centerPlat=&businessType=%E6%8B%9B%E6%A0%87%E9%A1%B9%E7%9B%AE&searchTimeStart=&searchTimeStop=&timeTypeParam=&bulletinIssnTime=&bulletinIssnTimeStart=&bulletinIssnTimeStop=&pageNo=1&row=15。

请求参数里最重要的是businessType、pageNo和row，businessType为类型名，pageNo是当前页数，row为显示行数。

默认businessType为第一个栏目"招标项目"。如果要获得招标公告、开标记录等栏目数据，将businessType名称参数修改为栏目名称即可。

如何确定共有多少页呢？在图11-16中JSON数据预览时page字段里就有totalPage：12319，totalCount：184774数据信息。

在爬取招标项目时，可以不采用分页，而将所有数据显示在一页上，即参数中page为1，row则为184747。这样爬取招标项目的制定策略如下：

第一步，先通过requests解析请求头地址获得page字段里的totalCount。

第二步，使用表单POST请求方式传递表单参数，给定businessType、page和row参数，这里businessType为栏目类型名，page参数为1，而row则为第一步获得的totalCount。

实际运行过程中由于持续请求会给目标网站服务带来压力，为避免造成不良影响，作为学习样例，仅爬取其前两页内容。建议读者也采用类似方案。

（4）设定爬取Items容器列表。根据招标项目页面表格属性，爬取的字段属性包括招标项目名称、所属专业、所属区域、所属平台、招标项目建立时间。下面在cebpubSpider爬虫目录下修改items.py文件，代码如下：

```
import scrapy
```

```
class CebpubspiderItem(scrapy.Item):
    name = scrapy.Field()            # 项目名称
    field=scrapy.Field()             # 项目专业
    area=scrapy.Field()              # 项目地区
    platform=scrapy.Field()          # 项目发布平台
    receivetime=scrapy.Field()       # 项目发布时间
```

（5）进入爬虫文件，编写爬虫parse方法。

```
#coding=gbk
import scrapy
import json
from scrapy import FormRequest
import requests,time
from ..items import CebpubspiderItem

class CebpubSpider(scrapy.Spider):
    name = 'cebpub'
    allowed_domains = ['www.cebpubservice.com']
    url = ['http://www.cebpubservice.com/ctpsp_iiss/searchbusinesstypebeforedooraction/
getStringMethod.do']
    #POST 请求关键参数
    data = {
        "businessType": " 招标项目 ",
        "pageNo": "1",
        "row": "15"
    }

    def start_requests(self):
        # 获得分页总数
        totalPage=self.parse_getTotalRows()
        # 仅采集其前两页内容
        for i in range(1,3):
            # 设定当前爬取的页数
            self.data['pageNo']=str(i)
            time.sleep(2)
            # 发送 POST 请求获得数据同时调用解析函数完成解析
            yield FormRequest(url=self.url, formdata=self.data,callback=self.parse)

    # 解析 JSON 数据，将爬取内容按键名取值存入 item 容器列表中
    def parse(self, response):
        item=CebpubspiderItem()
```

```
res=json.loads(response.body)
item['name']=res['object']['page']['returnlist']['businessObjectName']
item['field']=res['object']['page']['returnlist']['industriesType']
item['area']=res['object']['page']['returnlist']['regionName']
item['platform']=res['object']['page']['returnlist']['transactionPlatfName']
item['receivetime']=res['object']['page']['returnlist']['receiveTime']
yield item


# 使用 requests 模块获取总的分页数
def parse_getTotalRows(self):
    data = {'page': 1, 'row': 15, 'businessType': ' 招标项目'}     # 构建请求字典
    r = requests.post(self.url, data=self.data)      # 使用 requests 的 post 请求
    res = json.loads(r.text)                          # 将返回 json 字符串转换为字典
    return res['object']['page']['totalPage']         # 取出字典中键所具有的值返回
```

（6）准备将爬取结果输出到数据库中保存。

第一步，由于要将数据输出到sqlite3实现存储，按照Sqlite数据库操作过程，首先需要建立数据库和数据表。

在爬虫项目目录下新建一个cebpubSqlite.py文件，用于新建数据库和数据表，建表时字段名称与上述items建立的一致。

```
import sqlite3


conn=sqlite3.connect('cebpubData.db')              # 创建一个数据库名为 cebpubData.db
cursor=conn.cursor()
sql_createTable='create table bidProj(name text,field text,area text,platform
    text,receivetime text)'
cursor.execute(sql_createTable)                     # 创建数据表名为 bidProj
print("database and table is ok now!")
cursor.close()
conn.close()
```

第二步，在爬虫目录的pipelines.py文件中编写存储代码。

```
import sqlite3
class CebpubspiderPipeline:
    def __init__(self):
        self.conn=sqlite3.connect('cebpubData.db')
        self.cursor=self.conn.cursor()


    def process_item(self, item, spider):
        # 获得爬取的数据，拼接成插入 SQL 语句
        sql_page="insert into bidProj values"
                for element in item: sql_page+="('{}','{}','{}','{}','{}'),".format
```

```
      (element['name'],element['field'],element['area'],element['platform'],element['r
   eceivetime'])
      sql_insert=sql_page[:-1]
      self.cursor.execute(sql_page)              # 存入 sqlite 数据库
      print("successful!")
      self.conn.commit()
      self.conn.close()
      return item
```

第三步，在爬虫目录的setting.py设置中设置编码格式和Itempipelines配置。

```
   BOT_NAME = 'cebpubSpider'
   SPIDER_MODULES = ['cebpubSpider.spiders']
   NEWSPIDER_MODULE = 'cebpubSpider.spiders'

   FEED_EXPORT_ENCODING='UTF8'
   ...
   # Configure item pipelines
   # See https://docs.scrapy.org/en/latest/topics/item-pipeline.html
   ITEM_PIPELINES = {
       'cebpubSpider.pipelines.CebpubspiderPipeline': 300,
   }
```

（7）运行爬虫程序，完成爬虫数据采集与存储。

在终端命令行输入scrapy crawl cebpub，按回车键后就可以执行了。最终存储到Sqlite数据库中，部分数据预览如图11-18所示。

	name	field	area	platform
1	梁平区红旗中学校教学综合楼建设项目（电力改造）（第二次）	规划	重庆市	重庆市公共资源服务平台
2	白芒河、大磡河、麻磡河流域水环境综合治理（径流调蓄转输工程）、铁岗水库牛成村...	None	广东省 南山区	深圳市建设工程交易服务中
3	新汶矿业集团物资供销有限责任公司采购物资竹笆、玻璃钢锚杆、矿用锚索恒阻器供应...	盾构设备	山东省	山东能源集团电子招标投标
4	2020年采购项目钢丝绳牵引阻燃输送带供应商年度规模招标采购	盾构设备	山东省	山东能源集团电子招标投标
5	新汶矿业集团物资供销有限责任公司采购物资硫化接头供应商年度规模采购招标	盾构设备	山东省	山东能源集团电子招标投标
6	城厢测试项目001	其他	江苏省 太仓市	新点电子交易平台
7	上党区博裕佳苑楼体亮化工程	其他工程	山西省 长治市	比比网电子招标投标交易平
8	上党区博裕佳苑楼体亮化工程	道路照明工程	山西省 长治市	山西省招标投标公共服务平
9	鸡泽县小寨镇绿化提升工程	建筑工程	河北省 鸡泽县	八方电子招标投标平台

图 11-18　爬取数据预览效果

11.4　本章小结

微信扫码

领配套资源，
助您轻松学编程
☆本书内容配套讲解视频
☆编程基础知识直播课
☆专业老师答疑解惑

本章就Scrapy框架基本特点和操作步骤进行了简要介绍，同时结合多个案例完成了Scrapy爬虫的实践，不过由于篇幅有限无法对Scrapy进行展开介绍，有兴趣的读者可以查询Scrapy官方文档进一步学习Scrapy使用技巧。

第 12 章　Excel 和 Python 对比爬取福布斯榜单数据

　　本章将对比使用Excel和Python爬虫技术完成对福布斯中国榜单数据的爬取。客观地说，能够满足同时使用Excel和Python爬取的网页或网站案例比较少，主要原因在于基于PowerQuery模块的Excel爬虫对许多非表格型的数据无能为力；而Python因为有诸多第三方库，对于网页或网站上的内容不管是表格数据、列表数据、块级数据还是图片、视频等资源，在一定条件下都能爬取下来，只是需要自己编写代码来完成任务。本章以福布斯中国榜单数据爬取为例，对比两种工具的使用，读者也可以进一步体验到两种工具的差别和各自的优势。本章案例代码读者可以直接从本书提供的码云仓库地址下载，便于快速上手实践。

　　本章学习思维导图如下：

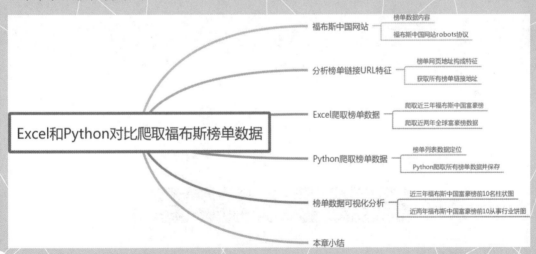

12.1 福布斯中国网站

扫一扫,看视频讲解

　　福布斯每年都会发布一些财富方面的榜单数据,引来无数人的关注。该榜单包括人、公司以及地方,从多个方面来总结这些分类的财富或最佳特征并形成榜单发布在杂志或网站上。这也形成了它独特的财经观察视野和商业模式,并给整个社会带来了很多影响。

　　案例使用的福布斯中国网站榜单网址为https://www.forbeschina.com/lists。

　　读者可以使用浏览器输入该网址后查看一下网页的主要内容,了解案例将要爬取的这些目标。

12.1.1 榜单数据内容

　　本案例主要关注福布斯中国发布的榜单数据,其网页内容包括以人为主题(见图12-1)、以公司为主题(见图12-2)和以地方为主题(见图12-3)的榜单。榜单大部分为中国相关内容,也有全球或其他国家的一些排名榜单。整体来说榜单内容较多,后面在爬取之前就需要认真分析榜单的URL特征。

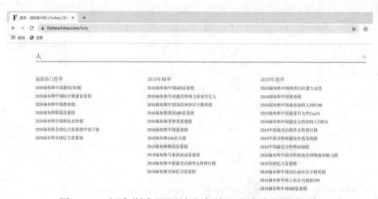

图 12-1　福布斯中国网站发布的以人为主题的榜单

图 12-2　福布斯中国网站发布的以公司为主题的榜单

图 12-3　福布斯中国网站发布的以地方为主题的榜单

12.1.2　福布斯中国网站 robots 协议

按照爬虫必须遵守的规则，需要先查看一下网站是否制定有robots协议，内容是什么，以便于遵照robots协议来实施内容的爬取。

在浏览器地址栏输入https://www.forbeschina.com/robots.txt，按回车键确定后浏览器没有任何内容显示，如图 12-4 所示。

图 12-4　福布斯中国网站 robots.txt 协议页面

既然没有内容，说明网站并没有制定相关爬虫协议，可以爬取榜单相关数据。同时由于该榜单数据属于历史统计数据，不会实时变化，因此在爬取的时候不用设置刷新频率来实时采集数据，这样也不会给目标网站服务器带来压力。

12.2　分析榜单链接 URL 特征

要从福布斯中国网站上获取榜单数据，首先需要了解这些榜单数据所在的网页地址URL。而且由于目标是所有榜单数据，更要知道如何高效快速地获取到所有榜单数据网页链接地址URL。

扫一扫，看视频讲解

12.2.1　榜单网页地址构成特征

通过单击某一个榜单链接可以获得其URL地址。如果这些榜单URL地址都很有规律，比如按数字排列，或按拼音排序，那所有榜单数据网页链接地址就比较容易形成固定模式。

如下为中国最佳CEO榜单页面（见图12-5），其地址为https://www.forbeschina.com/lists/1741。

图 12-5　2020 福布斯中国最佳 CEO 榜网页

再进入中国富豪榜页面（见图12-6），其地址为https://www.forbeschina.com/lists/1734。

图 12-6　2020 福布斯全球亿万富豪榜中国子榜网页

对比两个网页的URL地址，可以发现除了尾部数字外，其他部分都一样，因此可以认为所有榜单数据页面的URL地址模式为https://www.forbeschina.com/lists/number。

上面的地址模式里number是数字变量。可以用鼠标在榜单列表页面里测试链接地址特征，发现这个number数字变化范围大，从十位数到四位数，而且没有一定的规律。

如何能获取所有的榜单链接的URL地址呢？还是使用Python代码来完成这个任务。

12.2.2　获取所有榜单链接地址

1. 确定榜单链接地址选择器模式

使用Chrome浏览器进入福布斯中国榜单页面，按快捷键F12进入开发者工具窗口，选择Elements面板的元素监听工具，定位到榜单所在的链接区域，如图12-7所示。

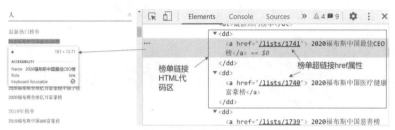

图 12-7　分析福布斯榜单链接 HTML 代码

可以看出每个榜单网页地址为榜单超链接<a>的href属性节点内容，因此可以使用正则表达式来实现目标内容的匹配抓取。而为了通用定位所有的榜单链接和其榜单名称，可以选用如下正则模式：

```
pattern=r'<dd.*?href="/lists/(\d+)">(.*?)</a>.*</dd>'
```

其中:(\d+)用于匹配列表后面的数字，(.*?)用于匹配超链接榜单名称。

2. 使用 Python 爬虫抓取所有榜单链接地址

在myProject目录下新建forbeslist目录，用于存放本章所有代码文件。

在该目录下新建一个getURL.py文件，基于requests和re技术组合获取榜单超链接a的href属性内容和榜单名。

代码如下：

```
#coding=gbk
'''
  基于 requests 和 re 来实现超链接 URL 地址和榜单列表名称
'''

#1.导入所需要的第三方库
import requests
import re
import pandas,openpyxl

#2.设置目标网页 URL 地址和正则匹配表达式
root_url='https://www.forbeschina.com/lists'
pattern=r'<dd.*?href="/lists/(\d+)">(.*?)</a>.*</dd>'

#3.使用 requests 获得目标网页源代码 HTML
```

```
r=requests.get(root_url)
html=r.text

#4.使用正则匹配模式获取所有的超链接数字和名称内容，返回列表
targetStr=re.compile(pattern)
result=targetStr.findall(r.text)

#5.打印预览显示，获取列表长度
print(result)
print(len(result))

#6.构建完整的榜单列表 URL 和榜单名称保存为列表，为后续的 Python 爬虫使用
# 通过预览发现列表由多个元组构成，元组中第一个元素为 URL 数字，第二个为榜单名称
# 获得链接后部的数字
urls_Numbers=[item[0] for item in result]
# 获得链接榜单名称
urls_Names=[item[1] for item in result]
# 获取完整的 URL 地址
urls_Items=[(root_url+'/'+item[0]) for item in result]

#7.使用 pandas 库输出结果到 Excel 列表，为 Excel 爬虫使用
data={
    '榜单名称':urls_Names,
    '链接地址':urls_Items,
    '尾部数字':urls_Numbers
}
df=pandas.DataFrame(data)
df.to_Excel('url_list.xlsx',index=False)
```

保存代码并运行程序，结果保存到项目目录下的url_list.xlsx文件中。可以打开该文件，部分数据显示如图12-8所示。

图 12-8　爬虫获取的所有榜单名称与链接地址列表

这样通过上述的Python代码就获取了所有榜单列表名称和关联的超链接地址。读者可以注意到，在程序中专门给后续的Python爬虫和Excel爬虫准备了数据方案。

12.3　Excel 爬取榜单数据

有了链接地址和尾部数字列表，就可以开始使用Excel完成榜单数据的爬取了。如上代码执行所示，共有79个榜单数据，所以最终也会产生79个Excel工作表。特别提醒的是，如果是单个榜单页爬取，Excel很快可以获得当前榜单页数据；如果想79个榜单页面一次性爬取，由于各个榜单页数据结构不一致，无法使用分页方式来处理，因此可视化界面操作无法完成这个任务，只能一个一个榜单页依次获取数据。

12.3.1　爬取近三年福布斯中国富豪榜

从前面获取到的榜单名及页面链接表中将2020年、2019年和2018年三年的中国富豪榜网页地址复制下来，如下所示。

2020福布斯全球亿万富豪榜中国子榜：https://www.forbeschina.com/lists/1734。

2019福布斯中国400富豪榜：https://www.forbeschina.com/lists/1728。

2018福布斯中国400富豪榜：https://www.forbeschina.com/lists/1162。

下面依次爬取这三个榜单页的数据。由于过程是完全相同的，这里仅演示爬取2020年富豪榜数据相关步骤。

（1）从数据菜单里选择自网站，输入目标榜单页面的URL地址，如图12-9所示。

（2）在进入导航器窗口后选择Table 0预览（见图12-10），然后直接选择加载。

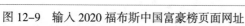

图 12-9　输入 2020 福布斯中国富豪榜页面网址　　　图 12-10　目标网页获取表格数据预览

（3）将榜单页数据保存到Excel工作表，完成榜单数据爬取（见图12-11）。

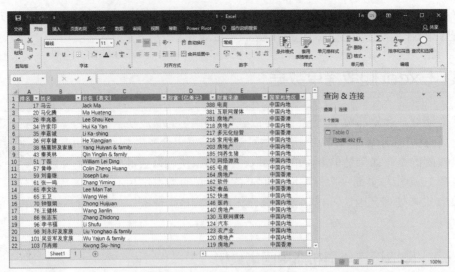

图 12-11　将 2020 福布斯中国榜单数据存入 Excel 工作表

　　其他两年榜单数据获取过程与 2020 年榜单页操作步骤完全一致，读者可以自行完成。最终获取的榜单表如图 12-12 和图 12-13 所示。

排名	姓名	财富值（亿元）	财富来源	年龄	居住城市	行业
1	马云	2701.1	阿里巴巴	55	杭州	电子商务
2	马化腾	2545.5	腾讯	48	深圳	即时通讯、门户网站、网络游戏
3	许家印	1958.6	恒大集团	61	深圳	地产、汽车、文旅、健康
4	孙飘扬家族	1824.3	恒瑞医药/翰森制药	61	连云港	医药
5	杨惠妍家族	1689.9	碧桂园	38	佛山	房地产
6	何享健家族	1640.4	美的集团	77	佛山	日用电器制造、房地产
7	黄峥	1499	拼多多	39	上海	电子商务
8	丁磊	1216.2	网易	48	杭州	互联网服务
9	秦英林家族	1173.8	牧原股份	54	南阳	畜牧养殖
10	张一鸣	1145.5	字节跳动	35	北京	互联网
11	王卫	1011.1	顺丰控股	49	深圳	物流
12	李书福	912.1	吉利控股	56	杭州	汽车制造
13	庞康	890.9	海天味业	63	佛山	调味品
14	王健林	883.9	大连万达集团	65	北京	房地产
15	张志东	862.6	腾讯	47	深圳	即时通讯、门户网站、网络游戏
16	陈建华、范红卫家族	827.3	恒力集团	52	吴江	化工
17	吴亚军家族	820.2	龙湖集团	55	北京	房地产
18	许荣茂	728.3	世茂集团	69	香港	房地产
19	刘永好家族	714.2	新希望集团	68	成都	饲料、房地产、金融、化工

图 12-12　2019 福布斯中国富豪榜数据表

排名	姓名	财富（亿元）	公司	居住城市	行业
1	马云	2387.4	阿里巴巴	杭州	电子商务
2	马化腾	2263.2	腾讯	深圳	即时通讯、门户网站、网络游戏
3	许家印	2125.2	恒大集团	深圳	房地产、农业、饮料、体育
4	王健林	1566.3	大连万达集团	北京	房地产
5	何享健家族	1345.5	美的集团	佛山	日用电器制造、房地产
6	杨惠妍	1179.9	碧桂园	佛山	房地产
7	王卫	1028.1	顺丰控股	深圳	物流
8	李彦宏	1007.4	百度	北京	搜索引擎
9	李书福	979.8	吉利控股	杭州	汽车制造
10	丁磊	931.5	网易	杭州	互联网服务
11	雷军	821.1	小米集团	北京	智能手机、投资
12	黄峥	776.3	拼多多	上海	电子商务
13	王文银	772.8	正威国际	深圳	金属新材料
14	张志东	769.4	腾讯	深圳	即时通讯、门户网站、网络游戏
15	孙飘扬家族	717.6	恒瑞医药	连云港	医药
16	许世辉家族	627.9	达利集团	泉州	零食、饮料
17	庞康	607.2	海天味业	佛山	调味品
18	宗庆后	586.5	娃哈哈集团	杭州	饮料
19	张勇家族	531.3	海底捞	新加坡	餐饮
20	龚虹嘉夫妇	507.2	海康威视	香港	电子产品制造

图 12-13　2018 福布斯中国富豪榜数据表

12.3.2 爬取近两年全球富豪榜数据

从前面获取到的榜单名及页面链接表中，将2020年和2019年的全球亿万富豪榜网页地址复制下来，如下所示。

2020福布斯全球亿万富豪榜:https://www.forbeschina.com/lists/1733。

2019福布斯全球亿万富豪榜:https://www.forbeschina.com/lists/21。

下面依次爬取这两个榜单页的数据。由于所有榜单数据网页爬取过程是完全相同的，这里不再赘述。最终获得的榜单数据工作表如图12-14和图12-15所示。

排名	姓名	姓名（英文）	财富（亿美元）	财富来源	国家和地区
1	杰夫·贝索斯	Jeff Bezos	1130	亚马逊	美国
2	比尔·盖茨	Bill Gates	980	微软	美国
3	伯纳德·阿尔诺及家族	Bernard Arnault & family	760	LVMH	法国
4	沃伦·巴菲特	Warren Buffett	675	伯克希尔哈撒韦	美国
5	拉里·埃里森	Larry Ellison	590	软件	美国
6	阿曼西奥·奥特加	Amancio Ortega	551	Zara	西班牙
7	马克·扎克伯格	Mark Zuckerberg	547	Facebook	美国
8	吉姆·沃尔顿	Jim Walton	546	沃尔玛	美国
9	艾丽斯·沃尔顿	Alice Walton	544	沃尔玛	美国
10	罗伯·沃尔顿	Rob Walton	541	沃尔玛	美国
11	史蒂夫·鲍尔默	Steve Ballmer	527	微软	美国
12	卡洛斯·斯利姆·埃卢及家族	Carlos Slim Helu & family	521	电信	墨西哥
13	拉里·佩奇	Larry Page	509	谷歌	美国
14	谢尔盖·布林	Sergey Brin	491	谷歌	美国
15	弗朗索瓦丝·贝当古迈耶斯及家族	Francoise Bettencourt Meyers & family	489	欧莱雅	法国
16	迈克尔·布隆伯格	Michael Bloomberg	480	彭博公司	美国
17	马云	Jack Ma	388	电商	中国内地
18	查尔斯·科赫	Charles Koch	382	科氏工业	美国
18	朱莉亚·科赫及家族	Julia Koch & family	382	科氏工业	美国
21	马化腾	Ma Huateng	381	互联网媒体	中国内地
21	穆克什·安巴尼	Mukesh Ambani	368	石化、油气	印度
23	麦肯齐·贝索斯	MacKenzie Bezos	360	亚马逊	美国
23	贝亚特·海斯特和小卡尔·阿尔布雷希特	Beate Heister & Karl Albrecht Jr.	333	超市	德国
24	大卫·汤姆森及家族	David Thomson & family	316	媒体	加拿大
25	菲尔·耐特及家族	Phil Knight & family	295	耐克	美国
26	李兆基	Lee Shau Kee	281	房地产	中国香港
27	弗朗索瓦·皮诺特及家族	Fran?ois Pinault & family	270	奢侈品	法国
28	谢尔登·阿德尔森	Sheldon Adelson	268	博彩	美国

图 12-14　2020 福布斯全球亿万富豪榜单

排名	英文姓名	中文姓名	财富（十亿美元）	财富来源	国籍
1	Jeff Bezos	杰夫·贝索斯	131	亚马逊	美国
2	Bill Gates	比尔·盖茨	96.5	微软	美国
3	Warren Buffett	沃伦·巴菲特	82.5	伯克希尔哈撒韦	美国
4	Bernard Arnault	伯纳德·阿诺特	76	奢侈品	法国
5	Carlos Slim Helu	卡洛斯·斯利姆·埃卢	64	电信	墨西哥
6	Amancio Ortega	阿曼西奥·奥特加	62.7	Zara	西班牙
7	Larry Ellison	拉里·埃里森	62.5	软件	美国
8	Mark Zuckerberg	马克·扎克伯格	62.3	Facebook	美国
9	Michael Bloomberg	迈克尔·布隆伯格	55.5	彭博	美国
10	Larry Page	拉里·佩奇	50.8	谷歌	美国
11	Charles Koch	查尔斯·科赫	50.5	科氏工业	美国
11	David Koch	大卫·科赫	50.5	科氏工业	美国
13	Mukesh Ambani	穆克什·安巴尼	50	石化油气	印度
14	Sergey Brin	谢尔盖·布林	49.8	谷歌	美国
15	Francoise Bettencourt Meyers	弗朗索瓦丝·贝当古·迈耶斯	49.3	欧莱雅	法国
16	Jim Walton	吉姆·沃尔顿	44.6	沃尔玛	美国
17	Alice Walton	艾丽斯·沃尔顿	44.4	沃尔玛	美国
18	Rob Walton	罗伯·沃尔顿	44.3	沃尔玛	美国
19	Steve Ballmer	史蒂夫·鲍尔默	41.2	微软	美国
20	Ma Huateng	马化腾	38.8	社交媒体	中国内地
21	Jack Ma	马云	37.3	电商	中国内地
22	Hui Ka Yan	许家印	36.2	房地产	中国内地
23	Beate Heister & Karl Albrecht Jr.	贝亚特·海斯特和小卡尔·阿尔布雷希特	36.1	超市	德国
24	Sheldon Adelson	谢尔登·阿德尔森	35.1	博彩	美国
25	Michael Dell	迈克尔·戴尔	34.3	戴尔电脑	美国
26	Phil Knight	菲尔·耐特	33.4	耐克	美国
27	David Thomson	大卫·汤姆森	32.5	媒体	加拿大
28	Li Ka-shing	李嘉诚	31.7	多元化经营	中国香港

图 12-15　2019 福布斯全球亿万富豪榜单

12.4　Python 爬取榜单数据

Python编码爬取榜单数据，优势在于可以一次性爬取完所有的榜单数据并保存为Excel文件或文本文件。当然挑战就是需要编写程序来实现，而且有一些数据处理的细节需要认真设计。

💻 12.4.1　榜单列表数据定位

根据Python爬虫基本步骤，首先需要搞清楚榜单数据如何聚焦定位。进入2020福布斯中国最佳CEO榜单网页，启用开发者工具进入Elements面板。发现榜单列表数据使用了表格区来容纳，列表数据区使用tr>td的行和单元格组合，数据存放在td单元格内（见图12-16）。

图 12-16　2020 福布斯中国最佳 CEO 榜单数据 HTML 选择器定位

在图中某个单元格td标记处右击，选择菜单中的copy selector命令，复制内容如下：

#data-view > tbody > tr:nth-child(1) > td:nth-child(2)

可以看出该CSS选择器路径相对较短，#data-view为表格table的ID属性，由于ID属性在同一网页中通常为唯一标识，因此可以精确定位到榜单列表所在的表格区。如果要更为通用，同时要爬取表头数据，则将选择器模式设置如下：

```
#data-view>thead>th      # 表头单元格
#data-view>tbody>td      # 表格数据单元格
```

通过浏览多个榜单网页，发现HTML代码组织结构都是一样的，因此上述CSS选择器模式是可以作为所有榜单数据爬取时的模式来使用的；而且还可以更简化，直接使用标签名。

```
th      # 表头单元格
td      # 表格单元格
```

💻 12.4.2　Python 爬取所有榜单数据并保存

在forbeslist目录下新建一个dataCrawler.py文件，用于爬取所有榜单数据代码开发。同时在爬取的时候还将联合使用pandas库将数据直接输出存储到Excel和CSV文件中。

1.　直接使用榜单链接爬取模块成果

在爬取的时候第一个参数便是目标网页的URL地址。在getURL.py文件中通过运行程序已经获取到了所有榜单页的URL地址和榜单名称。现在在dataCrawler.py爬取数据代码开发的时候想直接使用该文件中的成果；由于Python将一切文件视为对象，因此在dataCrawler.py文件中直接使用import方式就可以使用，格式如下：

```
From forbeslist.getURL import urls_Item,urls_Names
```

2.　爬取所有榜单数据

对所有榜单爬取的基本步骤示意如图12–17所示。

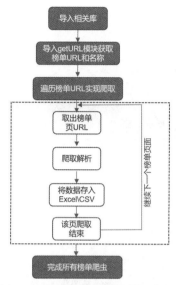

图 12–17　榜单数据爬取流程图

　　基于爬取流程，在dataCrawler.py文件中进行了代码开发，并完成了所有榜单数据的爬取和保存。

　　下面给出完整代码，读者可以直接运行。

```
#coding=gbk
'''
 基于 requests 和 BeautifulSoup 来实现各榜单列表网页数据爬取，
 并基于 pandas 将数据分别保存为 Excel 和 CSV 两种格式文件
'''

#1. 导入所需要的第三方库
import requests
from bs4 import BeautifulSoup
import re
import pandas,openpyxl
import sys,io,os,time

#2. 设定输出编码简体中文正常显示
sys.stdout = io.TextIOWrapper(sys.stdout.buffer,encoding='gb18030')

#3. 从 getURL 文件中导入所有榜单名和 URL 地址列表
```

```
from forbeslist.getURL import urls_Items,urls_Names
```

#4. 设置目标网页榜单表头数据和表格内容选择器

```
theadSelector='th'
tunitSelector='td'
```

#5. 定义一个爬虫函数，返回爬取的内容列表

```
def crawler(url,selector=None):
    r=requests.get(url)
    soup=BeautifulSoup(r.text,'html.parser')
    result=soup.find_all(selector)
    return [item.text for item in result]
```

#6. 为爬取结果保存成 Excel 和 CSV 文本文件创建目录

```
Excel_path='toExcel'
csv_path='toCSV'
if not os.path.exists(Excel_path):os.mkdir('toExcel')
if not os.path.exists(csv_path):os.mkdir('toCSV')
```

```
print("爬取开始时间为 :",time.asctime())
# 开始遍历爬取所有榜单网页内容，并将结果输出保存为 Excel 工作表或 CSV 文件
for url,name in zip(urls_Items,urls_Names):
    print("开始爬取 {} 的内容 :".format(name))

    # 对每个榜单页里的表头数据进行爬取，返回列表
    theadColumns = crawler(url,selector=theadSelector)
    # 计算表头属性个数，实际为爬取到的元素个数的一半
    theadColumnsCounts=(int)(len(theadColumns)/2)
    # 取出列表里的前一半数据保存为实际榜单表头
    theadColumns=theadColumns[0:theadColumnsCounts]

    # 对每个榜单页单元格里的数据进行爬取，返回包括所有文本内容的列表
    tunitCells = crawler(url,selector=tunitSelector)
    # 获得每个榜单页爬取单元格里的数据个数
    tunitCellsCounts=len(tunitCells)
    # 定义一个空字典 Rows，准备每一页爬取数据为一个字典
    Rows={}
    # 开始对每个榜单页单元格内容列表进行分割，将每列数据提取出来与表头属性组成一个键值对
    # 存入 Rows 字典
    #column 为所在列索引，0 标识第一列，对列数据进行遍历提取，最大为表头属性个数
    for column in range(0,theadColumnsCounts):
        # 定义一个空列表，准备将提取到的列数据存为一个列表
```

```
                columnValue=[]
                # 对每个榜单页单元格内容列表提取每列的元素，步长为表头属性个数
                for i in range(column,tunitCellsCounts,theadColumnsCounts):
                    columnValue.append(tunitCells[i])
                # 将每列列名为 Rows 字典的键，而每列的数据则为值，构成每页的数据字典
                Rows[theadColumns[column]]=columnValue


            # 将每个榜单页字典结构属性转成 pandas 的 DataFrame
            df=pandas.DataFrame(Rows)
            # 通过 pandas 库将每个榜单页数据输出到 Excel 工作表
            Excel_filename=Excel_path+'/'+name+'.xlsx'
            df.to_Excel(Excel_filename,index_label=False)


            # 通过 pandas 将每个榜单页数据输出到 CSV 文本文件
            csv_filename=csv_path+'/'+name+'.csv'
            df.to_csv(csv_filename,index_label=False)
            print(" 当前榜单页已经输出完毕！等待 3 秒后爬取下一个榜单页 ......")
            time.sleep(3)


print(" 所有榜单页数据爬取完毕 ......")
print(" 结束时间为 :",time.asctime())
```

保存代码并运行程序，最终将总共79个榜单页面的数据全部爬取下来保存到本地。如图12-18所示的目录为保存的Excel文件。

软件 (D:) › PycharmProjects › myProject › forbeslist › toExcel			
名称	修改日期	类型	大小
2014福布斯美国最适合经商和就业的州	2020-08-18 15:53	XLSX 工作表	9 KB
2014福布斯全球最适宜经商的国家和地区	2020-08-18 15:54	XLSX 工作表	14 KB
2014美国最适宜经商和就业的地区	2020-08-18 15:53	XLSX 工作表	16 KB
2014年世界最负盛名城市榜	2020-08-18 15:53	XLSX 工作表	10 KB
2015福布斯全球最适宜经商的国家和地区	2020-08-18 15:53	XLSX 工作表	14 KB
2015美国就业增长最快城市100强	2020-08-18 15:53	XLSX 工作表	14 KB
2015美国最适合经商和就业的州	2020-08-18 15:53	XLSX 工作表	9 KB
2015美国最适宜经商和就业的城市	2020-08-18 15:53	XLSX 工作表	16 KB
2017分析师最佳预测盈利能力榜	2020-08-18 15:49	XLSX 工作表	7 KB
2017福布斯创新力最强的30个城市	2020-08-18 15:53	XLSX 工作表	7 KB
2017福布斯经营成本最高的30个城市	2020-08-18 15:53	XLSX 工作表	7 KB
2017福布斯全球科技界100富豪榜	2020-08-18 15:48	XLSX 工作表	13 KB
2017福布斯全球企业2000强	2020-08-18 15:51	XLSX 工作表	84 KB

图 12-18　福布斯榜单数据保存到本地 Excel 文件

可以单击其中一个Excel表打开预览数据，如图12-19所示。

排名	姓名	企业简称	部（城市	金捐赠总额（万元	主要捐赠
1	许家印	恒大集团	深圳	301,204	贵州省扶贫基金会
2	杨国强家族	碧桂园	佛山	152,000	广东扶贫济困日
3	孙宏斌	融创中国	北京	139,008	清华大学教育基金会
4	朱孟依	珠江投资	广州	120,000	嘉应学院紫琳учреждение
5	马云	阿里巴巴	杭州	111,751	环境与民生
6	马化腾	腾讯	深圳	85,000	腾讯基金会
7	郁亮	万科集团	深圳	43,900	广东扶贫济困日
8	黄如论、黄涛父子	世纪金源集团	北京	40,333	福建省罗源县教育局
9	党彦宝	宝丰集团	银川	40,176	教育助学
10	许应裘	凯源地产	广州	40,000	坚真文体中心
11	徐航	鹏瑞集团	深圳	33,700	清华大学
12	何享健家族	美的控股/美的集团	顺德	31,624	韶关及凉山地区乡村振兴事业
13	黄红云	金科股份	重庆	27,805	重庆市慈善总会
14	王文学	华夏幸福	廊坊	25,408	河北省涞源县扶贫开发办公室
15	艾路明	武汉当代集团	武汉	22,041	湖北省慈善总会
16	黄其森	泰禾集团	北京	19,800	南开大学

图 12-19　2020 福布斯中国慈善榜部分数据显示

案例中基于requests和BeautifulSoup库技术组合实现了网页数据的爬取。观察源代码，这些目标数据都属于<table></table>表格标记中的文本内容，在Python中还可以直接使用pandas库的read_html方法直接采集下来返回DataFrame数据对象，比上述的爬虫组合简洁得多。

12.5　榜单数据可视化分析

接下来基于爬取的榜单数据，对比使用Excel和Python来对各自获取的数据实现可视化分析。虽然可以将Python爬虫与Excel联合，使用Excel来实现数据的图表显示，但本小节为了对比两者的使用效果，还是分开来实现。

同时由于榜单系列众多，信息量非常大，限于本书主题和篇幅，仅选择了福布斯中国富豪榜近几年的数据进行图形绘制对比，更多的主题和图形请读者自行尝试。

12.5.1　近三年福布斯中国富豪榜前 10 柱状图

1. Excel 实现

福布斯中国富豪榜数据分别保存在不同的工作表中，可以在每个工作表中使用数据列来绘图。这里介绍一下2020年富豪榜单前10名的图形绘制过程，应该说非常方便快捷，Excel在这方面还是最佳选择之一（见图12-20）。

排名	姓名	姓名（英文）	财富（亿美元）
17	马云	Jack Ma	388
20	马化腾	Ma Huateng	381
26	李兆基	Lee Shau Kee	281
34	许家印	Hui Ka Yan	218
35	李嘉诚	Li Ka-shing	217
36	何享健	He Xiangjian	216
38	杨惠妍及家族	Yang Huiyan & family	203
43	秦英林	Qin Yinglin & family	185
51	丁磊	William Lei Ding	170
57	黄峥	Colin Zheng Huang	165

图 12-20　在 Excel 中选择绘图列数据

　　选中富豪榜数据列的"姓名"列和"财富"列各自前10个记录，然后单击插入菜单的推荐图表，Excel自动推荐了柱状图、条形图、饼图和排列图（见图12-21）。最终选择了簇状条形图，用于对比显示前10名财富的差异情况（见图12-22）。

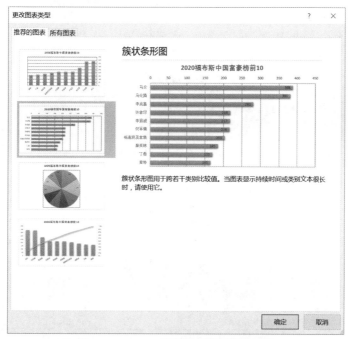

图 12-21　Excel 根据数据特征推荐图表

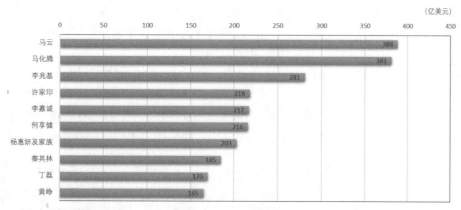

图 12-22　Excel 绘制的福布斯 2020 中国富豪榜前 10 条形图

　　采用相同的步骤可以很快完成福布斯中国2019、2018富豪榜前10的图形绘制，读者可以尝试一下。这里就显示一下最终图形（见图12-23）。

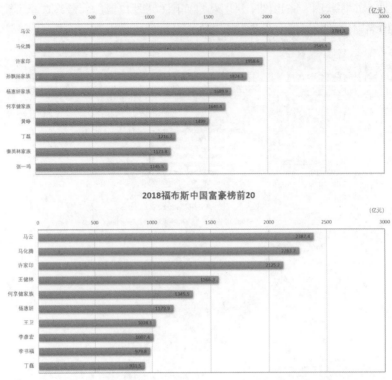

图 12-23　Excel 绘制福布斯 2019、2018 中国富豪榜条形对比图

2. Python 实现

Python实现数据可视化需要使用绘图第三方库，这里继续选用matplotlib库。同时基于pandas对于数据处理的方便，联合使用pandas和matplotlib库来完成数据图表的绘制。使用编程来绘图，可以同时读取多个工作表的数据，完成图形的批量绘制。

在forbeslist目录下新建一个dataVisual1.py文件，用于柱状图可视化代码开发。

第一步，数据清洗处理。

在各类富豪榜、捐赠榜、收入榜、资产等涉及金额的时候，爬取到的数据通常都是文本类型的，而且使用英文标记方法，即每三位使用逗号分隔。例如2019中国富豪榜单前5名数据显示如图12-24所示。

排名	姓名	财富值（亿元）	财富来源	年龄	居住城市	行业
1	马云	2,701.1	阿里巴巴	55	杭州	电子商务
2	马化腾	2,545.5	腾讯	48	深圳	即时通信、门户网站、网络游戏
3	许家印	1,958.6	恒大集团	61	深圳	地产、汽车、文旅、健康
4	孙飘扬家族	1,824.3	恒瑞医药 / 翰森制药	61	连云港	医药
5	杨惠妍家族	1,689.9	碧桂园	38	佛山	房地产

图 12-24　2019 中国富豪榜单前 5 名

其中的财富值就有逗号分隔，这在后续统计作图的时候需要进行处理。

处理方式： 采用正则匹配先去除财富值中间的逗号，然后将整列转换为数值型。

代码如下：

```
# 导入正则表达 re 和 pandas 库
import re,pandas
# 先定义一个替换逗号的函数
def doSubStr(x):
    res = re.sub(',','',x)
    return res
# 然后使用 pandas 读取 2019 富豪榜文件，并取出财富值列
Rich_2020 = pandas.read_csv("toCSV/ 2019 福布斯中国 400 富豪榜 .csv")
Wealth = Rich_2020[" 财富值（亿元）"]

# 对财富值列实施替换操作
Wealth = Wealth.apply(doSubStr)

# 将新的财富值列转换为数值型
Wealth = pandas.to_numeric(Wealth)
```

通过上述代码处理后，财富值列数据就可以正常使用了。

第二部，读取数据实现图形绘制。

使用pandas库读取CSV文件。pandas可以在程序中读取不同文件获取多列数据，并返回数据列表作为绘图数据，然后调用matplotlib库进行图形绘制。

在dataVisual1.py文件中添加绘图代码，具体步骤如代码中的注释。

```
#coding=gbk
'''
 pandas 和 matplotlib 实现数据可视化
'''

#1. 导入所需要的第三方库
import pandas,openpyxl,xlrd
import sys,io,os,time,re
from matplotlib import pyplot as plt

#2. 设定输出编码简体中文正常显示
sys.stdout = io.TextIOWrapper(sys.stdout.buffer,encoding='gb18030')
# 显示中文字体为 SimHei
plt.rcParams['font.sans-serif']=['SimHei']

#3. 定义函数替换财富、资产等中间的逗号
def doSubStr(x):
```

```
        res = re.sub(',','',x)
        return res
#4.定义函数使用 pandas 读取数据，然后取出"姓名"列和"财富"列数据返回
def getData(filename,colWealth=None):
        richtop = pandas.read_csv(filename)
        wealth = richtop[colWealth]
        return richtop[" 姓名 "],wealth


#5.取用 2020\2019\2018 三年中国富豪榜数据
# 使用 pands 读取 CSV 数据，选择福布斯中国富豪榜 .csv 数据
Top2020Name,Top2020Wealth = getData("toCSV/ 2020 福布斯全球亿万富豪榜中国子榜 .csv",
" 财富（亿美元）")
Top2019Name,Top2019Wealth = getData("toCSV/ 2019 福布斯中国 400 富豪榜 .csv"," 财富值（亿
元）")
Top2018Name,Top2018Wealth = getData("toCSV/ 2018 福布斯中国 400 富豪榜 .csv"," 财富（亿元 )")


#6.准备绘制柱状图，窗口为 3 行 1 列
# 调用 plt 的 subplot 方法，第一行绘制 2020 年数据前 10 行记录
ax1 = plt.subplot(3,1,1)
x_2020 = Top2020Name[:10]
y_2020 = Top2020Wealth[:10]
ax1.set_title('2020 福布斯中国富豪榜前 10')
ax1.set_xlabel(' 财富（亿美元）')
ax1.barh(x_2020,y_2020,color="orange")
ax1.invert_yaxis()


# 第二行绘制 2019 年数据前 10 行记录
ax2 = plt.subplot(3,1,2)
x_2019 = Top2019Name[:10]
y_2019 = pandas.to_numeric(Top2019Wealth[:10].apply(doSubStr))
ax2.set_title('2019 福布斯中国富豪榜前 10')
ax2.set_xlabel(' 财富（亿元）')
ax2.barh(x_2019,y_2019,color="orange")
ax2.invert_yaxis()


# 第三行绘制 2018 年数据前 10 行记录
ax3 = plt.subplot(3, 1, 3)
x_2018 = Top2018Name[:10]
y_2018 = Top2018Wealth[:10]
ax3.set_title('2018 福布斯中国富豪榜前 10')
ax3.set_xlabel(' 财富（亿元）')
ax3.barh(x_2018,y_2018,color="orange")
```

```
ax3.invert_yaxis()

# 调整子图间距
plt.subplots_adjust(wspace =0, hspace =0.5)
plt.show()
```

保存代码并运行程序，获得图形如图12-25所示。

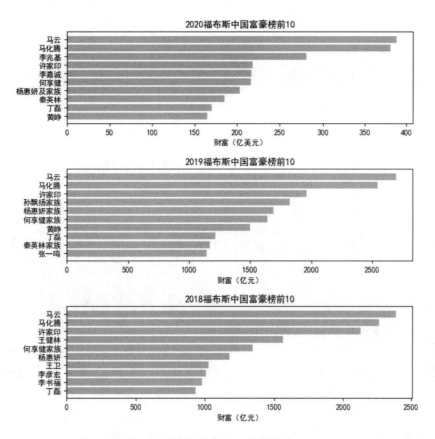

图 12-25　近三年福布斯中国富豪榜前 10 对比图

近三年福布斯榜的中国富豪里从事互联网行业的马云、马化腾高居前两位，两位所在的阿里巴巴和腾讯正是如今中国的两个互联网巨头，同时两人财富价值三年来一直在不断增长，与其他富豪差距不断拉大。

12.5.2　近两年福布斯中国富豪榜前 10 从事行业饼图

1. Excel 实现

这里继续使用福布斯中国富豪榜数据，以2020富豪榜数据为例，选中财富来源前10数据。
需要使用数据透视表方法来对财富来源数据列进行重复项统计。将财富来源前10数据带表头财富来源复制到空白列中，然后选中该数据列，通过单击快捷图标里的数据透视图表生成数据计数项结果（见图 12-26 和图 12-27）。

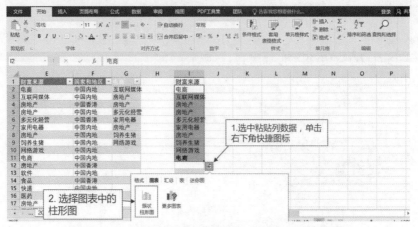

图 12-26　准备对财富来源列前 10 制作数据透视图表

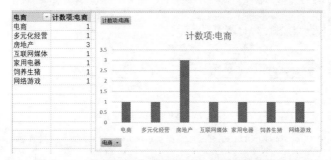

图 12-27　数据透视分析获得财富来源列计数统计图

通过透视表得到各行记录的重复次数后，选中计数项列，选择饼图进行绘制，数据标签格式选择百分比，最终效果如图 12-28 所示。

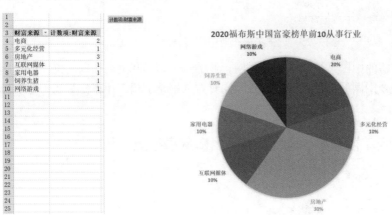

图 12-28　基于数据透视绘制榜单前 10 从事行业饼图

采用同样步骤对2019福布斯中国富豪榜前10从事行业绘制饼图，效果如图12-29所示。

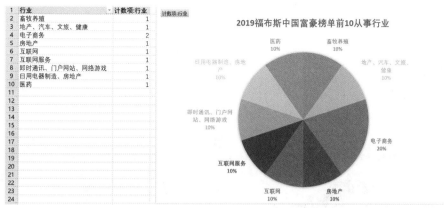

图 12-29　基于数据透视绘制 2019 榜单前 10 从事行业饼图

2. Python 实现

Python实现饼图绘制也需要编程来计算行业出现次数，不过pandas中已经有成熟的方法直接使用就可以获得结果。pdseries.value_counts()其中的value_counts方法就可以获得series数列中的计数统计结果。

在forbeslist目录下新建一个dataVisual2.py文件，用于饼状图可视化代码开发。代码如下：

```
#coding=gbk
'''
   pandas 和 matplotlib 实现数据可视化
'''
#1. 导入所需要的第三方库
import pandas,xlrd
from matplotlib import pyplot as plt


#2. 设定输出编码简体中文正常显示
plt.rcParams['font.sans-serif']=['SimHei']


#3. 第二个任务：绘制行业来源饼图
ax1=plt.subplot(121)
data2020=pandas.read_csv("toCSV/ 2020 福布斯全球亿万富豪榜中国子榜 .csv")
piesource=data2020[" 财富来源 "][:10].value_counts()
pielabel=data2020[" 财富来源 "][:10].value_counts().keys()
ax1.pie(piesource,labels=pielabel,autopct='%.1f%%')
ax1.set_title('2020 中国榜富豪从事行业统计 ')


ax2=plt.subplot(122)
data2019=pandas.read_csv("toCSV/ 2019 福布斯中国 400 富豪榜 .csv")
```

```
ax2.pie(data2019["行业"][:10].value_counts(),labels=data2019["行业"][:10].unique(),
autopct='%.1f%%')
ax2.set_title('2019 中国榜富豪从事行业统计 ')

# 调整子图间距
plt.subplots_adjust(wspace =0.5, hspace =0.5)
plt.show()
```

保存代码后运行程序，绘制图如图12-30所示。

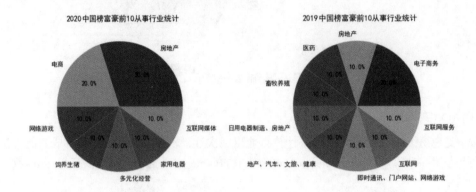

图 12-30　近两年福布斯中国富豪榜前 10 从事行业统计对比

从两年的富豪榜从事行业可以看出，从事互联网相关业务的富豪数量占据了前10的一半左右，显示中国互联网行业的蓬勃发展和造富能力。而2019年和2020年猪价一直居高不下，在富豪榜榜单里也见到了养殖养猪行业的富豪。

12.6　本章小结

本章以获取福布斯中国榜单网页数据为例，对比使用Excel和Python来实现榜单内容的爬取。从爬取数据的过程对比，Excel胜在快速完成单页面的数据爬取及存储，Python胜在快速完成所有页面数据的爬取和多种格式的存储。从数据可视化对比来看，Excel和Python各有长处，Excel在数据透视分析和快速成图方面优势很大，Python则在多文件数据抽取和多幅对比绘图方面显出强大的能力。总体来说，两者都能胜任本次案例数据爬取工作，但明显Python在完成爬虫任务方面能力更胜一筹。

附录　网络爬虫工具概要参考表

下面对本书探讨的网络爬虫进化工具的概要过程进行总结，便于读者快速定位内容。

爬虫技术	所需模块及技术组合	概要步骤过程	相关备注
Excel	PowerQuery 获取外部数据【自网站】	1. 设定目标数据 url 爬取	软件：Excel 2016 以上 爬取内容：静态网页表格型数据 参考案例：【案例 7.1】
		2. 导航器选择表格加载	
		3.PowerQuery 数据预处理	
		4. 上载到工作表文件	
	PowerQuery 获取网站 JSON 格式数据	1. 设定目标 json 数据请求地址	软件：Excel 2016 以上 爬取内容：XHR 异步数据 参考案例：【案例 7.2】
		2.PowerQuery 目标深化	
		3.PowerQuery 数据处理	
		4. 上载到工作表文件	
Python	requests + BeautifulSoup	1. 导入 requests/BeautifulSoup 库	爬取内容：静态网页内容（文字、图表等） 参考案例：【案例 8.2】
		2. 设定目标网页 url 地址	
		3.requests 获取网页源代码	
		4.BeautifulSoup 解析源代码	
		5. 获取目标内容进行数据处理	
		6. 结果存为文件或数据库	
	requests + re	1. 导入 requests/re 库	爬取内容：静态网页内容（文字、图表等） 参考案例：【案例 9.11】
		2. 设定目标网页 url 地址	
		3.requests 获取网页源代码	
		4.re 正则匹配源代码目标区域	
		5. 获取目标内容进行数据处理	
		6. 结果存为文件或数据库	
	requests + json	1. 导入 requests/json 库	爬取内容：XHR 异步请求传输内容（json 格式数据） 参考案例：【案例 9.19】
		2. 设定目标网页 url 地址	
		3.requests 获取 json 格式数据	
		4.json 类型转换后进行数据处理	
		5. 结果存为文件或数据库	
	selenium	1. 安装浏览器驱动、导入 Selenium 库	爬取内容：所有类型网页 参考案例：【案例 9.14】
		2. 设定目标网页 url 地址	
		3. 编程直接运行网页、定位目标内容	
		4. 获取目标内容进行数据处理	
		5. 结果存为文件或数据库	
	scrapy 框架	1. 安装 scrapy 框架	爬取内容：所有类型网页 参考案例：【案例 11.1】
		2.scrapy startproject 创建爬虫工程	
		3.scrapy genspider 创建爬虫器	
		4. 编写 parse 爬虫解析方法	
		5. 设置存储爬虫结果容器 items	
		6. 设置处理爬虫数据 pipelines 方法	
		7.scrapy crawl 爬虫器执行爬虫程序	

后 记

在大数据时代，网络爬虫是一种非常重要的数据采集手段，而Excel和Python是最受欢迎的两种数据处理工具。本书就Excel和Python这两种工具在网络数据采集方面的应用方法和过程进行了详细探讨，两者各有特点。Excel富亲和力、视图漂亮、易用，但有其局限性；Python更专业、更符合实时数据和大数据处理需求，也更是数据采集方面技术爱好者的首选。

总览本书内容，虽然关键词为网络爬虫，但为了带领读者一步步进入网络爬虫世界，笔者在基础部分就网站开发、Python语言编程基础也做了较为详细的介绍，也就是说通过本书可以学到HTML设计、浏览器的使用、Python基础编程、Excel爬虫、Python爬虫等多方面的知识，绝对是物超所值。但受限于笔者见识和能力，书中许多知识点并未特别触达深处，读者可以在阅读相关内容时通过查阅文献和官方文档等来丰富所学，同时也欢迎与笔者进行探讨，共同进步，也为本书的再版提供更多内容和技术上的支持。为进一步做好相关内容讲解和技术支持、交流探讨，读者可以扫描如下二维码加入【爬虫从excel到python】QQ群，或者扫描知识星球二维码加入【爬虫从excel到python】圆桌星球。